1000MW 级超超临界燃煤发电机组设计方案图集

主 编 张 斌 孙立刚

副主编 魏华栋 吕 宁 王光磊 高德申 刘卫华

中国水利水电出版社

www.waterpub.com.cn

·北京·

内 容 提 要

《1000MW 级超超临界燃煤发电机组设计方案图集》基于山东电力工程咨询院有限公司 66 年的燃煤发电机组设计经验，图集涵盖超超临界机组不同炉型、不同磨型、不同汽轮机冷却方式、不同主厂房布置模式、不同冷却区域布置模式、不同总平面布置模式等内容。同时融入国家、行业新编与修编的规范、标准，系统内外近年来取得的优化设计成果和优秀建设经验。

本书共分为 13 章，涵盖了国内主要的燃煤发电机组设计方案，适合能源电力行业尤其是电力企业从业者、国家相关政策制定者、科研工作者、高校电力专业学生参考使用。

图书在版编目（CIP）数据

1000MW 级超超临界燃煤发电机组设计方案图集 / 张
斌，孙立刚主编 . -- 北京 ：中国水利水电出版社，
2024. 7. -- ISBN 978-7-5226-2630-7

Ⅰ . TM621.3-62

中国国家版本馆 CIP 数据核字第 2024GQ2026 号

策划编辑：鞠向超　　　责任编辑：王开云　　　封面设计：李佳

书　名	1000MW 级超超临界燃煤发电机组设计方案图集
	1000MW JI CHAOCHAOLINJIE RANMEI FADIAN JIZU SHEJI FANG'AN TUJI
作　者	主 编　张　斌　孙立刚
	副主编　魏华栋　吕　宁　王光磊　高德申　刘卫华
出版发行	中国水利水电出版社
	（北京市海淀区玉渊潭南路 1 号 D 座 100038）
	网址：www.waterpub.com.cn
	E-mail：mchannel@263.net（答疑）
	sales@mwr.gov.cn
	电话：(010) 68545888（营销中心）、82562819（组稿）
经　售	北京科水图书销售有限公司
	电话：(010) 68545874、63202643
	全国各地新华书店和相关出版物销售网点
排　版	北京万水电子信息有限公司
印　刷	三河市德贤弘印务有限公司
规　格	368mm×260mm　横 8 开　26 印张　466 千字
版　次	2024 年 7 月第 1 版　2024 年 7 月第 1 次印刷
定　价	198.00 元

凡购买我社图书，如有缺页、倒页、脱页的，本社营销中心负责调换

编委会

主　编：张　斌　孙立刚

副主编：徐俊祥　吕　宁　王光磊　刘卫华　高德申

审　核（排名不分先后）：

刘晓玲	黄汝玲	魏华栋	苗井泉	祁金胜	樊　潇	孙晓红	赵佰波	李官鹏	王爱玲
王妮妮	郑润清	李学法	张　力	李　玮	朱启振	于瑞君	廖开强	翟煤源	周广杰
田　林	张　森	安春国	陈志强	赵臻德	马新红	徐立杰	王坤朋	安庆敏	王海涛
朱磊磊	刘志新	李春莹	孙培福	蒋　莉	张　涛	韩敬钦	史本宁	杨朝晖	聂　岩
李　旭	黄君宁	张念林	冯　雷	吴　帅	杨　天	曲振晓	赵春雷	刘　冰	苏　伟
冯玉滨	杨　靖	刘　强（烟台）	常瑞丽	高补伟	陈建伟	岳中石	史　宁	朱社州
张　磊	张　平	董启暖	吕玉娟	李　鑫	高鲁锋	姜媛媛	余　伟	张维刚

编　写（排名不分先后）：

马　强	隋菲菲	宋举星	李　琳	谢忠泉	石荣桂	陈　平	吴义敏	李　炜	孙德锋
张纪兵	石　茜	申加胜	刘新亮	张永飞	谭学龙	潘　俊	刘　强（临沂）	张　冰
李　鹏	慕建磊	丹少鹏	李　满	王　慧	李禄明	高建光	钟志钢	梁　岩	姬锋军
李洪超	高绪栋	曹洪振	刘　飞	李禹江	王志鹏	王光林	于　涛	刘万里	丁　强
刘　庆	任其文	邵　旻	王旭峰	陈德文	李剑桥	马龙潭	苏　超	张　杰	张　清
吕玉红	禹立坚	刘　刚	尚　亮	田素乐	刘义达	屈会格	王明臣	孙佳佳	王　斐
薛广伟	张　华	宫现辉	刘　兵	王君鹏	马云良	贺　晨	李　平	张如凤	张权锐
赵世泽	刘政强	王宗群						

前言

近年来，中国可再生能源装机规模已突破 15 亿千瓦大关，占全国发电总装机容量的比重超过 50%。新能源大规模集中并网增加了电网的调峰、调频难度，局部地区系统调峰、弃风、弃光、弃水、供暖季电热矛盾等问题突出，电力辅助服务利益关系日趋复杂。

基于我国国情和煤电机组情况，在落实碳达峰、碳中和目标，构建新型电力系统的过程中，燃煤发电机组仍需要承担电力安全稳定供应的兜底保障作用，需要承担经济的系统灵活调节的主体作用，将从主体电源转变为电力电量并重的支撑性和调节性电源。新型电力系统中，煤电是主体支撑性电源和最重要的调节性电源。

因此，推动能源革命要立足我国能源资源禀赋，坚持先立后破、通盘谋划，传统能源逐步退出必须建立在新能源安全可靠的替代基础上。在"十四五"期间乃至后面几年，我国将新建并投产一批清洁高效先进节能的支撑型、保障型的超超临界燃煤发电机组。

本书编者所在单位山东电力工程咨询院有限公司（简称"山东院"）成立于 1958 年，拥有全国最高等级"工程设计综合甲级"和"工程勘察综合甲级"资质，在全国电力勘察设计行业率先同时拥有国内外百万千瓦级超超临界煤电、特高压输变电、中国三代核电工程业绩。在煤电方面，2018 年以来获得 5 项国家优质工程金奖，居行业前列。截至 2023 年年底，山东院设计煤电机组投产容量累计超过 1.2 亿千瓦，拥有近 40 台 1000MW 级燃煤发电机组设计业绩。

在超超临界燃煤发电机组设计方面，编者及全体编委人员具备丰富的一线工作经验。本图集对 1000MW 级超超临界燃煤发电机组设计方案进行全面提炼总结，并以设计图的形式进行直观地展现。

由于时间仓促，加之编者水平有限，书中难免存在疏漏和不足之处，敬请广大读者批评指正。

编 者

2024 年 3 月

目录

目录

第 1 章　概述

1.1　我国超超临界燃煤发电机组发展

我国在 21 世纪初引进并发展超临界 / 超超临界技术。2004 年首台国产超临界机组投产后，科技部又将"超超临界燃煤发电技术"列入"十五"863 项目，极大地促进了我国 600℃/600℃一次再热超超临界机组的引进和消化吸收。国内三大主机厂通过不同的合作方式引进、消化并吸收国外技术，逐步实现了超超临界机组的国产化。

最初上海电气集团股份有限公司超超临界机组主蒸汽参数选用 26.25 ～ 27MPa/600℃/600℃方案，中国东方电气集团有限公司、哈尔滨电气集团有限公司主蒸汽参数选用 25MPa/600℃/600℃方案，三大主机厂持续优化设计，提升主机参数。目前，国产一次再热机组常见主蒸汽参数为 28MPa/600℃/620℃，二次再热机组常见主蒸汽参数为 31MPa/600℃/620℃/620℃。为提高机组效率，部分工程在上述参数基础上做了进一步提升。中国大唐集团有限公司、中国东方电气集团有限公司、山东电力工程咨询院有限公司（以下简称"山东院"）三方强强联合，共同申报立项的大唐郓城国家示范工程，主蒸汽参数选用 35.5MPa/616℃/631℃/631℃方案，首次采用 630℃级百万千瓦超超临界二次再热机组，实现燃煤电厂发电效率超过 50%，达到世界领先水平。我国已是世界上超超临界机组发展最快、数量最多、容量最大和运行性能最先进的国家。

不同工程根据技术经济比较选用合理的主机参数，本图集以常见参数为例。

1.2　本图集主要内容

本图集结合山东院六十余年关于燃煤发电机组的技术研究及工程实施经验，从装机方案及系统设计图、厂区总平面设计图、主厂房布置设计图、电气部分设计图、仪控部分设计图、冷却区域设计图、电厂化学部分设计图、物料输送部分设计图、脱硫部分设计图、供暖通风空调部分设计图、土建结构部分设计图、建筑部分设计图等 12 个方面对 1000MW 级超超临界燃煤发电机组的设计方案进行了阐述，并以设计图形式进行说明。

设计方案选取以近期新建超超临界燃煤发电机组为主，以具有代表性的机组为辅。设计方案涵盖不同炉型、不同磨型、不同汽轮机冷却方式、不同主厂房布置模式、不同冷却区域布置模式、不同总平面布置模式等内容。同时，本图集中的设计方案也考虑国家、行业新编、

修编的规范、标准，系统内外近年来取得的优化设计成果和优秀建设经验。

1.3　本图集图纸编号释义

本图集共有 13 章，除第 1 章为概述外，其余章节为专业部分。除第 13 章建筑部分设计图为效果图，第 2 ～ 12 章设计图均以工程设计图纸形式展现，并对图纸进行了编号。本图集所有布置图中的指北针不再标识。

本图集图纸编号由四部分构成，代码分别由字母、数字或两者组合表示，以"1000-02-JT-01"为例进行说明。

第一部分：1000—代表 1000MW 级燃煤发电机组。

第二部分：02—代表本图集第 2 章。

第三部分：JT—代表专业代码，JT 为汽机专业；本图集中各专业代码见表 1.1。

第四部分：01—代表图纸序号，代表本专业第 1 张图。

表 1.1　本图集专业代码

序号	代码	专业
1	J	机务专业
2	JB	机务专业—锅炉专业
3	JT	机务专业—汽机专业
4	Z	总图运输专业
5	D	电气专业
6	K	仪控专业
7	SG	水工工艺专业
8	SJ	水工结构专业
9	H	化学专业
10	M	运煤专业
11	C	除灰专业
12	P10	脱硫专业
13	N	供暖与通风空调专业
14	T	土建专业（结构、建筑）

第2章 装机方案及系统设计图

2.1 主机选型及系统设置说明

2.1.1 主机选型

2.1.1.1 主机参数

1000MW 级超超临界机组额定出力范围一般为 1000 ~ 1100MW，机组容量对辅机配置和布置影响不大，本图集以常规 1000MW 机组为例。1000MW 级超超临界机组常用参数见表 2.1。

表 2.1 1000MW 级超超临界机组常用参数

机组形式	汽轮机入口蒸汽参数	锅炉出口蒸汽参数
一次再热机组	28MPa/600℃ /620℃	29.4MPa/605℃ /623℃
二次再热机组	31MPa/600℃ /620℃ /620℃	32.55MPa/605℃ /623℃ /623℃

为提高机组效率，在上述参数基础上，部分工程做了进一步提升，一次再热机组进汽参数达到 30MPa/605℃ /622℃，二次再热机组进汽参数达到 32MPa/605℃ /623℃ /623℃，个别示范工程进汽参数达到 35MPa/615℃ /630℃ /630℃。不同工程根据技术经济比较选用合理参数，本图集以常用参数机组为例。

2.1.1.2 锅炉

1000MW 级超超临界机组锅炉可采用煤粉锅炉或循环流化床锅炉，煤粉锅炉和循环流化床锅炉分别如图 2.1 和图 2.2 所示。由于循环流化床锅炉在 1000MW 级超超临界机组中尚无应用业绩，本图集以煤粉锅炉为例。

1000MW 级超超临界机组锅炉采用变压运行直流炉，单炉膛，一次或二次中间再热，切圆、墙式或拱式燃烧方式，平衡通风，固态排渣，全钢悬吊结构 π 型炉或塔式炉，π 型炉或塔式炉分别如图 2.3 和图 2.4 所示。由于拱式燃烧方式的锅炉尚无设计业绩，本图集以切圆或墙式燃烧方式锅炉为例。

一次再热机组锅炉再热器调温主要采用烟气挡板调温方式。

二次再热机组锅炉再热器调温主要采用烟气再循环调温方式或三烟道挡板调温方式。

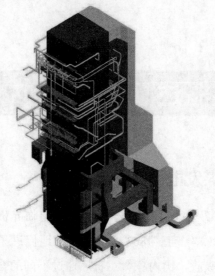

图 2.1 煤粉锅炉

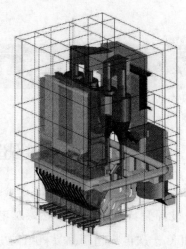

图 2.2 循环流化床锅炉

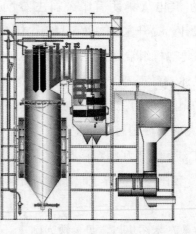

图 2.3 π 型炉

图 2.4 塔式炉

2.1.1.3 汽轮机

1000MW 级超超临界机组汽轮机除个别示范工程外，一般采用单轴布置，（超高）高、中压分缸结构，低压缸根据背压和容量可以选择双低压缸或三低压缸结构。

一次再热机组采用四缸四排汽方案或五缸六排汽方案，包括高压缸、中压缸、双低压缸或三低压缸，如图 2.5 所示。

二次再热机组采用五缸四排汽方案或六缸六排汽方案，包括超高压缸、高压缸、中压缸、双低压缸或三低压缸，如图 2.6 所示。

2.1.1.4 发电机

1000MW 级超超临界机组发电机冷却方式一般采用水氢氢冷却方式。本图集以水氢氢冷却发电机为例。

（a）四缸四排汽

（b）五缸六排汽

图 2.5　1000MW 级一次再热机组

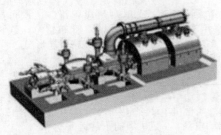
（a）五缸四排汽

（b）六缸六排汽

图 2.6　1000MW 级二次再热机组

2.1.2　系统设置

2.1.2.1　烟风系统

烟风系统按平衡通风设计。单系列辅机配置在 1000MW 级机组中应用较少，本图集以双系列辅机配置为例。

空气预热器采用 2×50% 容量回转式三分仓或四分仓脱硝空预器。

送风机采用 2×50% 容量动叶可调轴流式风机。

一次风机采用 2×50% 容量动叶可调轴流式风机。

引风机采用 2×50% 容量动叶可调轴流式"三合一"风机。汽驱或汽电双驱引风机在 1000MW 级机组中应用较少，本图集以电动机驱动引风机为例。

烟气余热利用系统按级数分为一级、两级和多级，加热介质可采用凝结水、空预器入口冷风、主给水或以上几种组合。本图集以应用较多的除尘器前设置一级低温省煤器为例。

除尘器按型式分为静电除尘器、电袋复合除尘器和布袋除尘器，三种型式除尘器如图 2.7 所示。本图集以应用较多的静电除尘器为例，每台机组设置 2 台三室五电场低（低）温静电除尘器。

一次再热机组和二次再热机组烟风系统流程图分别见图 1000-02-JB-01 和图 1000-02-JB-02。

2.1.2.2　制粉系统

制粉系统采用正压冷一次风机直吹式制粉系统。

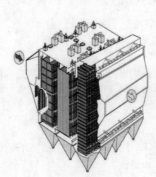
（a）静电除尘器

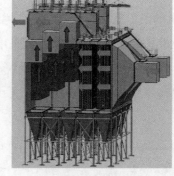
（b）电袋复合除尘器

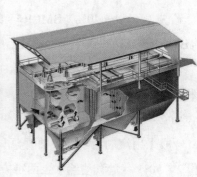
（c）布袋除尘器

图 2.7　除尘器型式

磨煤机按型式分为中速磨煤机、双进双出钢球磨煤机和风扇磨煤机，三种型式磨煤机如图 2.8 所示。双进双出钢球磨煤机电耗高，风扇磨煤机检修维护工作量大，均应用相对较少；本图集以中速磨煤机为例，每台机组设置 6 台中速磨煤机，5 台运行，1 台备用。为适应机组深度调峰要求，磨煤机配置可选用"大小磨"组合方案。

（a）中速磨煤机

（b）双进双出钢球磨煤机

（c）风扇磨煤机

图 2.8　磨煤机型式

给煤机设置 6 台电子称重皮带式给煤机。

一次再热机组和二次再热机组制粉系统流程图见图 1000-02-JB-03。

2.1.2.3　主蒸汽、再热蒸汽及旁路系统

一次再热机组主蒸汽管道和再热热段管道一般采用双管布置，再热冷段管道采用 2-1-2 布置形式。采用高、低压两级串联旁路。

二次再热机组主蒸汽管道、一次再热热段管道、二次再热热段管道、二次再热冷段管道采用双管布置，一次再热冷段管道采用 2-1-2 布置形式。采用高、中、低压三级串联旁路。

汽轮机旁路系统可分为两级串联旁路、三用阀旁路、一级大旁路和三级旁路四种型式。旁路系统的型式和容量选择要结合机组特性及其在电网中的地位和任务以及汽机的启动型

式、锅炉布置形式、启动系统要求等来综合确定。目前国内 1000MW 超超临界一次再热机组一般配置（30%～40%）BMCR 容量的高、低压两级串联启动旁路，二次再热机组一般配置 40%BMCR 容量的高、中、低压三级串联启动旁路，部分工程采用三用阀旁路。

一次再热机组和二次再热机组主蒸汽、再热蒸汽及旁路系统流程图分别见图 1000-02-JT-01 和图 1000-02-JT-05。

2.1.2.4　给水系统

一般采用汽动给水泵、前置泵与主泵同轴布置。给水泵配置包括 1×100% 容量汽动给水泵和 2×50% 容量汽动给水泵两种方案。

根据工程实际情况选择性设置电动启动泵或电动备用泵。

一次再热机组设置 3 台全容量、单列、卧式高压加热器，其中 3 号高加设置外置蒸汽冷却器。0 号高加的设置根据工程比选确定。

二次再热机组设置 4 台全容量（或半容量）、单列（或双列）、高压加热器，其中 2 号和 4 号高加设置外置蒸汽冷却器。

一次再热机组和二次再热机组给水系统流程图分别见图 1000-02-JT-02 和图 1000-02-JT-06。

2.1.2.5　抽汽系统

一次再热机组回热抽汽级数为八级或九级，其中一、二、三级抽汽分别供三级高压加热器，四级抽汽供除氧器、给水泵汽轮机，其余抽汽供低压加热器。

二次再热机组回热抽汽级数为十级或十一级，其中一、二、三、四级抽汽分别供四级高压加热器，五级抽汽供除氧器、给水泵汽轮机，其余抽汽供低压加热器。

一次再热机组和二次再热机组抽汽系统流程图分别见图 1000-02-JT-03 和图 1000-02-JT-07。

2.1.2.6　凝结水系统

设置 2 台 100% 容量凝结水泵，变频运行。2 台低加疏水泵，5 级或 6 级低压加热器，一台内置式除氧器。

一次再热机组和二次再热机组凝结水系统流程图分别见图 1000-02-JT-04 和图 1000-02-JT-08。

2.2　常见系统设计方案

1000MW 级一次再热和二次再热机组的主要烟风、制粉、汽水系统常见配置见表 2.2。

表 2.2　1000MW 级机组主要系统配置介绍

序号	名称	一次再热机组	二次再热机组
1	额定出力	1000MW	1000MW
2	锅炉出口蒸汽参数	29.4MPa/605℃ /623℃	32.55MPa/605℃ /623℃ /623℃
3	汽轮机入口蒸汽参数	28MPa/600℃ /620℃	31MPa/600℃ /620℃ /620℃

续表

序号	名称	一次再热机组	二次再热机组
4	锅炉烟风系统	烟风系统按双系列辅机配置。送风机、一次风机、引风机均采用 2×50% 容量动叶可调轴流式风机，电动机驱动；除尘器前设置一级低温省煤器，每台机组设置 2 台三室五电场低（低）温静电除尘器	烟风系统按双系列辅机配置。送风机、一次风机、引风机均采用 2×50% 容量动叶可调轴流式风机，电动机驱动；除尘器前设置一级低温省煤器，每台机组设置 2 台三室五电场低（低）温静电除尘器。再热器调温采用烟气再循环调温方式
5	锅炉制粉系统	每台机组设置 6 台中速磨煤机，5 台运行，1 台备用	每台机组设置 6 台中速磨煤机，5 台运行，1 台备用
6	主蒸汽、再热蒸汽及旁路系统	主蒸汽管道和再热热段管道采用双管布置，再热冷段管道采用 2-1-2 布置形式。采用 40%BMCR 容量的高、低压两级串联启动旁路	主蒸汽管道、一次再热热段管道、二次再热热段管道采用双管布置，一次再热冷段采用 2-1-2 布置形式。采用 40%BMCR 容量的高、中、低压三级串联启动旁路
7	给水系统	每台机组配置 2×50% 容量汽动给水泵，前置泵与主泵同轴。两台机组公用一台 30% 容量的启动电泵	每台机组配置一台 100% 容量的汽动给水泵 +1 台前置泵（同轴），满足机组的正常运行
8	抽汽系统	采用 9 级回热抽汽系统，设有 3 台高压加热器（3 号高加设置蒸汽冷却器）、1 台除氧器、5 台低压加热器	采用 10 级回热抽汽系统，设有 4 台高压加热器（2 号和 4 号高加设置蒸汽冷却器）、1 台除氧器、5 台低压加热器
9	凝结水系统	设置 2×100% 容量凝结水泵和 2×100% 容量低加疏水泵	设置 2×100% 容量凝结水泵和 2×100% 容量低加疏水泵

2.3　主要系统流程设计

2.3.1　设计图目录

序号	图号	名称	数量
1	1000-02-JT-01	主蒸汽、再热蒸汽及旁路系统流程图（一次再热）	1
2	1000-02-JT-02	给水系统流程图（一次再热）	1
3	1000-02-JT-03	抽汽系统流程图（一次再热）	1
4	1000-02-JT-04	凝结水系统流程图（一次再热）	1
5	1000-02-JT-05	主蒸汽、再热蒸汽及旁路系统流程图（二次再热）	1
6	1000-02-JT-06	给水系统流程图（二次再热）	1
7	1000-02-JT-07	抽汽系统流程图（二次再热）	1
8	1000-02-JT-08	凝结水系统流程图（二次再热）	1
9	1000-02-JB-01	锅炉烟风系统流程图（一次再热）	1
10	1000-02-JB-02	锅炉烟风系统流程图（二次再热）	1
11	1000-02-JB-03	锅炉制粉系统流程图	1

2.3.2　附图

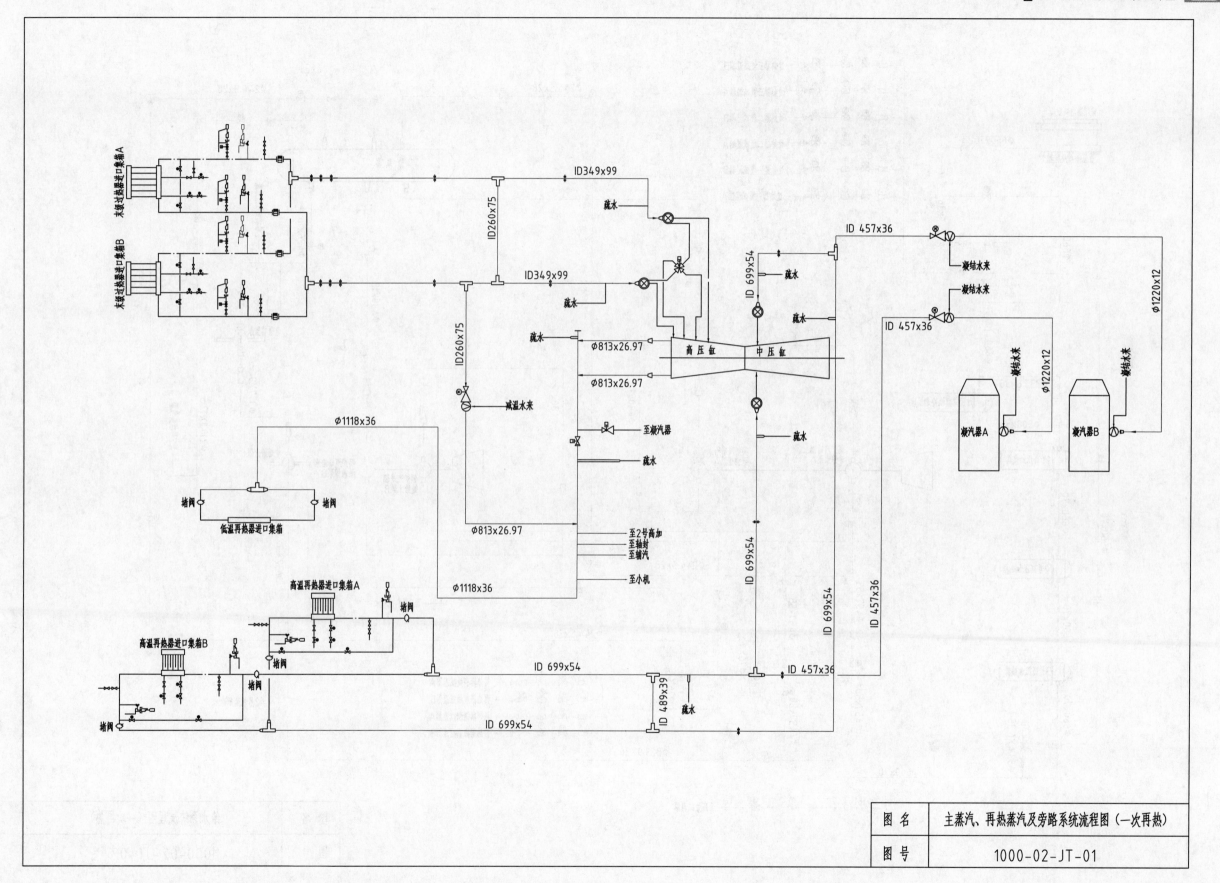

图 名	主蒸汽、再热蒸汽及旁路系统流程图（一次再热）
图 号	1000-02-JT-01

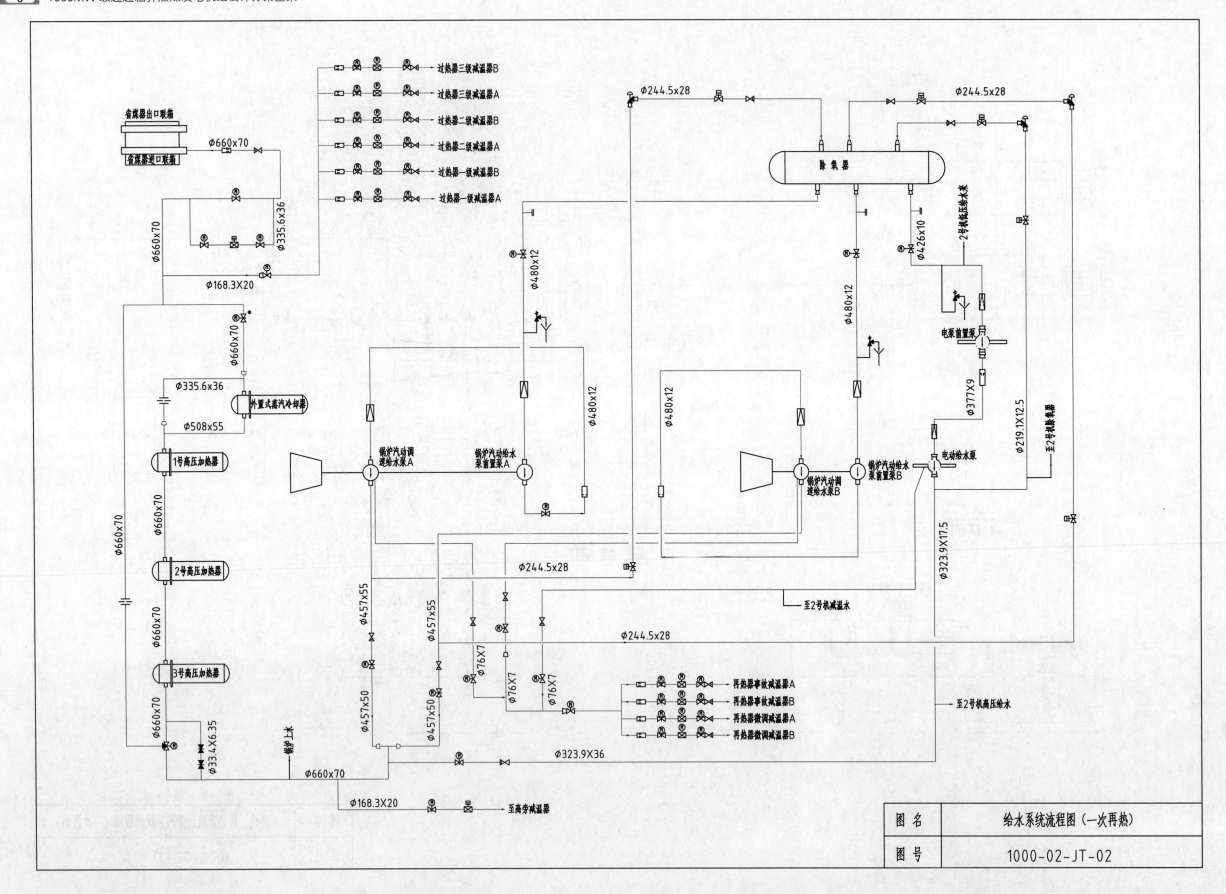

图名	给水系统流程图（一次再热）
图号	1000-02-JT-02

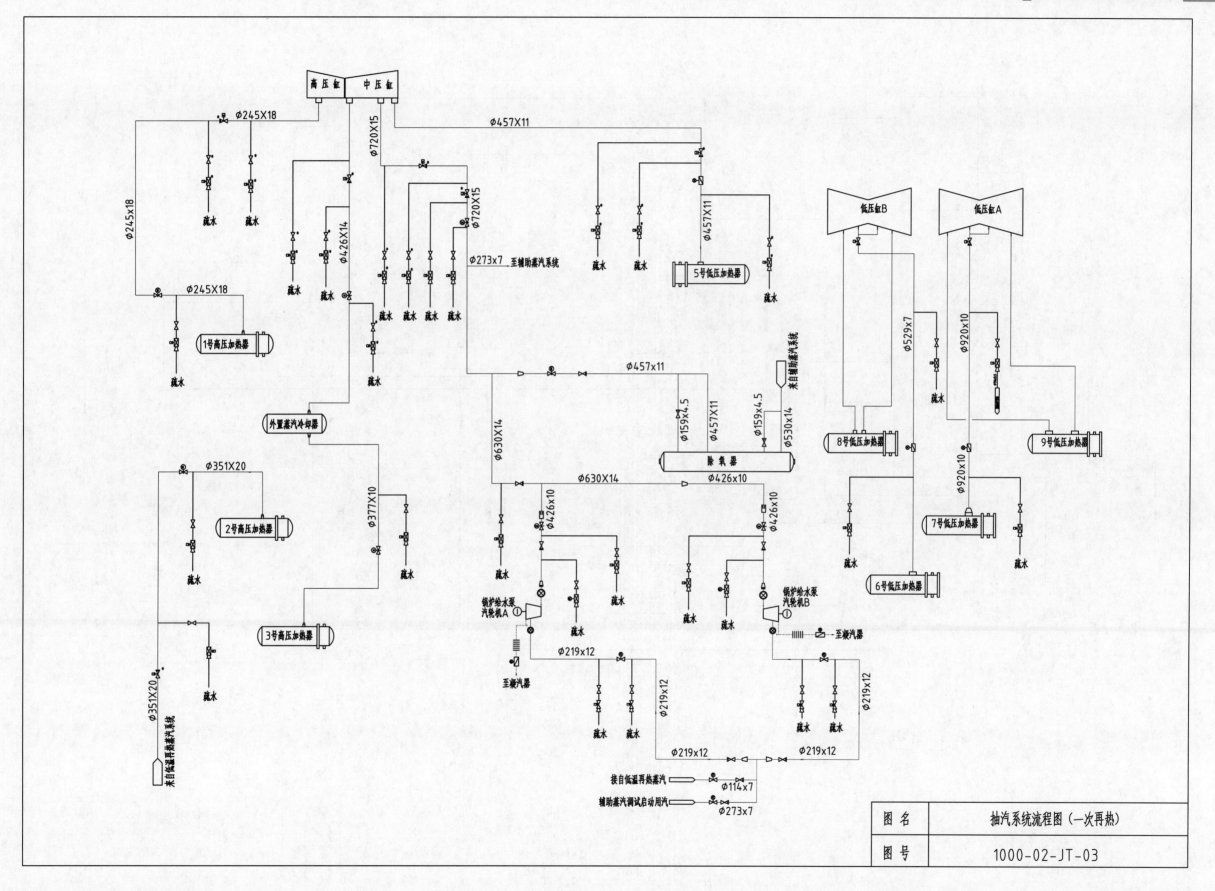

图 名	抽汽系统流程图（一次再热）
图 号	1000-02-JT-03

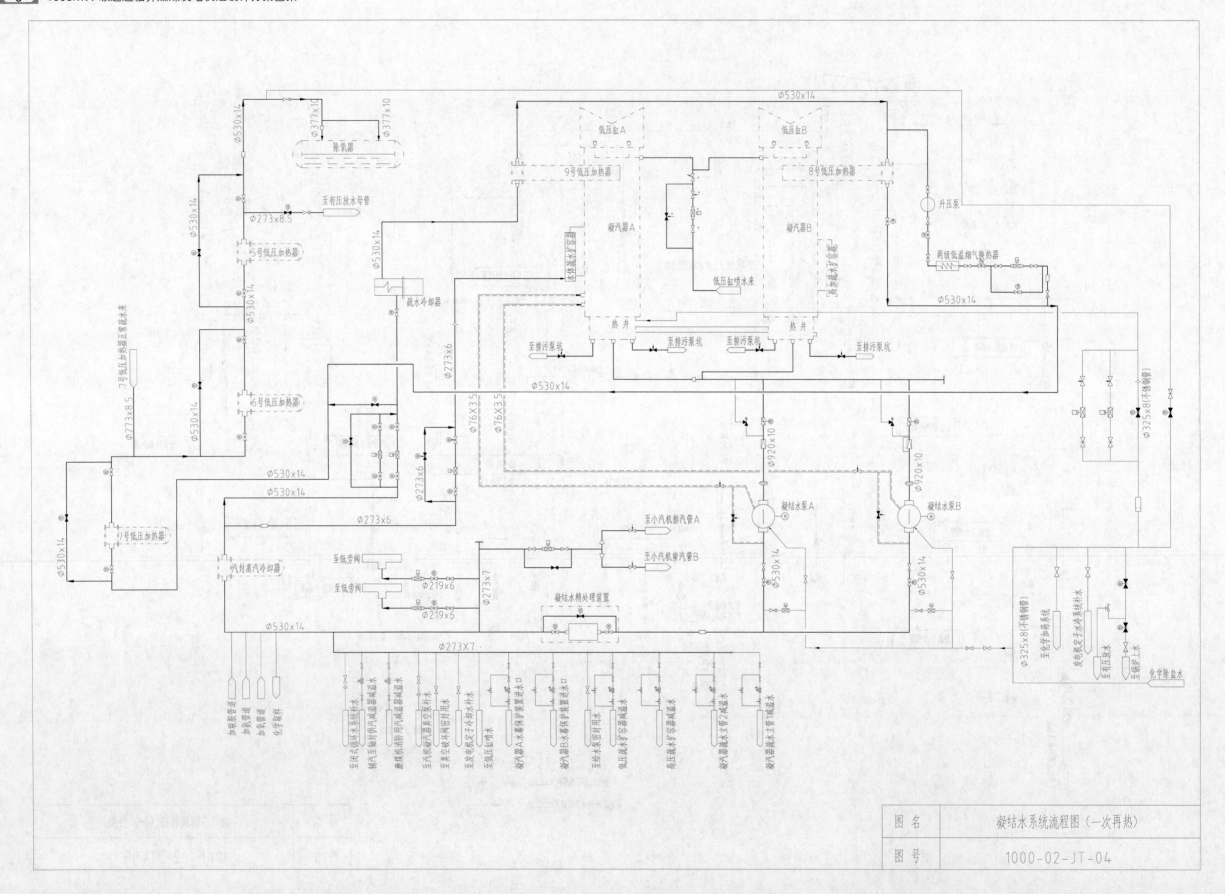

图 名	凝结水系统流程图（一次再热）
图 号	1000-02-JT-04

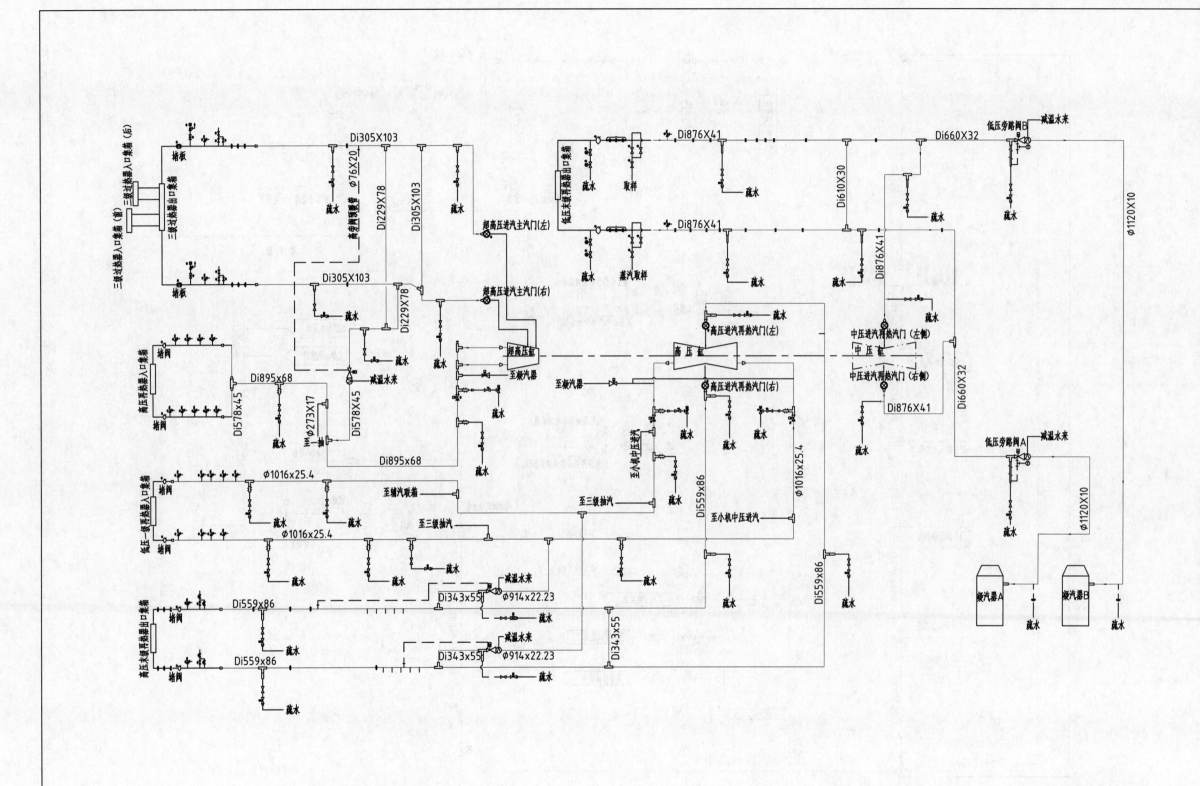

图 名	主蒸汽、再热蒸汽及旁路系统流程图（二次再热）
图 号	1000-02-JT-05

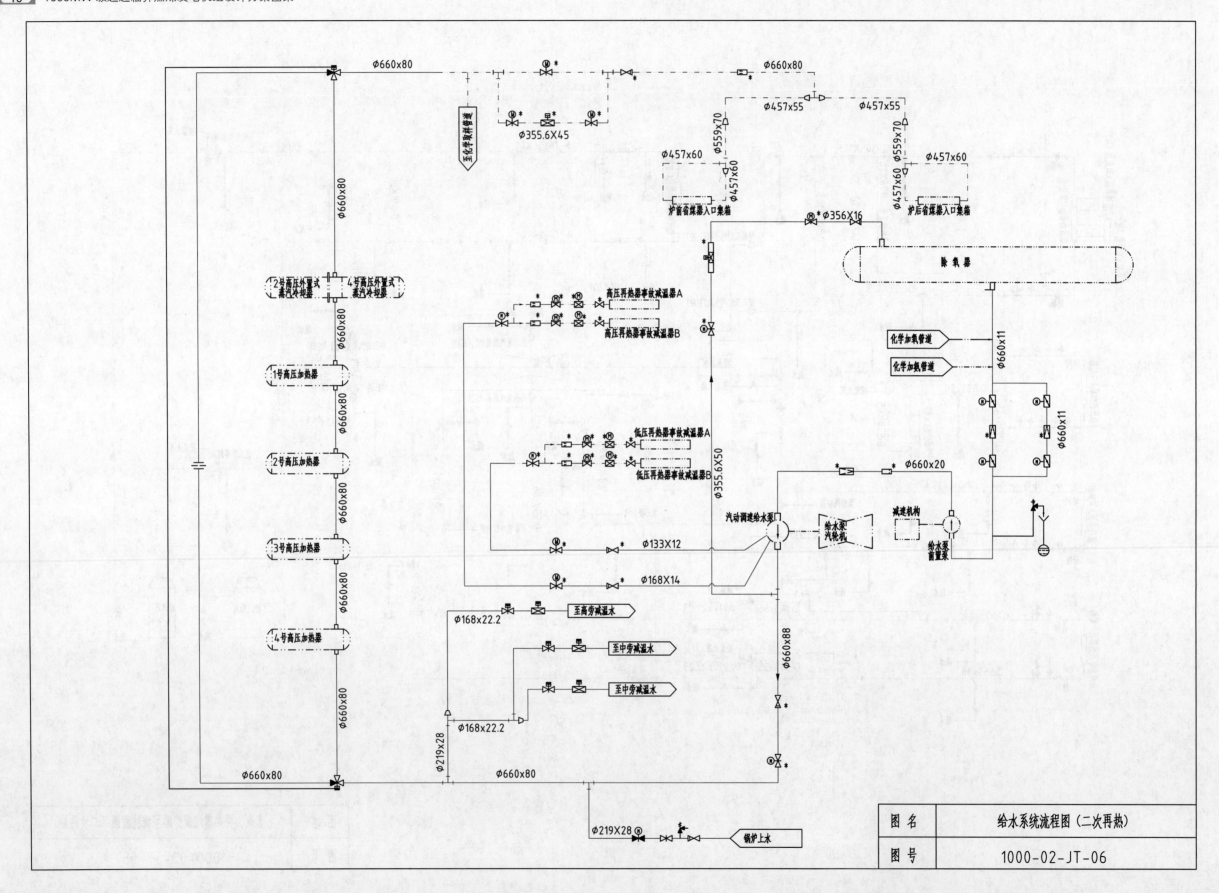

图 名	给水系统流程图（二次再热）
图 号	1000-02-JT-06

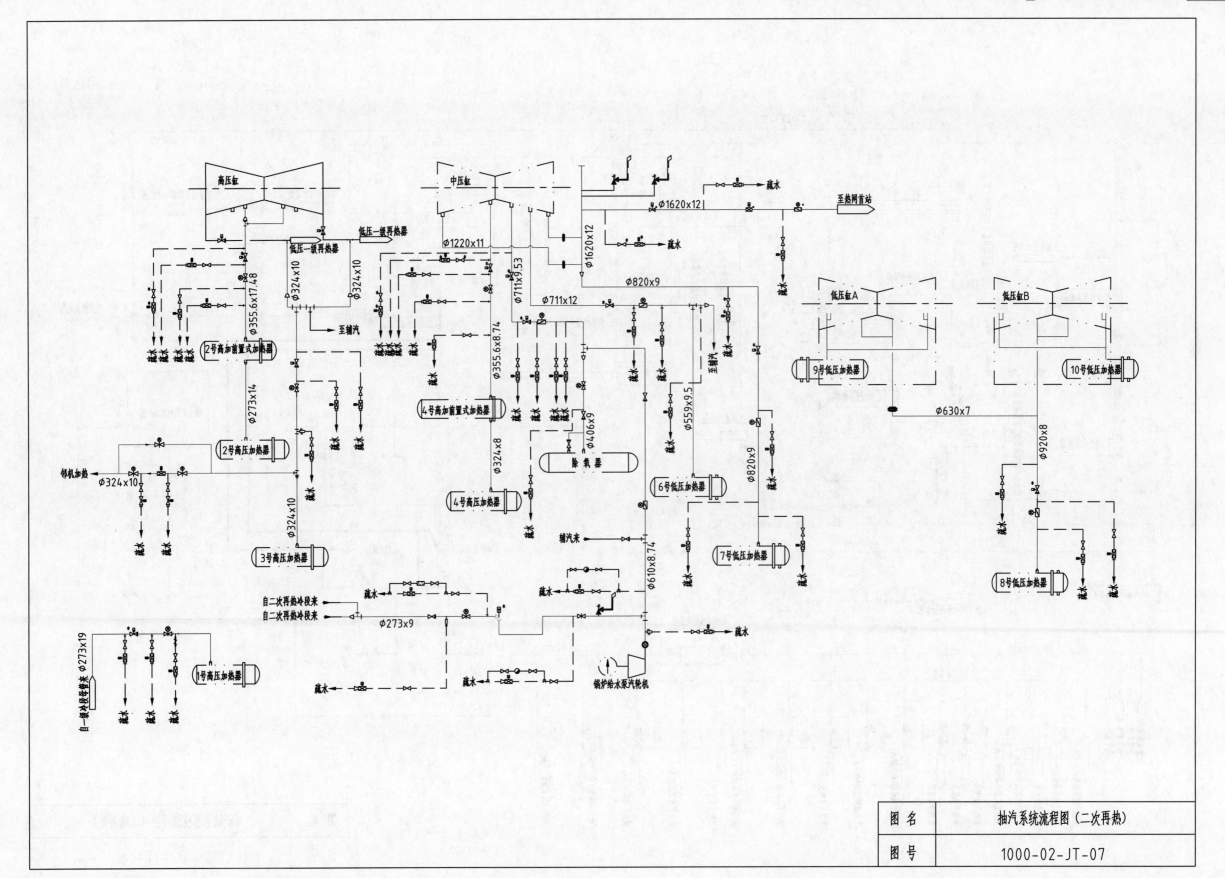

图名	抽汽系统流程图（二次再热）
图号	1000-02-JT-07

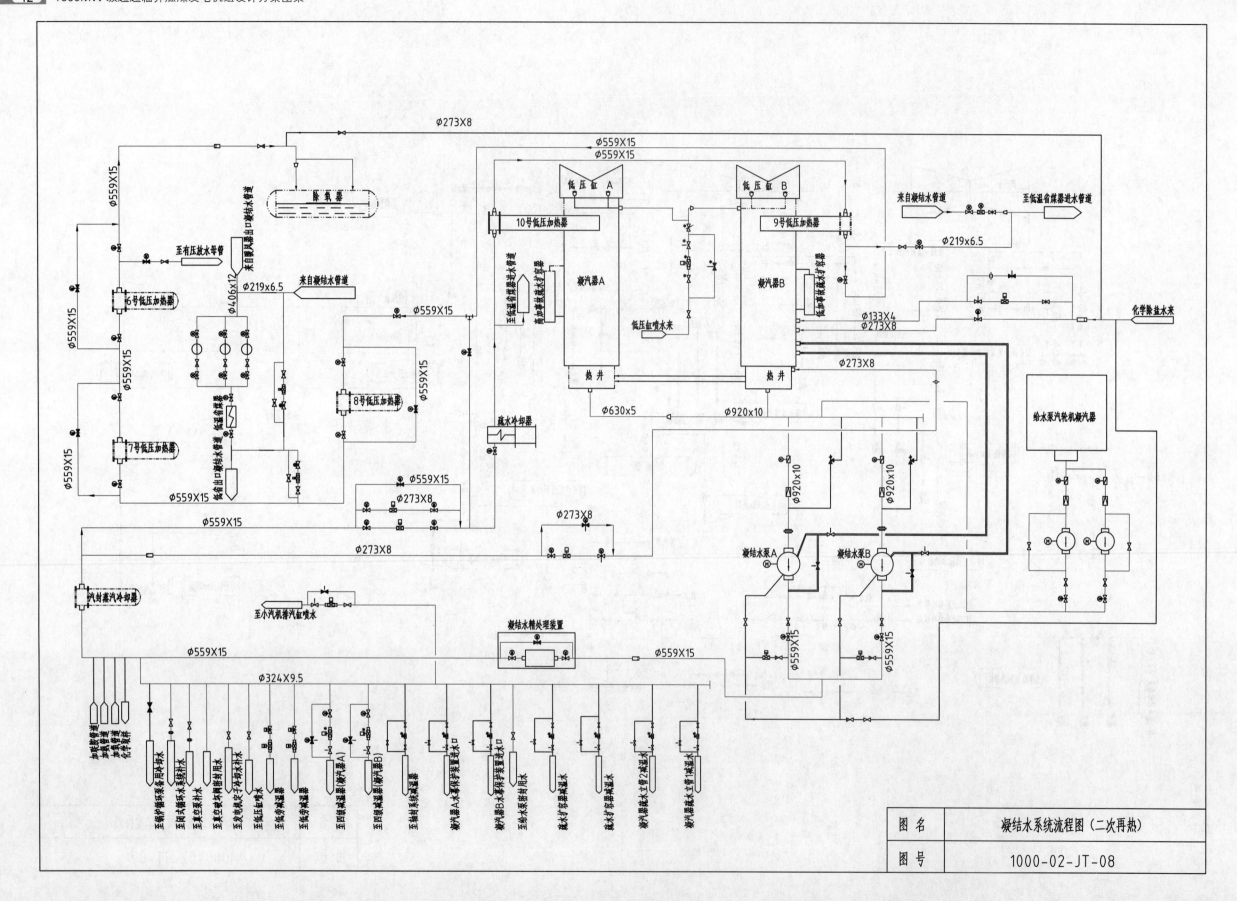

图 名	凝结水系统流程图（二次再热）
图 号	1000-02-JT-08

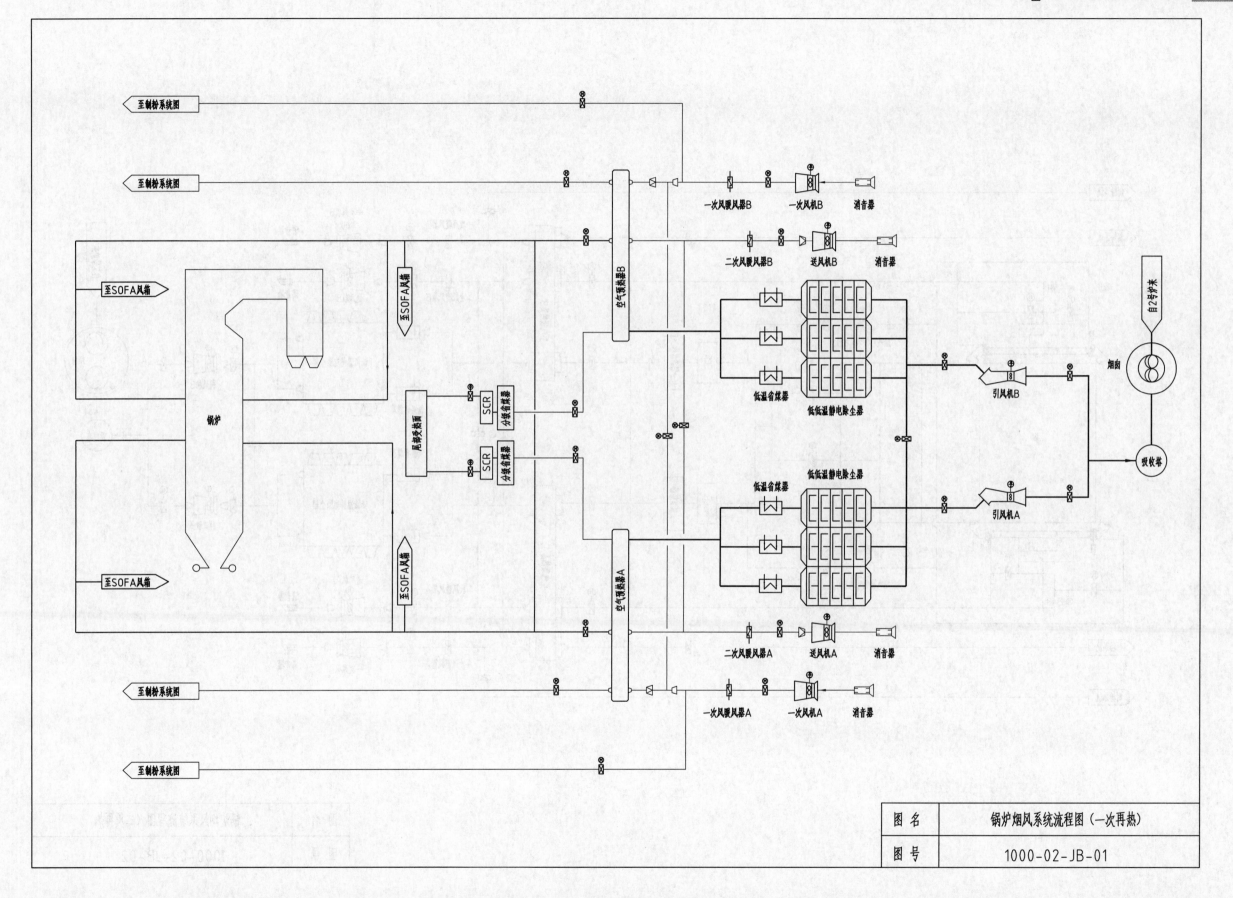

图 名	锅炉烟风系统流程图(一次再热)
图 号	1000-02-JB-01

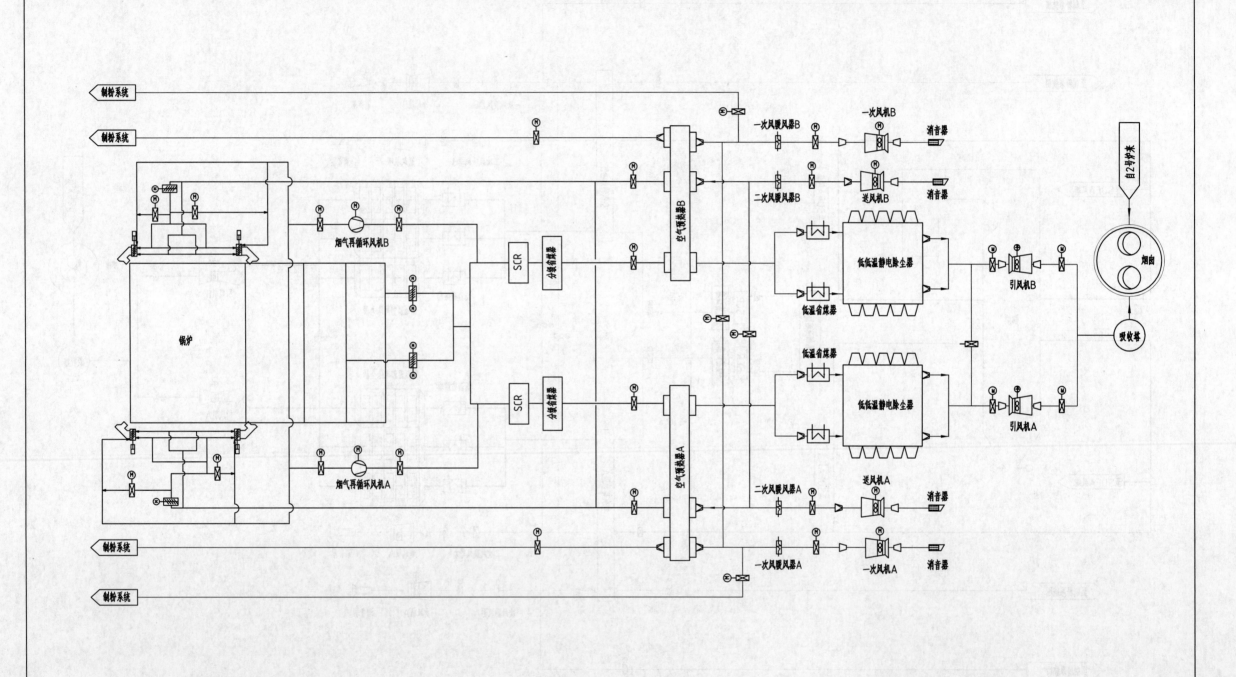

图 名	锅炉烟风系统流程图（二次再热）
图 号	1000-02-JB-02

图 名	锅炉制粉系统流程图
图 号	1000-02-JB-03

第3章　厂区总平面设计图

3.1　说明

厂区总平面布置设计，是发电厂整个设计工作中具有重要意义的一个组成部分，是在确定的厂址和总体规划的基础上，根据电厂生产工艺流程要求，结合当地自然条件和工程特点，在满足防火防爆、安全运行、施工检修和环境保护以及有利扩建等主要方面的条件下，因地制宜地综合各种因素，统筹安排全厂建、构筑物的布置，从而为电厂的安全生产、方便管理、降低工程投资、节约集约用地创造条件。

3.2　厂区总平面设计方案

厂区建（构）筑物根据工艺特点，主要包括主厂房区、配电装置区、冷却设施区、储煤场区、附属及辅助生产区，如表3.1所示。

表3.1　厂区主要功能分区

序号	功能分区	备注
1	主厂房区	
2	配电装置区	
3	冷却设施区	直流供水为取排水设施
4	储煤场区	
5	附属及辅助生产区	

由于燃煤运输方式、冷却方式等不同技术条件对其厂区总平面布置方案的影响较大，因此下面按照不同区域、不同的技术条件介绍具体工程案例。实际设计中，可结合建厂条件、场地条件、自然条件、交通运输等进行相应的模块组合或调整。

3.2.1　西北某间接空冷电厂厂区总平面设计方案

该工程位于西北地区某能源化工基地内。该工程为新建工程，主要特点为燃煤采用铁路—公路联合运输的方式，并预留远期皮带接入条件；冷却方式采用间接空冷循环供水。

该工程厂区总平面布置呈"三列式"格局，厂区由西向东依次布置 500kV 屋外配电装置及间冷塔区—主厂房区—贮、卸煤设施区；由南向北依次布置厂前建筑和附属、辅助生产设

施区—主厂房区—施工区；输煤栈桥由扩建端进入煤仓间转运站。主厂房布置在厂区中部，固定端朝南，向北扩建，汽机房主立面朝西，向西出线。

总平面布置详见图 1000-03-Z-01。

3.2.2　西北某直接空冷电厂厂区总平面设计方案

该工程位于西北地区新疆维吾尔自治区某市境内。该工程为扩建工程，主要特点为燃煤采用公路运输；冷却方式采用直接空冷循环供水。

该工程厂区总平面布置呈"三列式"格局，由北向南依次布置配电装置区—空冷平台及主厂房区—煤场及卸煤设施。由西向东依次是附属辅助设施区—生产区—施工区。卸煤设施采用汽车卸煤沟卸煤和翻车机卸煤两种方式，辅助附属设施布置在主厂房固定端，老厂自然通风冷却塔与本期空冷平台之间。

总平面布置详见图 1000-03-Z-02。

3.2.3　华东某二次循环扩建电厂厂区总平面设计方案

该工程位于华东地区山东省某市境内。该工程为扩建工程，主要特点为燃煤采用铁路—公路联合运输的方式，转管带输送至厂区；冷却方式采用湿冷循环供水。

该工程厂区总平面布置呈"四列式"格局，厂区由东向西依次布置 500kV 屋外 GIS—自然通风冷却塔区—主厂房区—煤场区；由北向南依次布置生产设施区—施工区；本期主厂房纵轴呈南北向布置，与 2×330MW 机组呈约 46°夹角。厂前建筑布置在厂区北侧，靠近进厂道路，出入便捷，环境优美，具有良好的景观、视觉效果；锅炉补给水处理、原水预处理、工业废水处理等成组布置组成"多水合一"水务管理中心，既缩短了管线长度，又提高了土地利用率，最大限度实现了集中布置，便于电厂的运行管理。

总平面布置详见图 1000-03-Z-03。

3.2.4　华东某直流供水电厂厂区总平面设计方案

该工程位于华东地区福建省某市境内。该工程为扩建工程，主要特点为燃煤采用码头来煤、皮带运输的方式输送至厂区；冷却方式采用海水直流供水。

厂区总平面布置呈"二列式"格局，由东向西依次为 500kV 屋内 GIS—主厂房区及脱硫设施区，由北向南为主厂房区—施工区；本期工程主厂房与电厂一期工程主厂房呈 90°布置，厂区固定端向北，向南扩建，汽机房主立面朝东，电气出线先向东再折向北，利用老厂主厂区西侧的狭长形空地出线；"多水合一"水务管理中心布置在主厂房区东侧，其他附属、辅助设施布置在主厂房区南侧；输煤栈桥由主厂房扩建端进入煤仓间；厂前建筑布置于厂区最东侧。

总平面布置详见图 1000-03-Z-04。

3.2.5　华东某二次循环新建电厂厂区总平面设计

该工程位于华东地区安徽省某市境内。该工程为新建工程，主要特点为燃煤采用铁路运

输方式，转管带输送至厂区；冷却方式采用湿冷循环供水。

　　厂区总平面采用"三列式"布置格局，由北向南依次布置主厂房区—自然通风冷却塔区—500kV 屋外配电装置区，由西向东依次布置厂前建筑和附属、辅助生产设施区—主厂房区—施工区；厂区固定端向西，向东扩建，汽机房主立面向南，向南出线；附属生产设施布置在主厂房区西侧；厂前建筑布置在厂区西南角，南临厂外景观河，出入便捷，环境优美，具有良好的景观、视觉效果。

　　总平面布置详见图 1000-03-Z-05。

3.3　厂区总平面布置方案设计图

3.3.1　设计图目录

序号	图号	名称	数量
1	1000-03-Z-01	西北某间接空冷电厂厂区总平面布置方案	1
2	1000-03-Z-02	西北某直接空冷电厂厂区总平面布置方案	1
3	1000-03-Z-03	华东某二次循环扩建电厂厂区总平面布置方案	1
4	1000-03-Z-04	华东某直流供水电厂厂区总平面布置方案	1
5	1000-03-Z-05	华东某二次循环新建电厂厂区总平面布置方案	1

3.3.2　附图

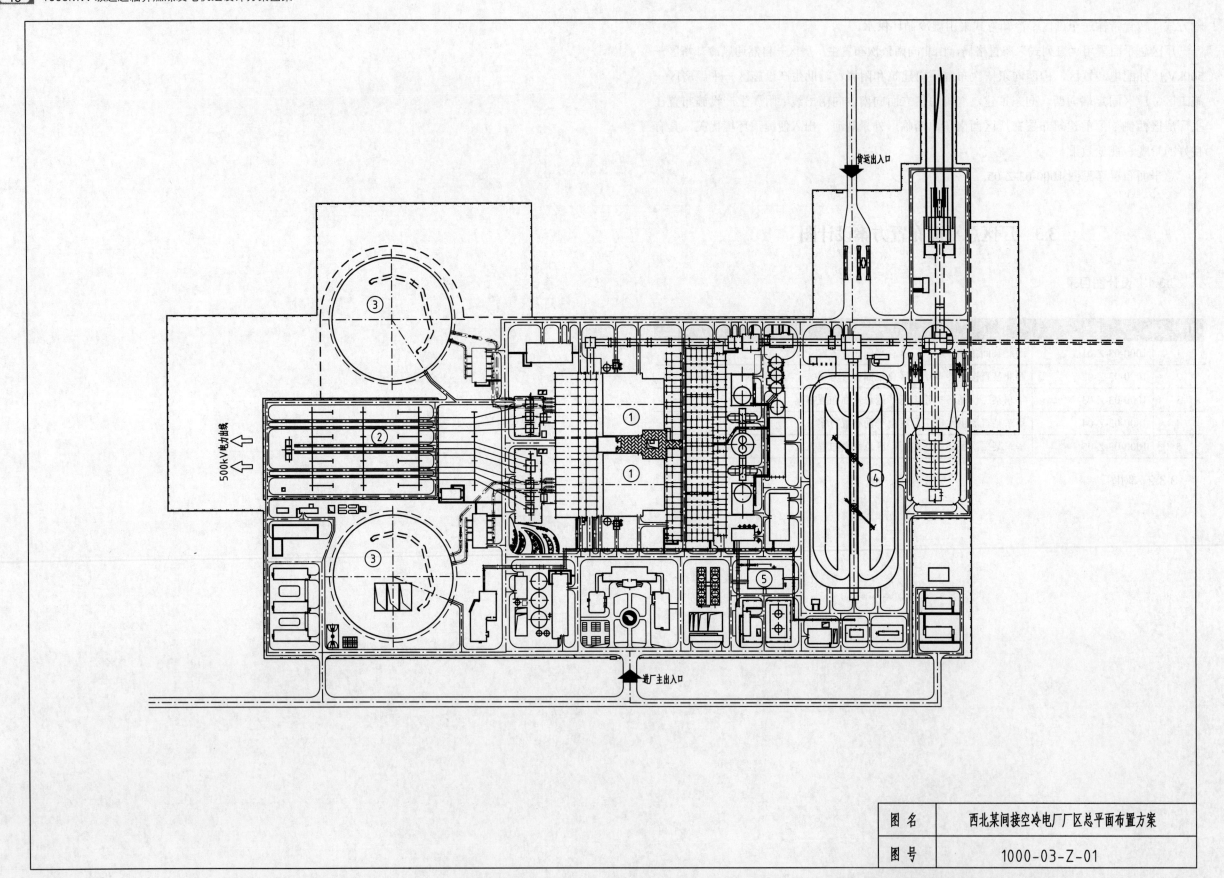

货运出入口

500kV电力出线

进厂主出入口

图 名	西北某间接空冷电厂厂区总平面布置方案
图 号	1000-03-Z-01

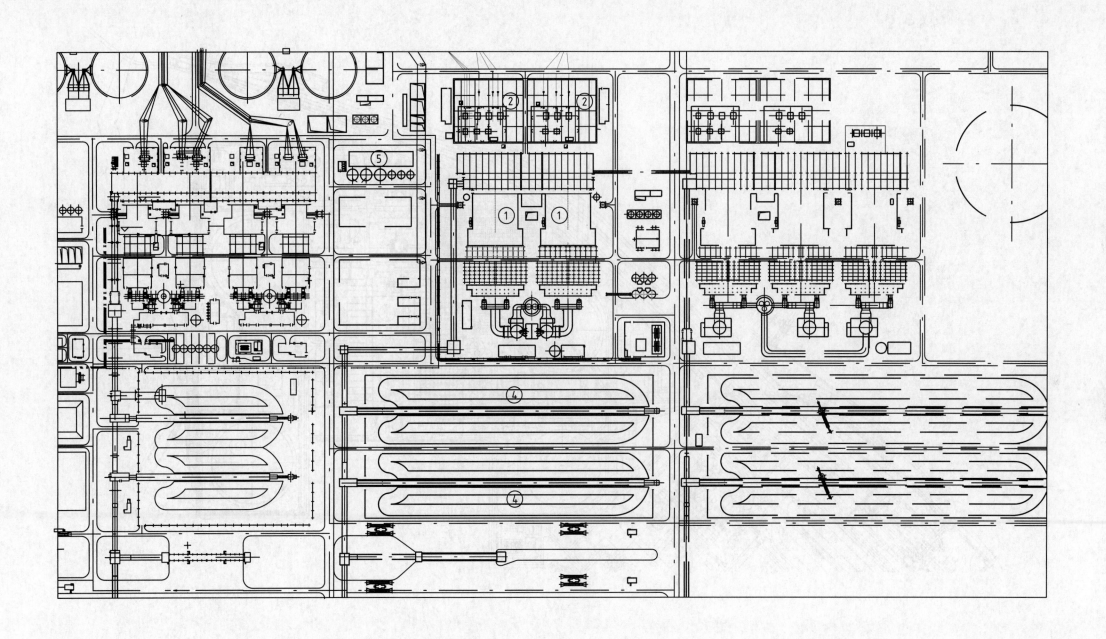

图 名	西北某直接空冷电厂厂区总平面布置方案
图 号	1000-03-Z-02

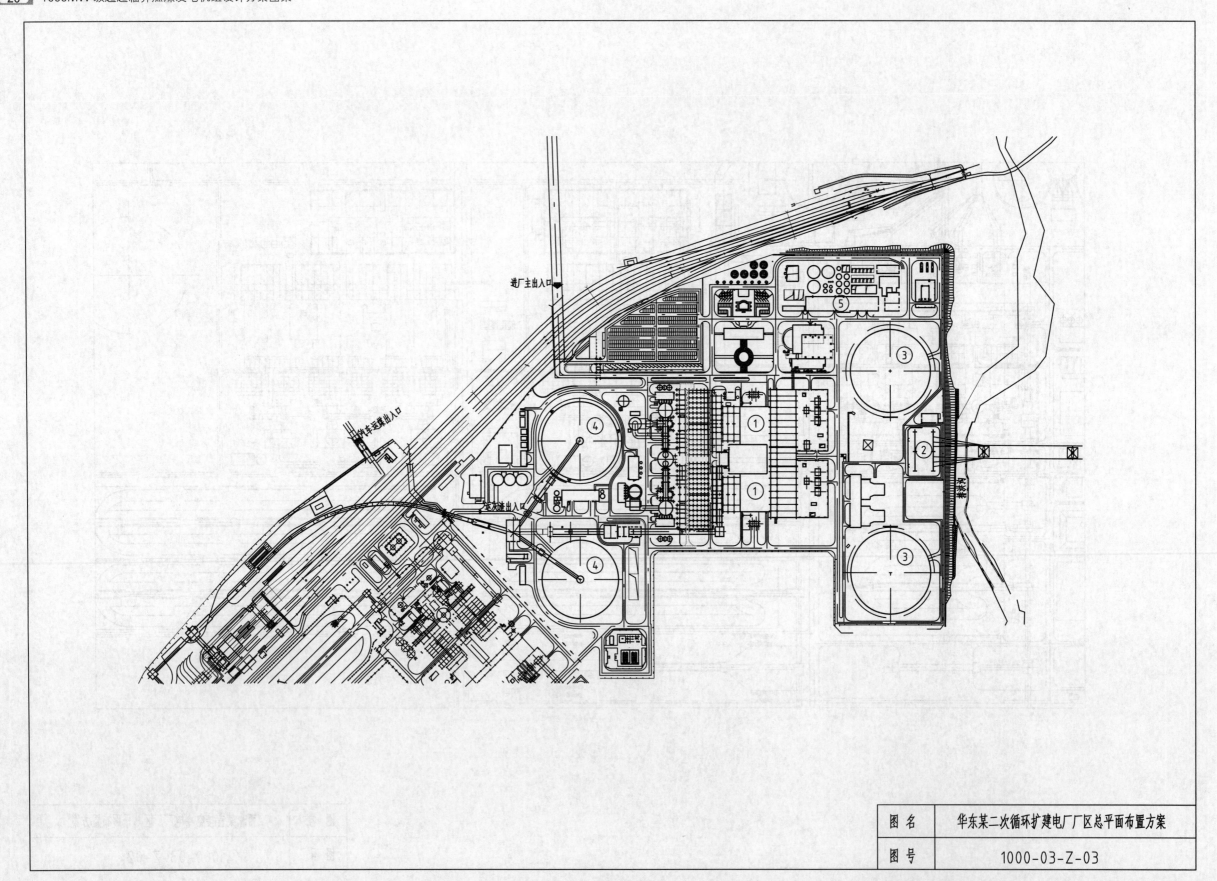

进厂主出入口

汽车运煤出入口

卸水进出入口

图 名	华东某二次循环扩建电厂厂区总平面布置方案
图 号	1000-03-Z-03

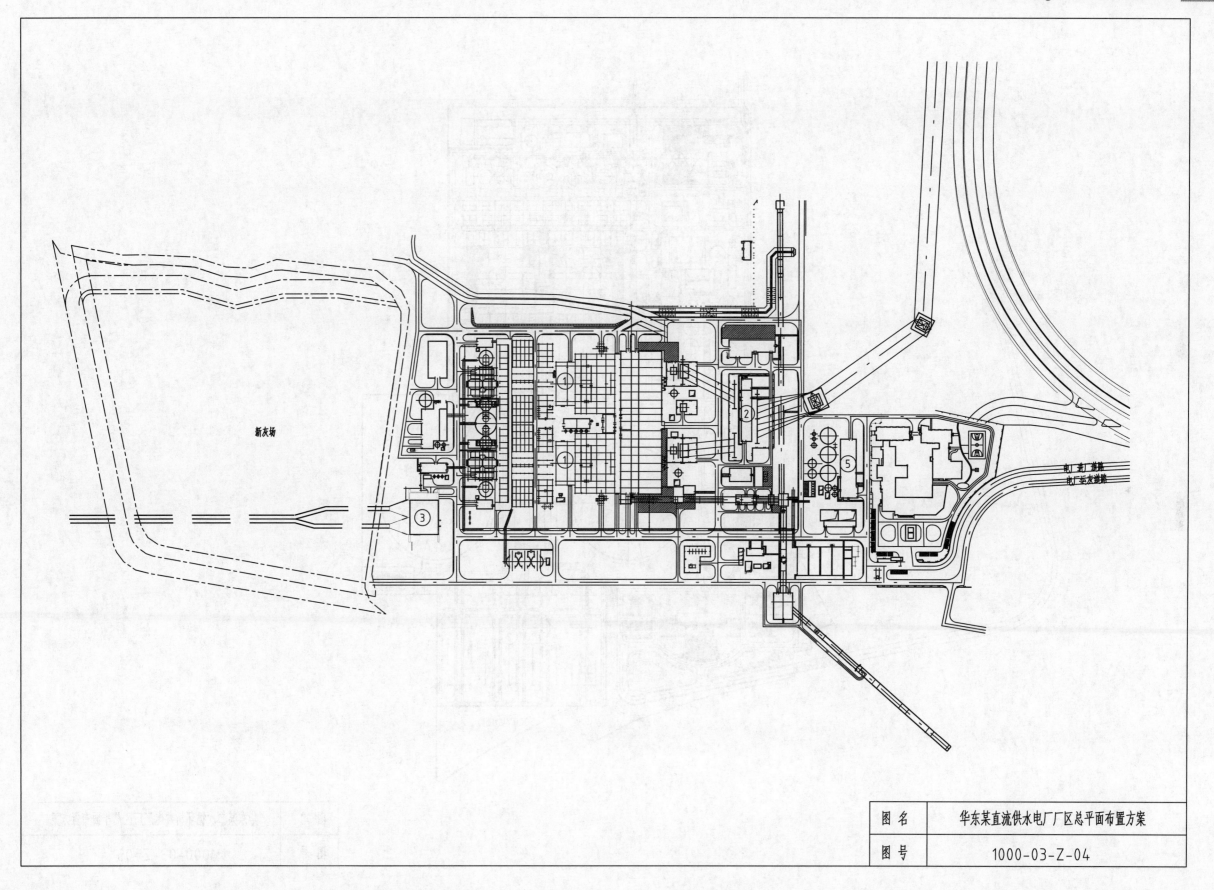

图 名	华东某直流供水电厂厂区总平面布置方案
图 号	1000-03-Z-04

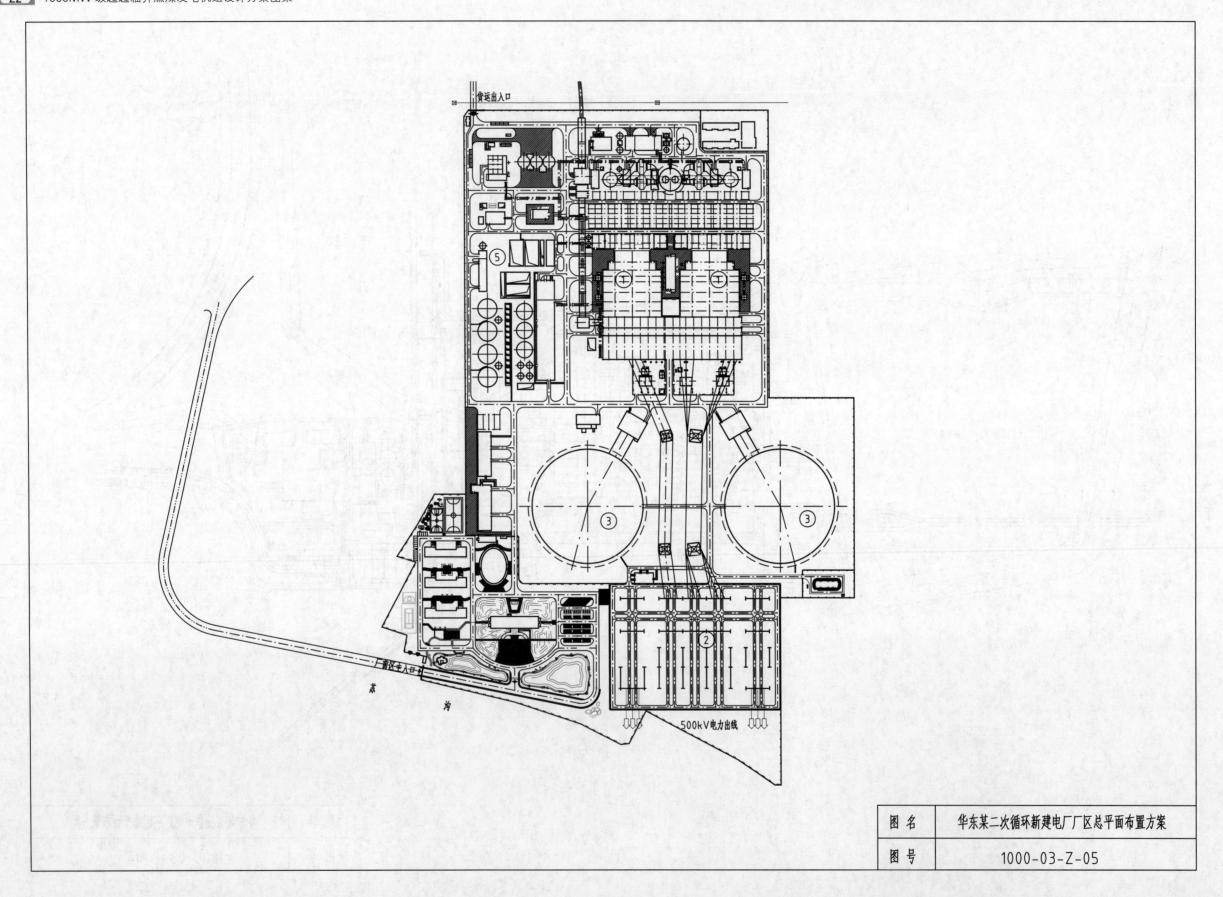

货运出入口

⑤

③

③

②

500kV电力出线

苏 沟

厂区车入口

图 名	华东某二次循环新建电厂厂区总平面布置方案
图 号	1000-03-Z-05

第 4 章　主厂房布置设计图

4.1　说明

主厂房布置按汽机房（含除氧间）、煤仓间、锅炉房、炉后区域四大模块优化组合。

汽机房布置模块按 2 个方案考虑（汽轮机纵向布置）：AB 大跨紧凑型方案和带除氧间方案，个别工程采用汽轮机高低位分轴布置方案，应用较少，本图集不做介绍。

煤仓间布置模块按 2 个方案考虑（磨煤机型为中速磨）：前煤仓方案、独立侧煤仓方案。

锅炉区域布置模块按 4 个方案考虑：机型按一次或二次再热机组，炉型涵盖 π 型炉和塔式炉，布置涵盖露天、半露天或紧身封闭布置。

炉后区域布置模块按 1 个方案考虑：引风机按电动机驱动，布置形式按应用较多的纵向布置。

4.2　布置模块及组合原则

4.2.1　汽机房模块

1000MW 级超超临界机组汽机房模块布置见表 4.1。

表 4.1　1000MW 级超超临界机组汽机房模块布置

主厂房区域划分	模块	布置描述
汽机房	汽机房模块一 11	1. 汽轮发电机组纵向顺列布置； 2. 汽动给水泵组布置于汽机房运转层 B 列侧； 3. 不设置除氧间，低压加热器布置在汽机房 A 列侧，高压加热器布置在汽机房 B 列侧或锅炉钢架内； 4. 除氧器布置在锅炉钢架内
	汽机房模块二 12	1. 汽轮发电机组纵向顺列布置； 2. 汽动给水泵组布置于汽机房运转层 B 列侧； 3. 设置除氧间，高、低压加热器、除氧器布置在除氧间内

4.2.2　煤仓间模块

1000MW 级超超临界机组煤仓间模块布置见表 4.2。

表 4.2　1000MW 级超超临界机组煤仓间模块布置

主厂房区域划分	模块	布置描述
煤仓间	煤仓间模块一 21	1. 前煤仓布置； 2. 燃用烟煤、贫煤、中低水分褐煤的中速磨系统，6 台中速磨； 3. 给煤机层标高：17.0m，前煤仓跨度 13.5m
	煤仓间模块二 22	1. 独立侧煤仓布置； 2. 燃用烟煤、贫煤、中低水分褐煤的中速磨系统，6 台中速磨； 3. 给煤机层标高：17.0m，侧煤仓跨度 21m

4.2.3　锅炉房模块

1000MW 级超超临界机组锅炉区域模块布置见表 4.3。

表 4.3　1000MW 级超超临界机组锅炉区域模块布置

主厂房区域划分	模块	布置描述
锅炉房	锅炉房模块一 31	1. 一次再热机组； 2. 塔式炉，露天、半露天或紧身封闭布置； 3. 配中速磨煤机； 4. 双系列辅机； 5. 锅炉运转层标高 17.0m
	锅炉房模块二 32	1. 一次再热机组； 2. π 型炉，露天、半露天或紧身封闭布置； 3. 配中速磨煤机； 4. 双系列辅机； 5. 锅炉运转层标高 17.0m
	锅炉房模块三 33	1. 二次再热机组； 2. 塔式炉，露天、半露天或紧身封闭布置； 3. 配中速磨煤机； 4. 双系列辅机； 5. 锅炉运转层标高 17.0m
	锅炉房模块四 34	1. 二次再热机组； 2. π 型炉，露天、半露天或紧身封闭布置； 3. 配中速磨煤机； 4. 双系列辅机； 5. 锅炉运转层标高 17.0m

4.2.4　炉后区域模块

1000MW 级超超临界机组炉后区域模块布置见表 4.4。

表 4.4　1000MW 级超超临界机组炉后区域模块布置

主厂房区域划分	模块	布置描述
炉后	炉后模块一 41	1. 脱硫系统无旁路； 2. 三室五电场低（低）温静电除尘器； 3. 引风机采用 2×50% 容量电动机驱动，纵向布置； 4. 两炉公用一双内筒烟囱

4.3 常见布置设计方案

4.3.1 常见方案概况

1000MW 级超超临界机组常见方案概况见表 4.5。

表 4.5 1000MW 级超超临界机组常见方案概况

序号	名称	常见方案一	常见方案二	常见方案三	常见方案四
1	额定出力	2×1000MW	2×1000MW	2×1000MW	2×1000MW
2	汽轮机入口蒸汽参数	28MPa/600℃/620℃	28MPa/600℃/620℃	29MPa/600℃/620℃	600℃/620℃/620℃
3	锅炉型式	超超临界参数变压运行直流炉,单炉膛、一次中间再热、切圆或对冲燃烧方式、平衡通风、固态排渣、全钢构架、全悬吊结构 π 型炉	超超临界参数变压运行直流炉,单炉膛、一次中间再热、切圆或对冲燃烧方式、平衡通风、固态排渣、全钢构架、全悬吊结构 π 型炉	超超临界参数变压运行直流炉,单炉膛、一次中间再热、切圆燃烧方式、平衡通风、固态排渣、全钢构架、全悬吊结构塔式锅炉	超超临界参数变压运行直流炉,单炉膛、二次中间再热、切圆燃烧方式、平衡通风、固态排渣、全悬吊结构塔式锅炉。再热器调温采用烟气再循环调峰方式
4	汽轮机型式	高效超超临界、一次中间再热、四缸四排汽、单轴、双背压、抽汽凝汽式汽轮机	超超临界、一次中间再热、四缸四排汽、单轴、双背压、间接空冷、凝汽式汽轮机	超超临界、一次中间再热、四缸四排汽、单轴、双背压、凝汽式湿冷汽轮机	超超临界、一次中间再热、三缸两排汽、单轴、凝汽式空冷汽轮机
5	发电机型式	冷却方式为水氢氢	冷却方式为水氢氢	冷却方式为水氢氢	冷却方式为水氢氢
6	回热级数	9 级抽汽回热系统,即 3 高 +5 低 +1 除氧	9 级抽汽回热系统,即 3 高 +5 低 +1 除氧	10 级抽汽回热系统,即 4 高 +5 低 +1 除氧	10 级抽汽回热系统,即 4 高 +5 低 +1 除氧
7	给水泵配置	每台机组配置 2×50% 容量汽动给水泵,两台机组公用一台 30% 容量的启动电泵	每台机组设置 1×100% 容量汽动给水泵组	每台机组配置两台 50% 容量汽动给水泵,两台机组公用一台 45% 容量的启动、低负荷备用电泵	每台机组配置两台 50% 容量的汽动给水泵
8	高压加热器配置	3 台全容量、单列、卧式、U 形管高压加热器,3 号高加设置外置蒸汽冷却器	3 台全容量、单列、卧式、U 形管高压加热器,3 号高加设置外置蒸汽冷却器	4 台(含 0 号高加)全容量、单列、卧式、蛇形管高压加热器,3 号高加设置外置蒸汽冷却器	4 台半容量、双列、卧式、U 形管高压加热器,3、4 号高加设置外置蒸汽冷却器
9	冷却方式	湿冷	间接空冷	间接空冷	湿冷
10	磨煤机配置	6 台中速磨煤机,5 台运行,1 台备用	每台机组设置 6 台中速磨煤机,5 台运行,1 台备用	每台机组设置 6 台中速磨煤机,5 台运行,1 台备用	每台机组设置 6 台中速磨煤机,5 台运行,1 台备用

序号	名称	常见方案一	常见方案二	常见方案三	常见方案四
11	风机配置	送风机、一次风机、引风机均采用 2×50% 容量动叶可调轴流式风机,电动机驱动	送风机、一次风机、引风机均采用 2×50% 容量动叶可调轴流式风机,电动机驱动	送风机、一次风机、引风机均采用 2×50% 容量动叶可调轴流式风机,电动机驱动	送风机、一次风机、引风机均采用 2×50% 容量动叶可调轴流式风机,电动机驱动
12	余热利用装置配置	除尘器前设置一级低温省煤器	除尘器前设置一级低温省煤器	除尘器前设置一级低温省煤器	除尘器前设置一级低温省煤器
13	除尘器配置	2 台三室五电场低(低)温静电除尘器	2 台三室五电场低(低)温静电除尘器	2 台三室五电场低(低)温静电除尘器	2 台三室五电场低(低)温静电除尘器

4.3.2 布置方案

1000MW 级超超临界机组常见布置方案见表 4.6。

表 4.6 1000MW 级超超临界机组常见布置方案

序号	名称	常见方案一	常见方案二	常见方案三	常见方案四
1	主厂房结构	钢筋混凝土	钢筋混凝土	钢筋混凝土	钢筋混凝土
2	主厂房布置方式	汽机房 + 除氧间 + 煤仓间 + 锅炉房	汽机房 + 除氧间 + 锅炉房,独立侧煤仓	汽机房 + 锅炉房,独立侧煤仓	汽机房 + 除氧间 + 锅炉房,独立侧煤仓
3	模块组合	12+21+32+41	12+22+32+41	11+22+31+41	12+22+33+41
4	主厂房纵向长度	175m	200.5 m	197.5 m	196m
5	汽机房跨度	29m	30 m	32.8 m	31m
6	除氧间跨度	9.5m	9.5m	除氧器布置于锅炉钢架内	10m
7	汽机房运转层标高	16.5m	17m	17m	15.5m
8	煤仓间跨度	13.5m	21m	21m	21m
9	煤仓间运转层标高	16.5m	17m	17m	17m
10	炉前跨度	7.5m	6m	4m	9m
11	锅炉第一排钢柱至前烟道支架末排柱距离	97.3m	97.3m	87.3m	93.74m
12	前烟道支架末排柱至烟囱中心线距离	78.5m	78.5	78.5m	78.5m
13	A- 烟囱中心总长度	235.3m	221.3m	202.6m	222.24m
14	集控楼位置	两炉之间	四机一控	主厂房固定端	两机之间

注:根据工程实际情况,主厂房布置方案可按各区域模块布置进行组合确定。各模块及上表中主厂房数据仅为参考值,具体设计时需根据场地情况、主辅机厂设备资料等进行优化调整。

4.4 主厂房布置方案设计图

4.4.1 设计图目录

序号	图号	名称	数量
1	1000-04-JT-01	汽机房平面布置图（模块 11）	1
2	1000-04-JT-02	汽机房剖面布置图（模块 11）	1
3	1000-04-JT-03	汽机房平面布置图（模块 12）	1
4	1000-04-JT-04	汽机房剖面布置图（模块 12）	1
5	1000-04-JB-01	煤仓间布置图（模块 21）	1
6	1000-04-JB-02	煤仓间布置图（模块 22）	1
7	1000-04-JB-03	锅炉房平面布置图（模块 31）	1
8	1000-04-JB-04	锅炉房横剖面布置图（模块 31）	1
9	1000-04-JB-05	锅炉房平面布置图（模块 32）	1
10	1000-04-JB-06	锅炉房横剖面布置图（模块 32）	1
11	1000-04-JB-07	锅炉房平面布置图（模块 33）	1
12	1000-04-JB-08	锅炉房横剖面布置图（模块 33）	1
13	1000-04-JB-09	锅炉房平面布置图（模块 34）	1
14	1000-04-JB-10	锅炉房横剖面布置图（模块 34）	1
15	1000-04-JB-11	炉后平面布置图（模块 41）	1
16	1000-04-JB-12	炉后横剖面布置图（模块 41）	1
17	1000-04-J-01	主厂房规划平面布置图（常见方案一）	1
18	1000-04-J-02	主厂房规划横剖面布置图（常见方案一）	1
19	1000-04-J-03	主厂房规划平面布置图（常见方案二）	1
20	1000-04-J-04	主厂房规划横剖面布置图（常见方案二）	1
21	1000-04-J-05	主厂房规划平面布置图（常见方案三）	1
22	1000-04-J-06	主厂房规划横剖面布置图（常见方案三）	1
23	1000-04-J-07	主厂房规划平面布置图（常见方案四）	1
24	1000-04-J-08	主厂房规划横剖面布置图（常见方案四）	1

4.4.2 附图

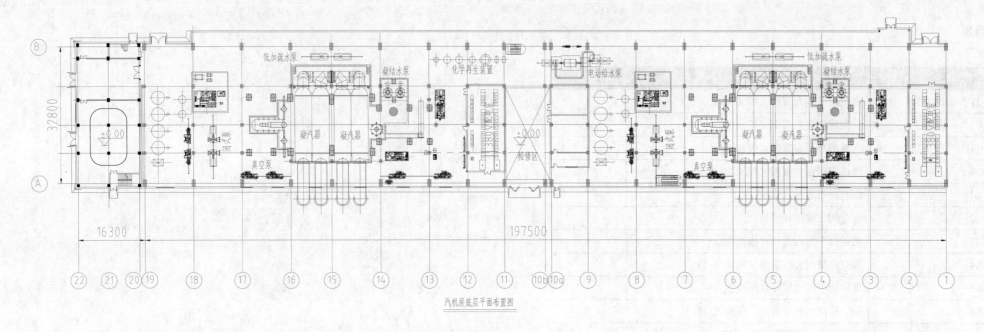

汽机房底层平面布置图

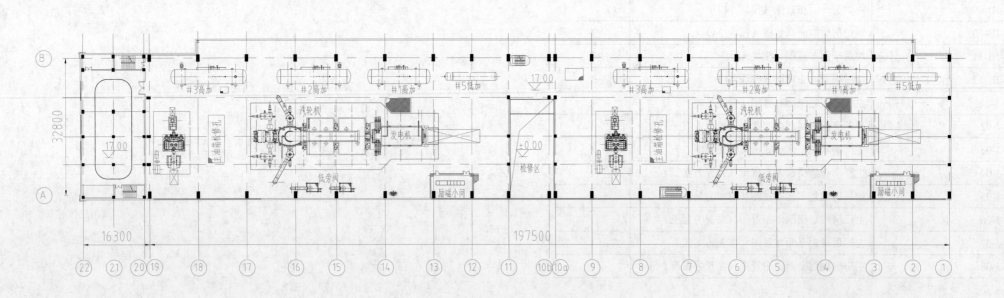

汽机房运转层平面布置图

图 名	汽机房平面布置图（模块11）
图 号	1000-04-JT-01

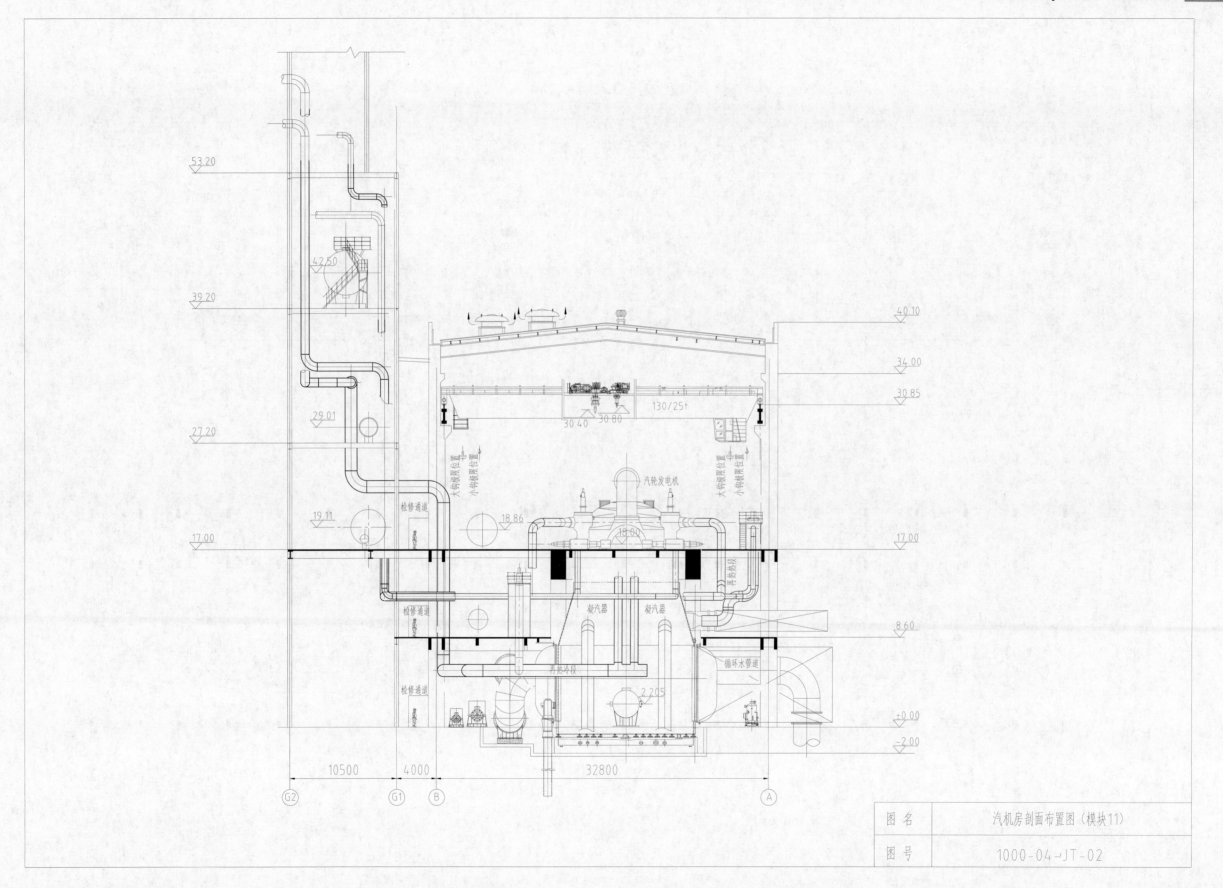

图 名	汽机房剖面布置图（模块11）
图 号	1000-04-JT-02

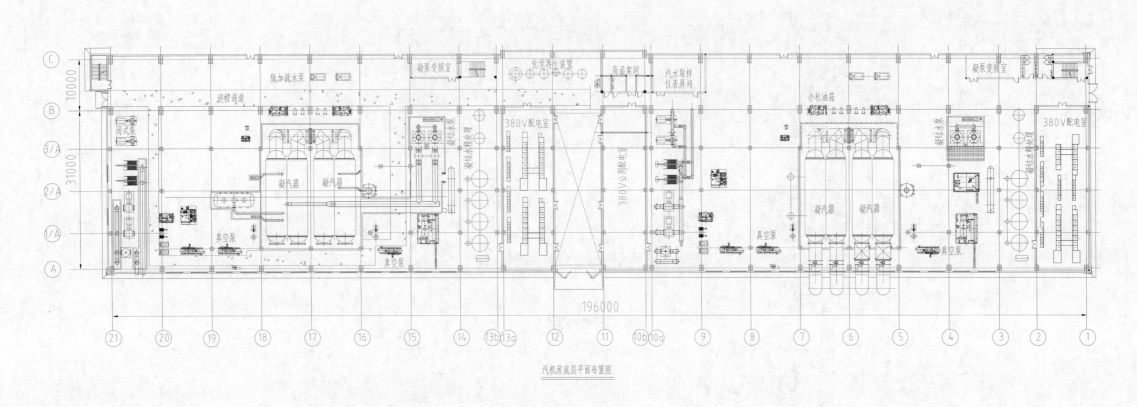

汽机房底层平面布置图

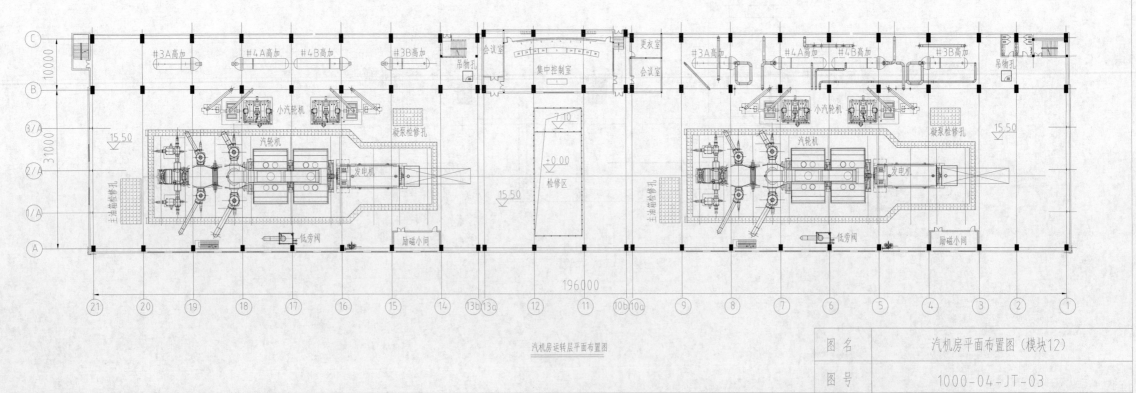

汽机房运转层平面布置图

图名	汽机房平面布置图（模块12）
图号	1000-04-JT-03

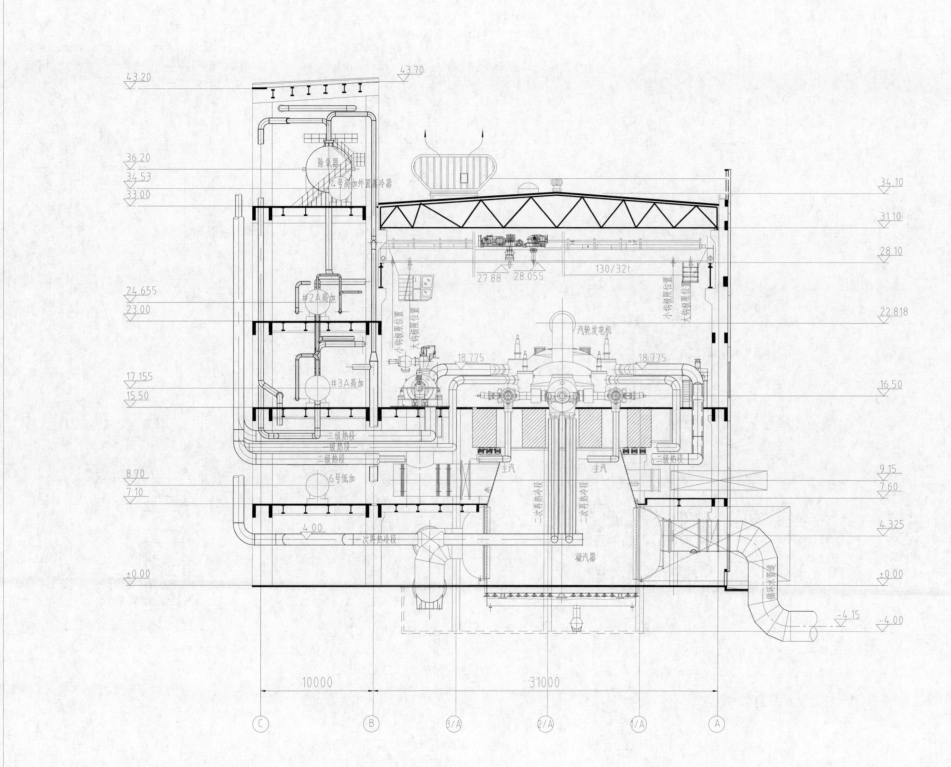

汽机房剖面布置图（模块12）

图 名	汽机房剖面布置图（模块12）
图 号	1000-04-JT-04

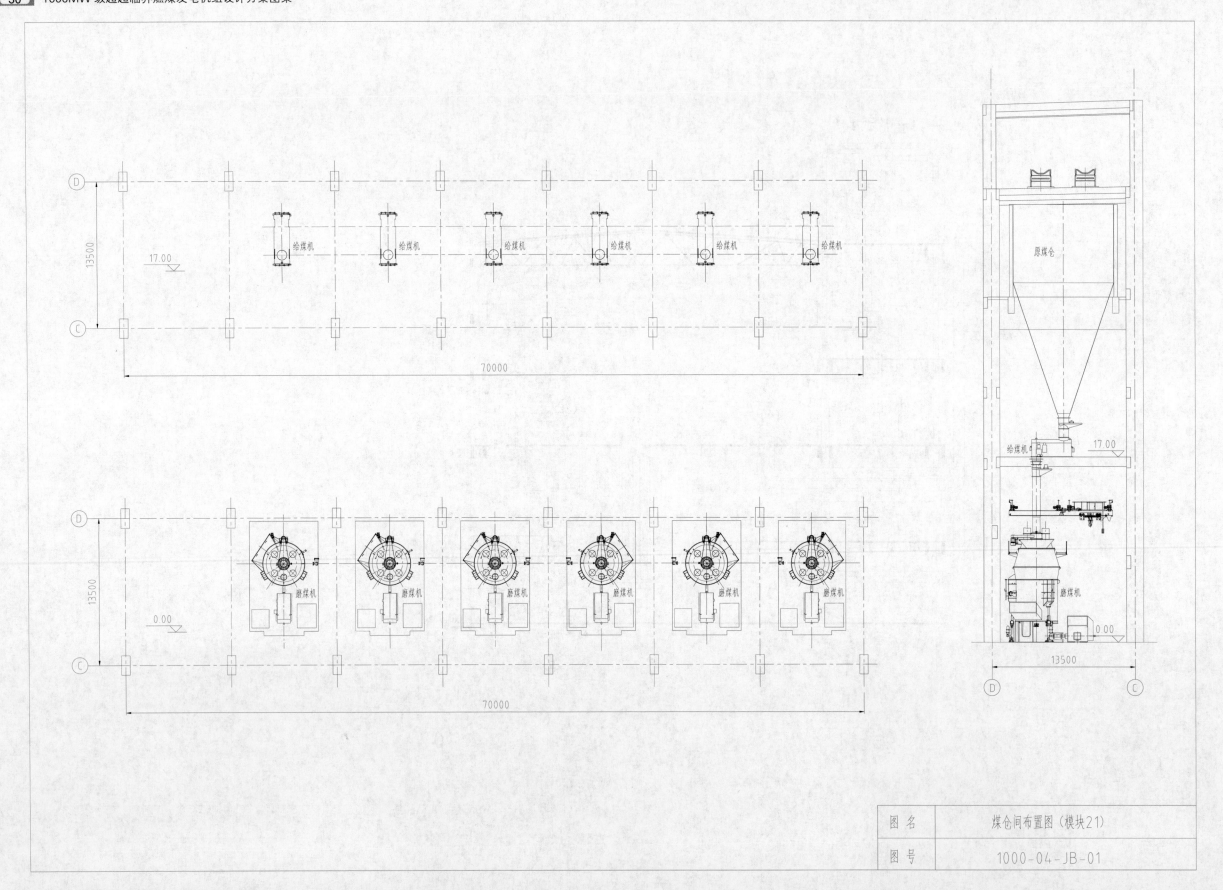

图 名	煤仓间布置图（模块21）
图 号	1000-04-JB-01

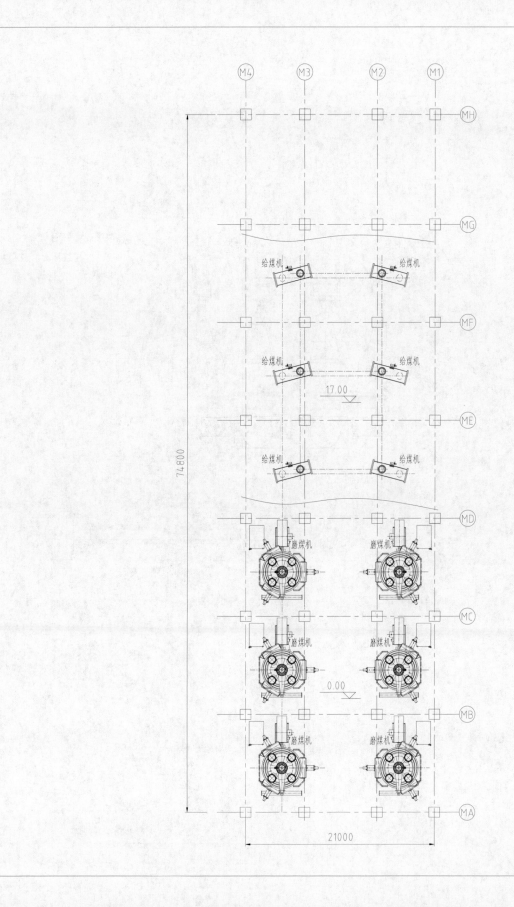

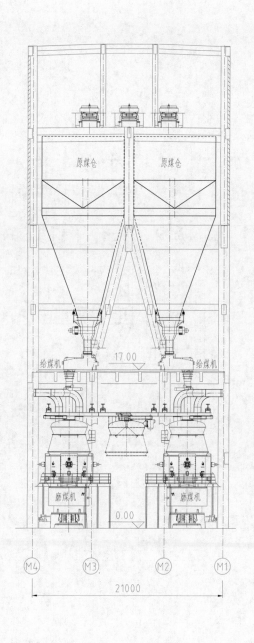

图 名	煤仓间布置图（模块22）
图 号	1000-04-JB-02

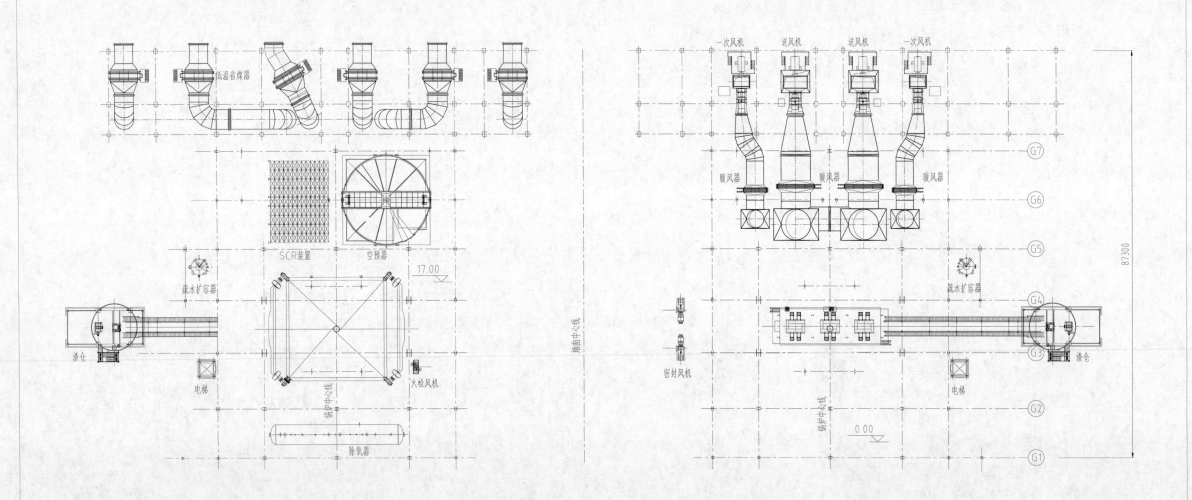

低温省煤器

SCR装置　　空预器

17.00

疏水扩容器

渣仓

电梯

锅炉中心线

火检风机

除氧器

烟囱中心线

一次风机　　送风机　　送风机　　一次风机

暖风器　　暖风器　　暖风器

G7

G6

G5

疏水扩容器

87300

G4

G3 渣仓

密封风机

电梯

锅炉中心线

0.00

G2

G1

图 名	锅炉房平面布置图（模块31）
图 号	1000-04-JB-03

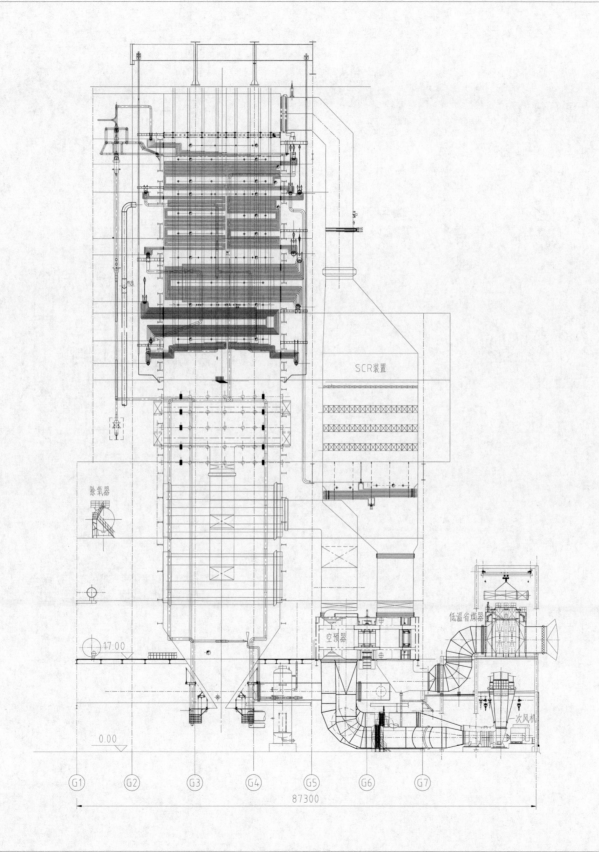

SCR装置

除氧器

低温省煤器

空预器

次风机

17.00

0.00

87300

G1 G2 G3 G4 G5 G6 G7

图 名	锅炉房横剖面布置图（模块31）
图 号	1000-04-JB-04

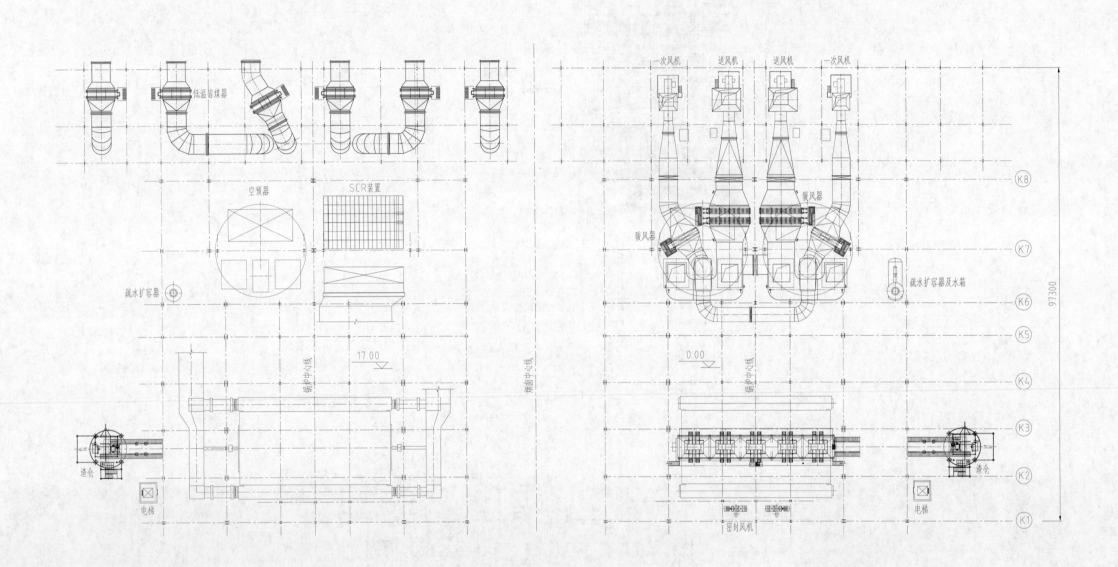

低温省煤器

空预器

SCR装置

疏水扩容器

锅炉中心线

17.00

渣仓

电梯

烟囱中心线

一次风机　送风机　送风机　一次风机

暖风器

暖风器

疏水扩容器及水箱

锅炉中心线

0.00

渣仓

电梯

密封风机

97300

K8
K7
K6
K5
K4
K3
K2
K1

图　名	锅炉房平面布置图（模块32）
图　号	1000-04-JB-05

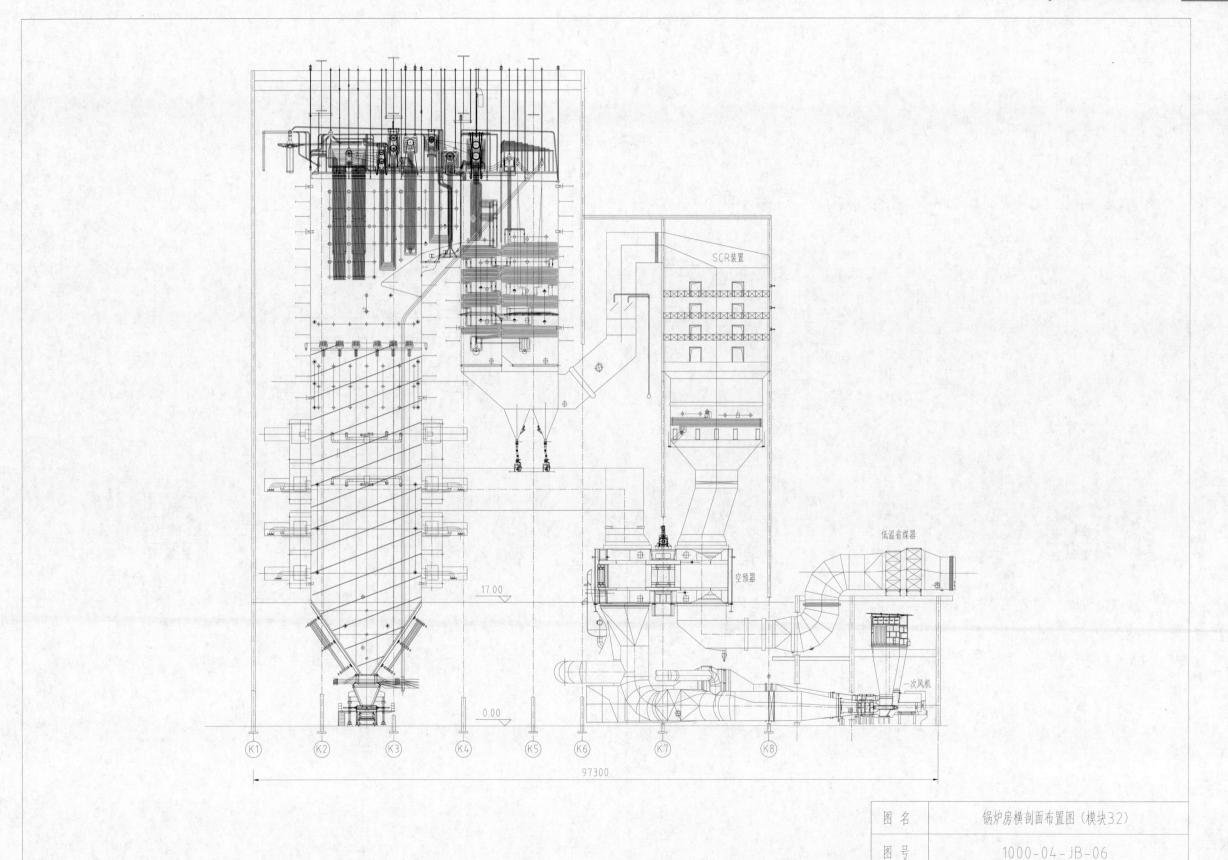

SCR装置

低温省煤器

空预器

一次风机

17 00

0.00

K1 K2 K3 K4 K5 K6 K7 K8

97300

图 名	锅炉房横剖面布置图（模块32）
图 号	1000-04-JB-06

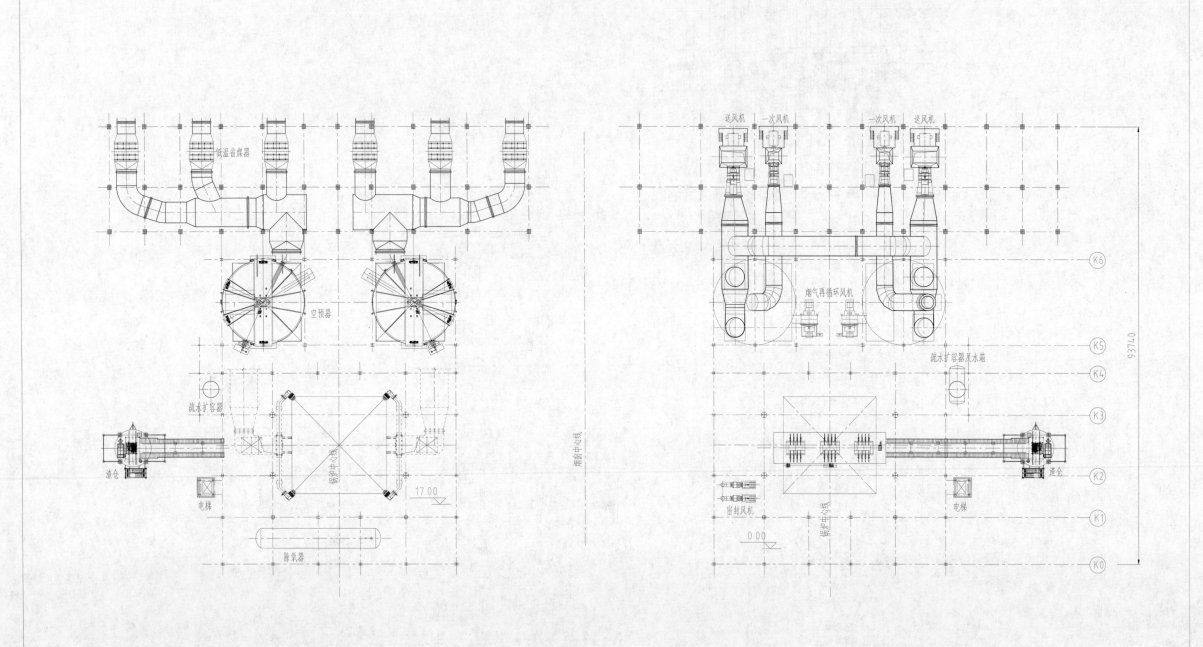

图　名	锅炉房平面布置图（模块33）
图　号	1000-04-JB-07

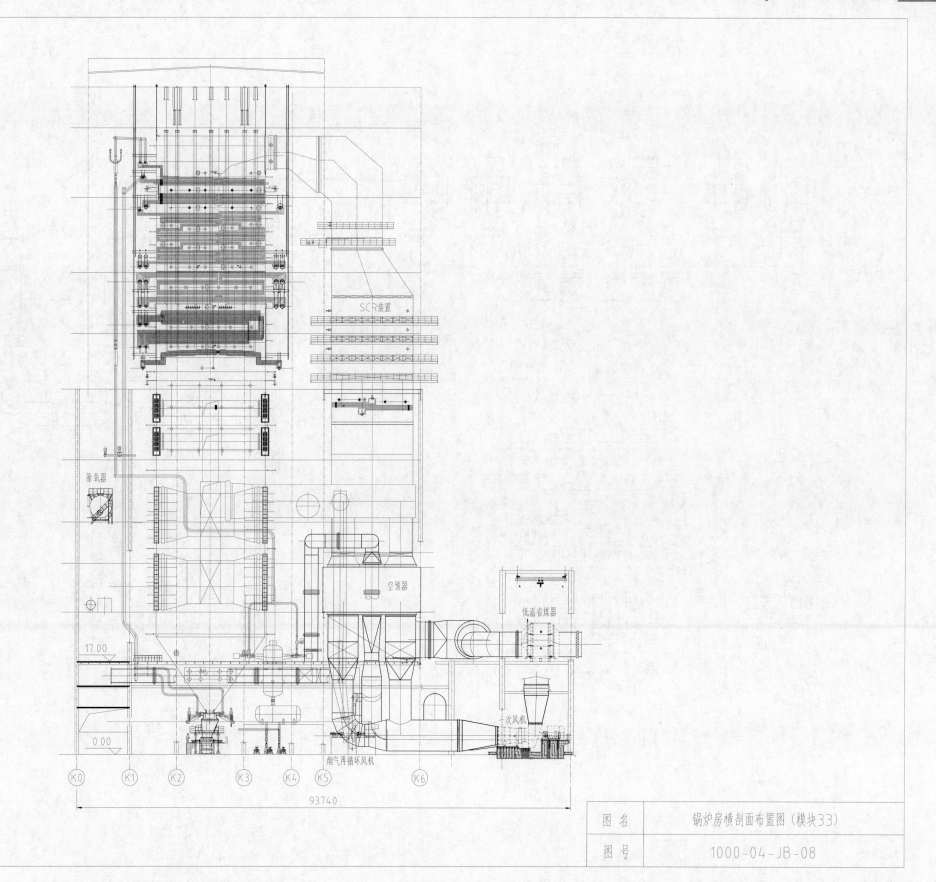

图 名	锅炉房横剖面布置图（模块33）
图 号	1000-04-JB-08

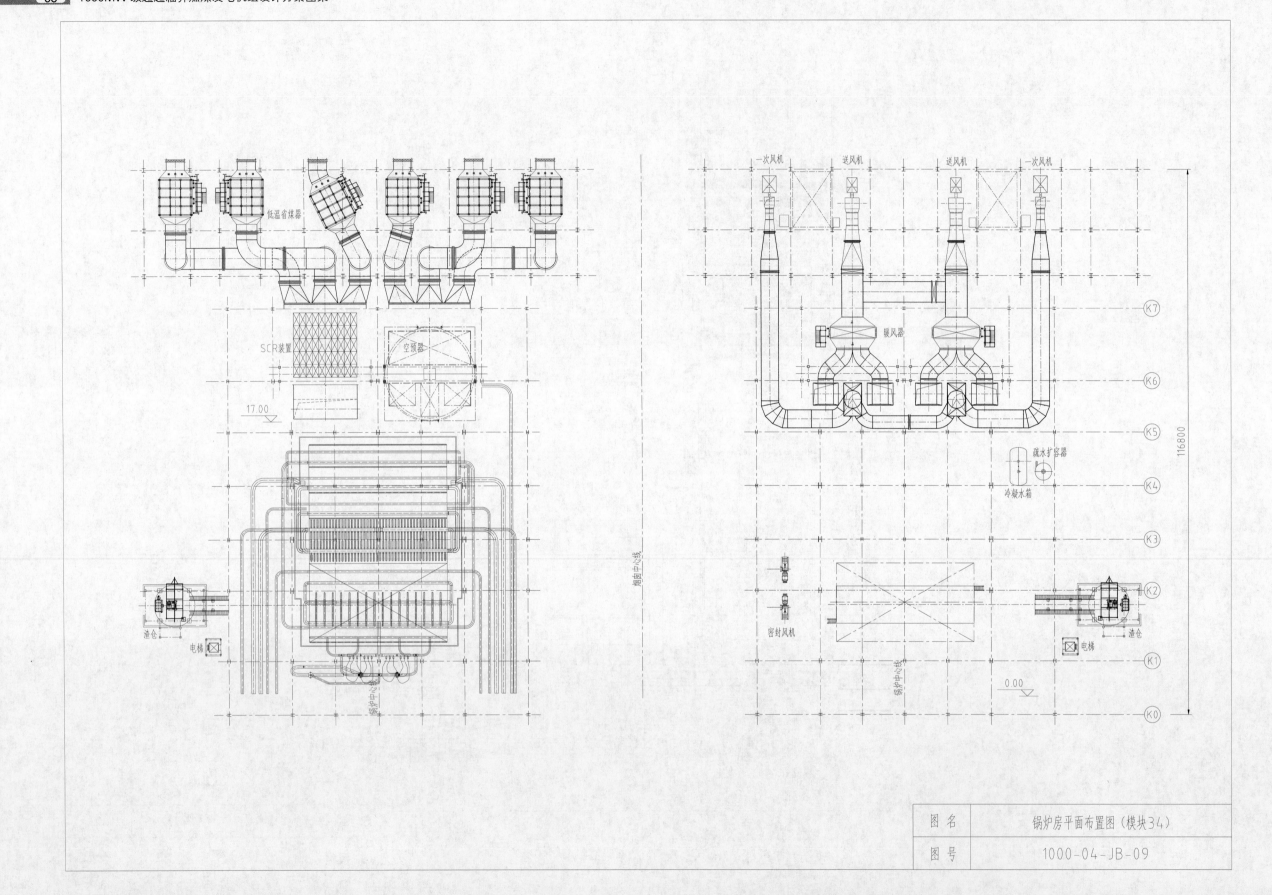

低温省煤器

SCR装置

空预器

17.00

烟囱中心线

渣仓

电梯

锅炉中心线

一次风机　　送风机　　送风机　　一次风机

暖风器

疏水扩容器

冷凝水箱

密封风机

锅房中心线

0.00

电梯　渣仓

116800

K7
K6
K5
K4
K3
K2
K1
K0

图 名	锅炉房平面布置图（模块34）
图 号	1000-04-JB-09

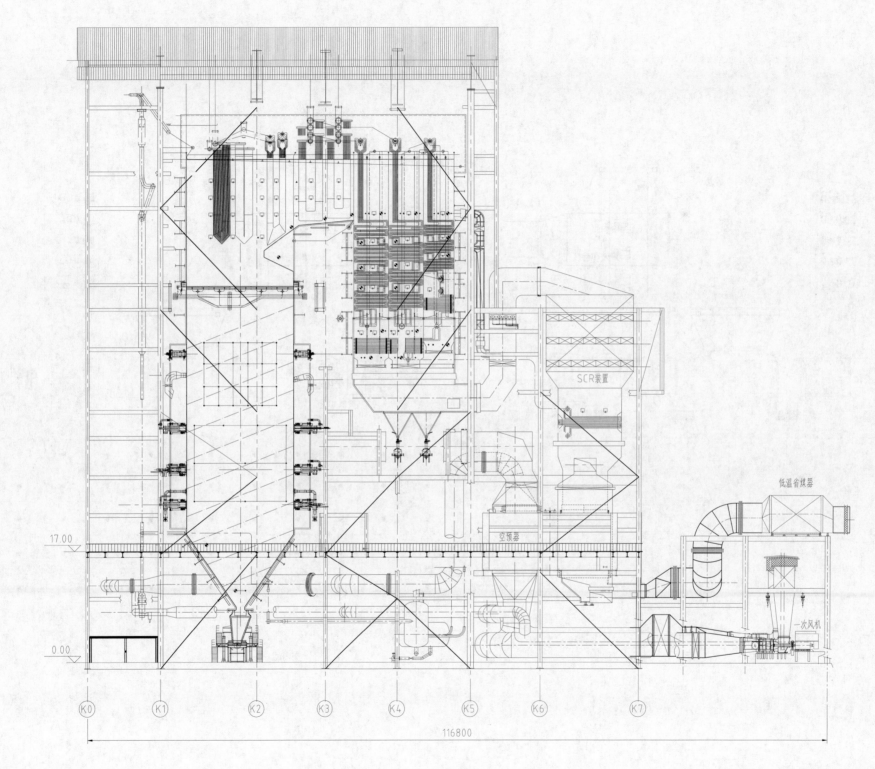

17.00

0.00

SCR装置

低温省煤器

空预器

一次风机

K0　K1　K2　K3　K4　K5　K6　K7

116800

图 名	锅炉房横剖面布置图（模块34）
图 号	1000-04-JB-10

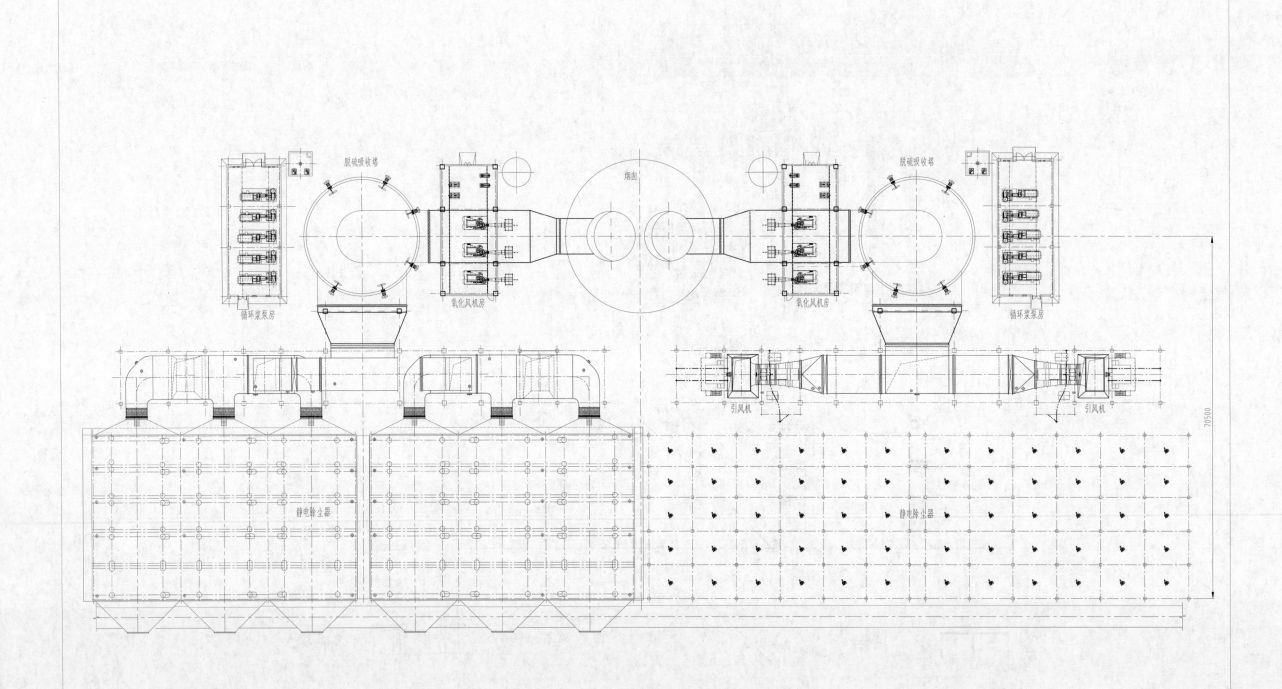

脱硫吸收塔

烟囱

脱硫吸收塔

循环浆泵房

氧化风机房

氧化风机房

循环浆泵房

引风机

引风机

静电除尘器

静电除尘器

70500

图 名	炉后平面布置图（模块4.1）
图 号	1000-04-JB-11

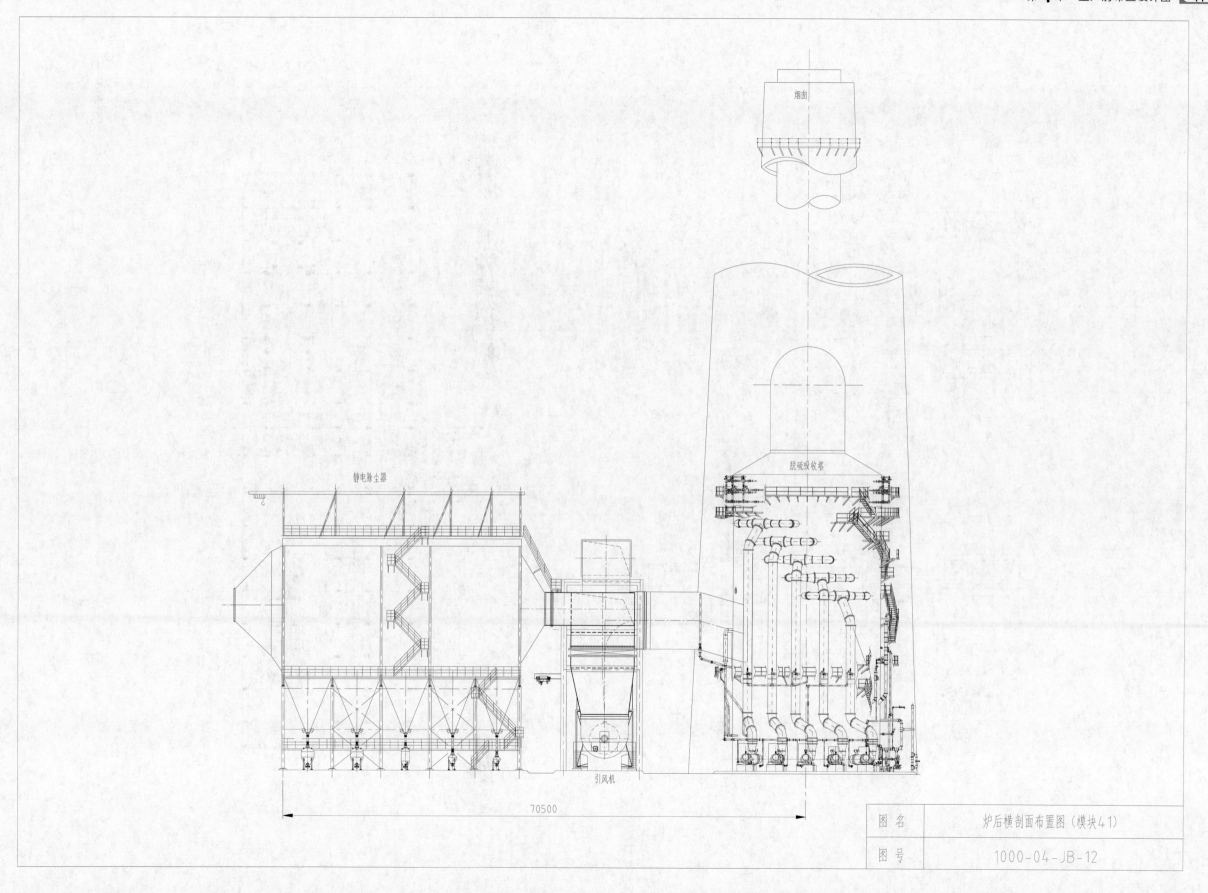

烟囱

脱硫吸收塔

静电除尘器

引风机

70500

图 名	炉后横剖面布置图（模块41）
图 号	1000-04-JB-12

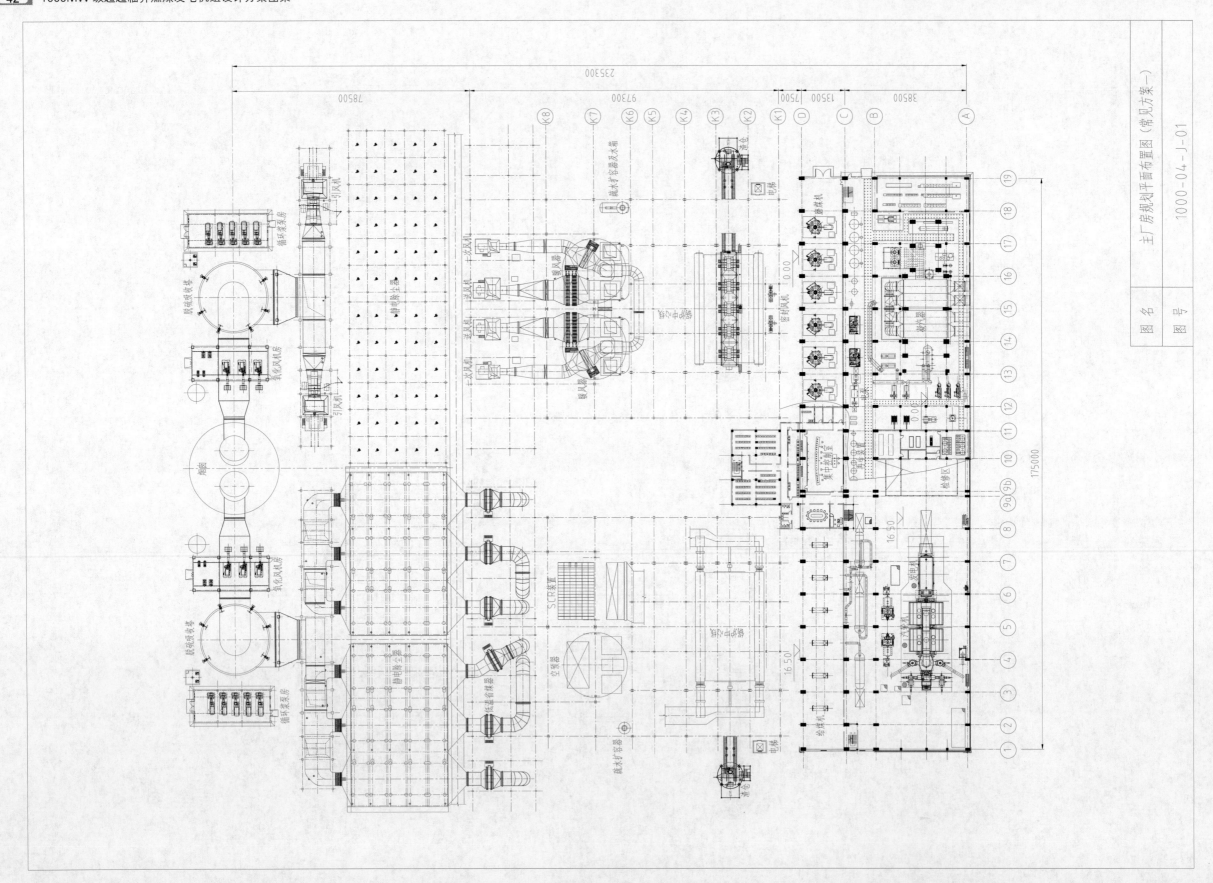

主厂房规划平面布置图（常见方案一）

图名

图号 1000-04-J-01

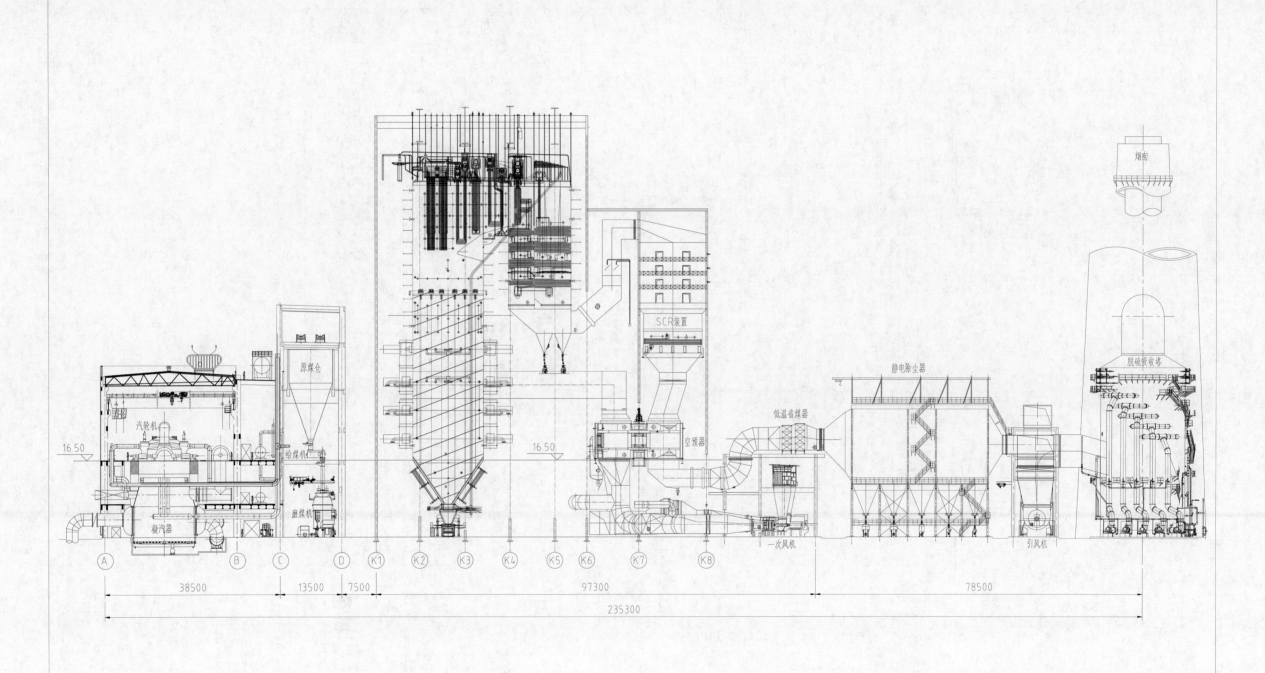

汽轮机
16.50
凝汽器
给煤机
磨煤机
原煤仓
SCR装置
空预器
低温省煤器
静电除尘器
脱硫吸收塔
烟囱
一次风机
引风机
16.50

| A | | B | C | D | K1 | K2 | K3 | K4 | K5 | K6 | K7 | K8 |

38500　　13500　7500　　　　　97300　　　　　78500

235300

图 名	主厂房规划横剖面布置图（常见方案一）
图 号	1000-04-J-02

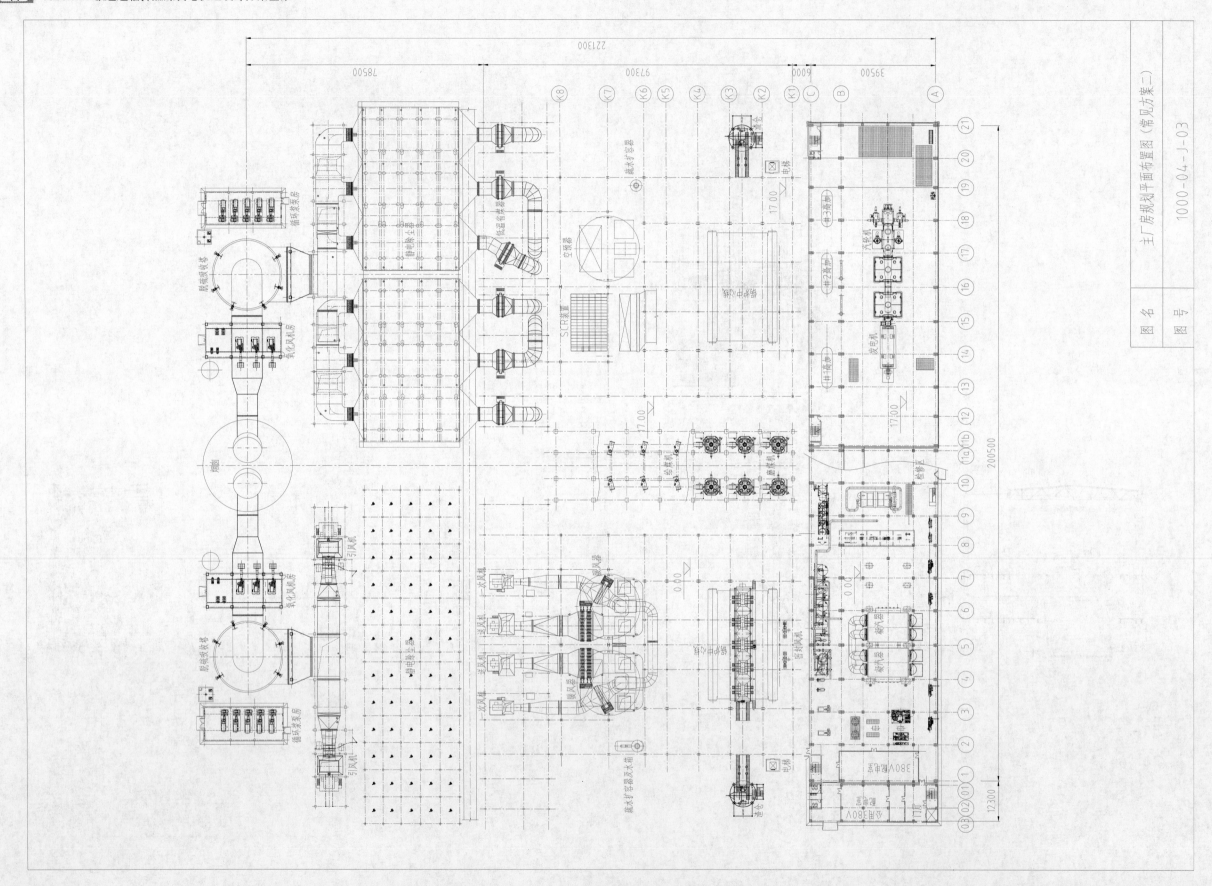

图 名 主厂房规划平面布置图（常见方案二）

图 号 1000-04-J-03

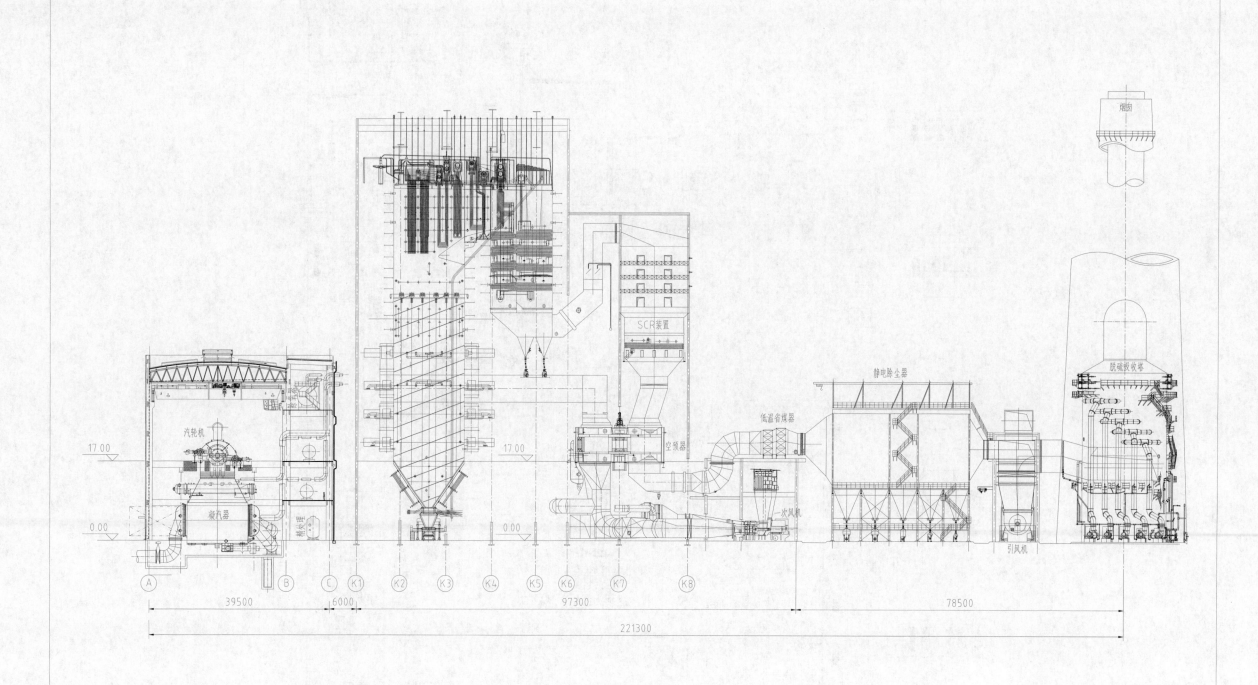

烟囱

SCR装置

脱硫吸收塔

静电除尘器

汽轮机

低温省煤器

空预器

凝汽器

一次风机

引风机

17.00

17.00

0.00

0.00

Ⓐ　Ⓑ　Ⓒ　K1　K2　K3　K4　K5　K6　K7　K8

39500　　6000　　97300　　78500

221300

图　名	主厂房规划横剖面布置图（常见方案二）
图　号	1000-04-J-04

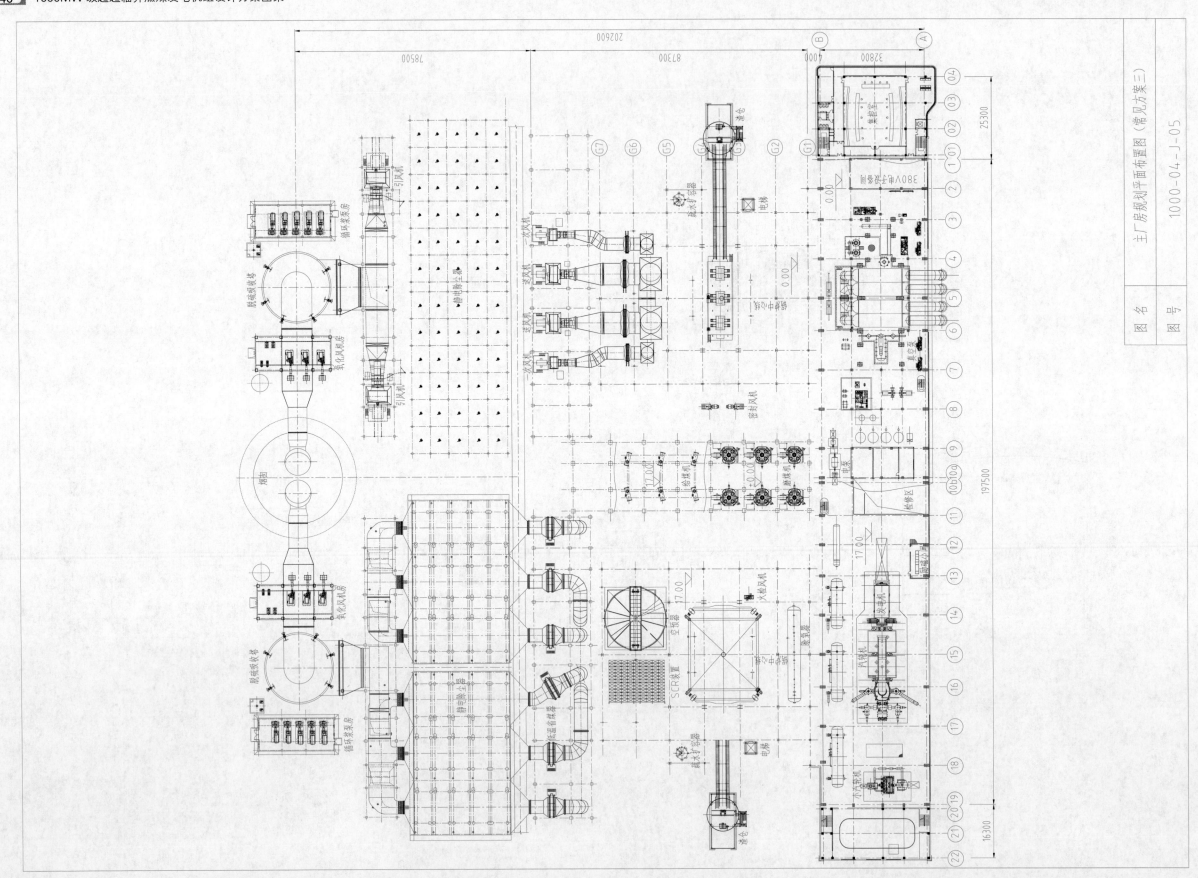

主厂房规划平面布置图（常见方案三）

图名

1000-04-J-05

图号

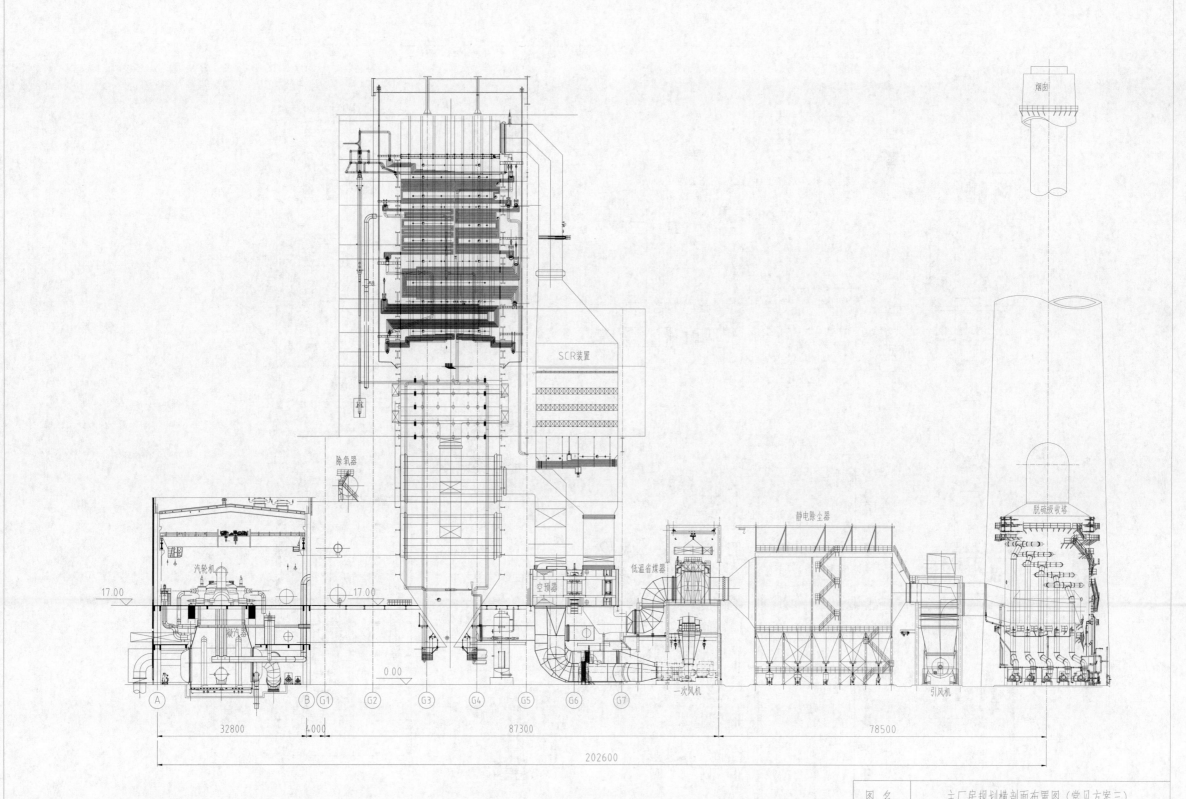

烟囱

SCR装置

除氧器

脱硫吸收塔

静电除尘器

汽轮机

空预器

低温省煤器

凝汽器

一次风机

引风机

17.00

17.00

0.00

A   B G1   G2   G3   G4   G5   G6   G7

32800   4000   87300   78500

202600

图 名	主厂房规划横剖面布置图（常见方案三）
图 号	1000-04-J-06

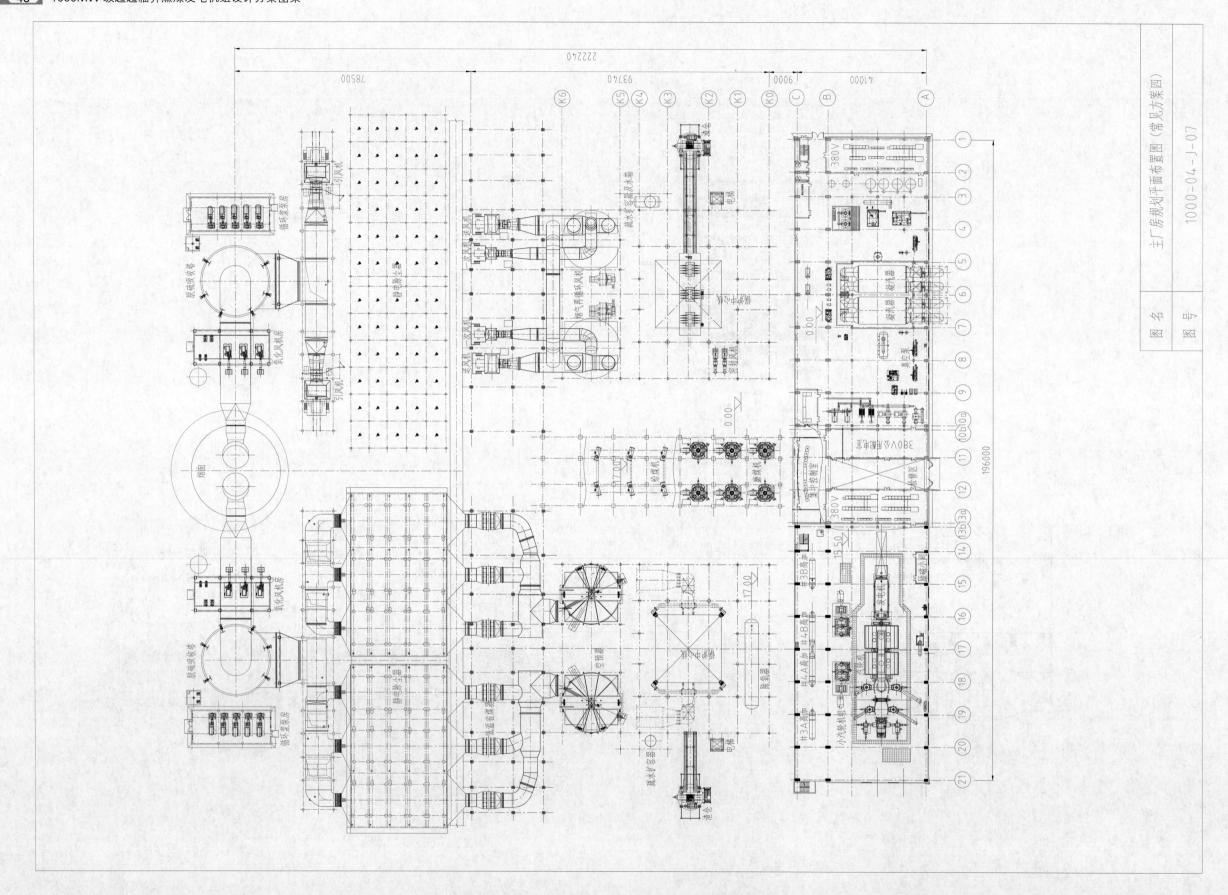

主厂房规划平面布置图（常见方案四）

1000-04-J-07

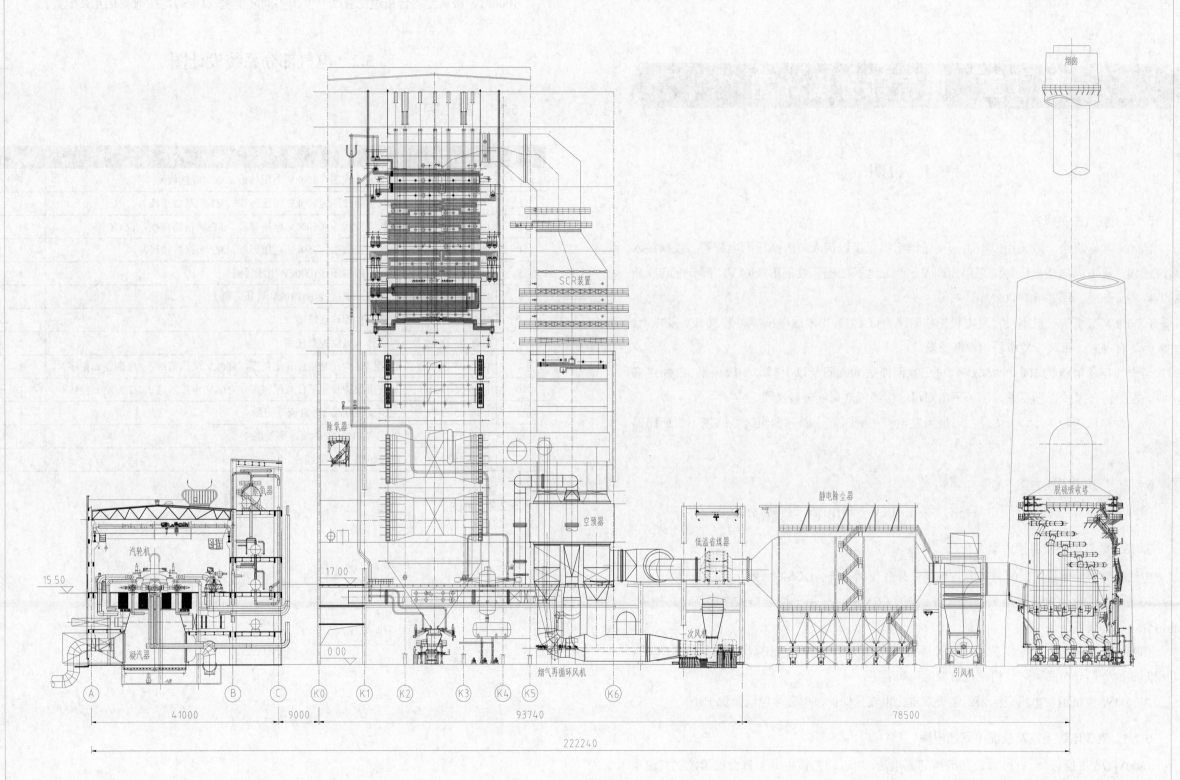

烟囱

SCR装置

除氧器

脱硫吸收塔

静电除尘器

空预器

低温省煤器

15.50

汽轮机

17.00

凝汽器

0.00

一次风机

烟气再循环风机

引风机

Ⓐ　Ⓑ　Ⓒ　K0　K1　K2　K3　K4　K5　K6

41000　9000　93740　78500

222240

图　名	主厂房规划横剖面布置图（常见方案四）
图　号	1000-04-J-08

第 5 章　电气部分设计图

5.1　说明

5.1.1　电气主接线方案

1000MW 级机组一般采用发电机—变压器组单元接线接入厂内高压配电装置。根据接入系统规划，典型的出线电压等级采用 500kV，西北地区工程一般采用 750kV，部分配套能源基地特高压外送工程采用 1000kV。

1000MW 级机组一般不设置发电机出口断路器（GCB），当出线电压等级为 500kV 及以上，技术经济合理时，可装设发电机出口断路器。

当出线电压等级为 500～750kV，进出线回路数为六回及以上时，一般采用 3/2 断路器接线。根据接入系统规划要求，也可采用双母线接线或双母线分段接线。

当出线电压等级为 1000kV 时，可采用发电机—变压器—断路器组、线路侧不设断路器的接线。

5.1.2　厂用电系统方案

国内 1000MW 级机组厂用电系统主要采用 10kV 一级电压，设一台分裂变。

5.1.3　电气监控及保护方案

电气控制系统配置、控制方式等与机、炉分散控制系统（DCS）一致。

1000MW 级机组宜装设电气监控管理系统（ECMS），采用分层分布式结构，设站控层、通信管理层、现场层。

1000MW 级机组高压配电装置采用计算机监控，设置电力网络计算机监控系统（NCS），采用开放性分层分布式网络结构，设站控层和间隔层。

1000MW 级机组发电机变压器组装设双重化电气量保护、单套非电气量保护。

5.1.4　直流电源系统及交流不间断电源

1000MW 级机组每台机组装设 2 组控制蓄电池，1 组动力蓄电池。每台机组控制直流电源系统，配置 2 套充电 / 浮充电装置。两台机组动力直流电源系统，共配置 3 套充电 / 浮充电装置。

1000MW 级机组每台机组配置 2 套交流不间断电源（UPS），按双重化冗余配置。

5.2　电气部分系统设计图

5.2.1　设计图目录

序号	图号	名称	数量
1	1000-05-D-01	电气主接线图（500kV 电压等级、双母线接线）	1
2	1000-05-D-02	电气主接线图（500kV 电压等级、3/2 断路器接线）	1
3	1000-05-D-03	电气主接线图（500kV 电压等级、3/2 断路器接线，设 GCB）	1
4	1000-05-D-04	电气主接线图（750kV 电压等级、3/2 断路器接线）	1
5	1000-05-D-05	电气主接线图（1000kV 电压等级）	1
6	1000-05-D-06	厂用电原理接线图（10kV 电压等级）	1
7	1000-05-D-07	电气监控管理系统图	1
8	1000-05-D-08	网络计算机监控系统图	1
9	1000-05-D-09	发变组保护及测量仪表配置图（500kV 电压等级、3/2 断路器接线）	1
10	1000-05-D-10	发变组保护及测量仪表配置图（750kV 电压等级、3/2 断路器接线）	1
11	1000-05-D-11	主厂房 220V 动力直流系统图	1
12	1000-05-D-12	主厂房 110V 控制直流系统图	1
13	1000-05-D-13	单元机组 UPS 系统图	1

5.2.2　附图

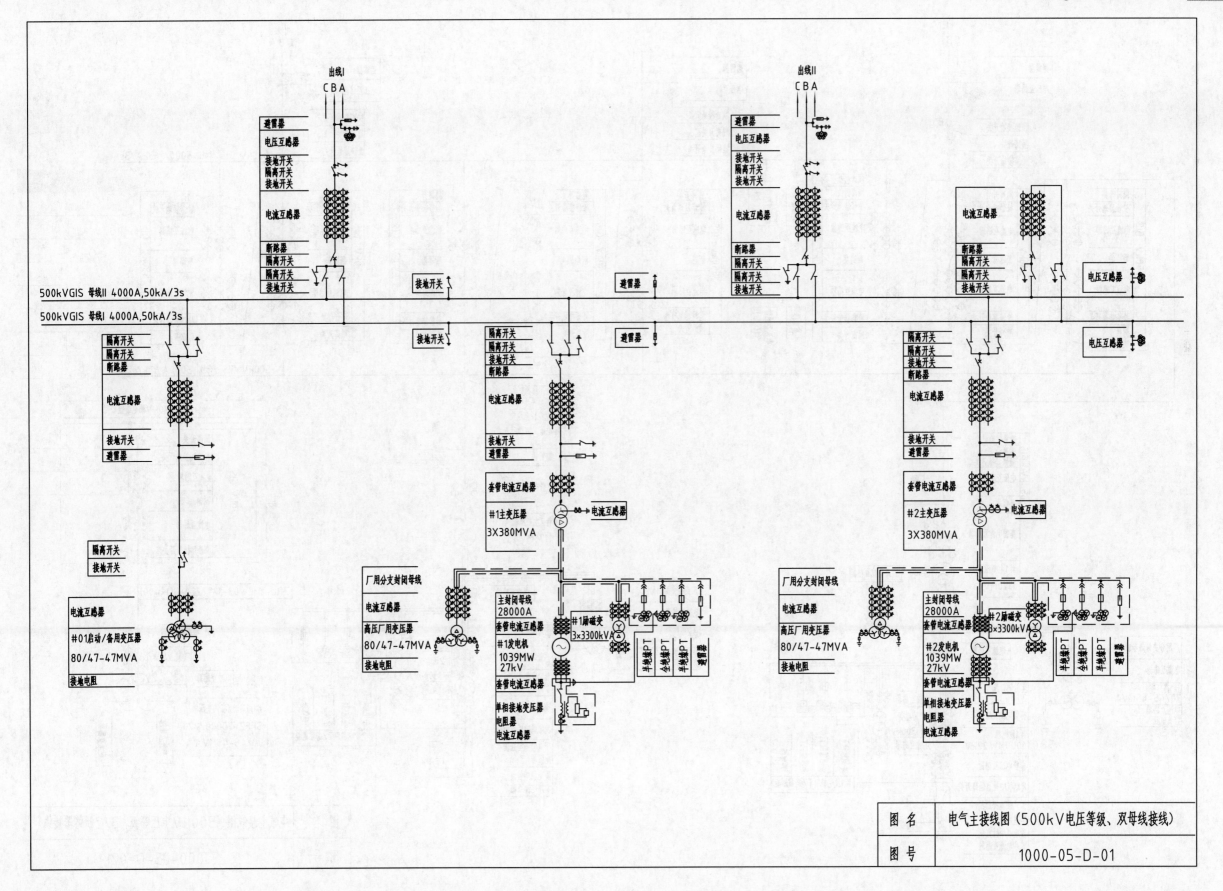

图 名	电气主接线图（500kV电压等级、双母线接线）
图 号	1000-05-D-01

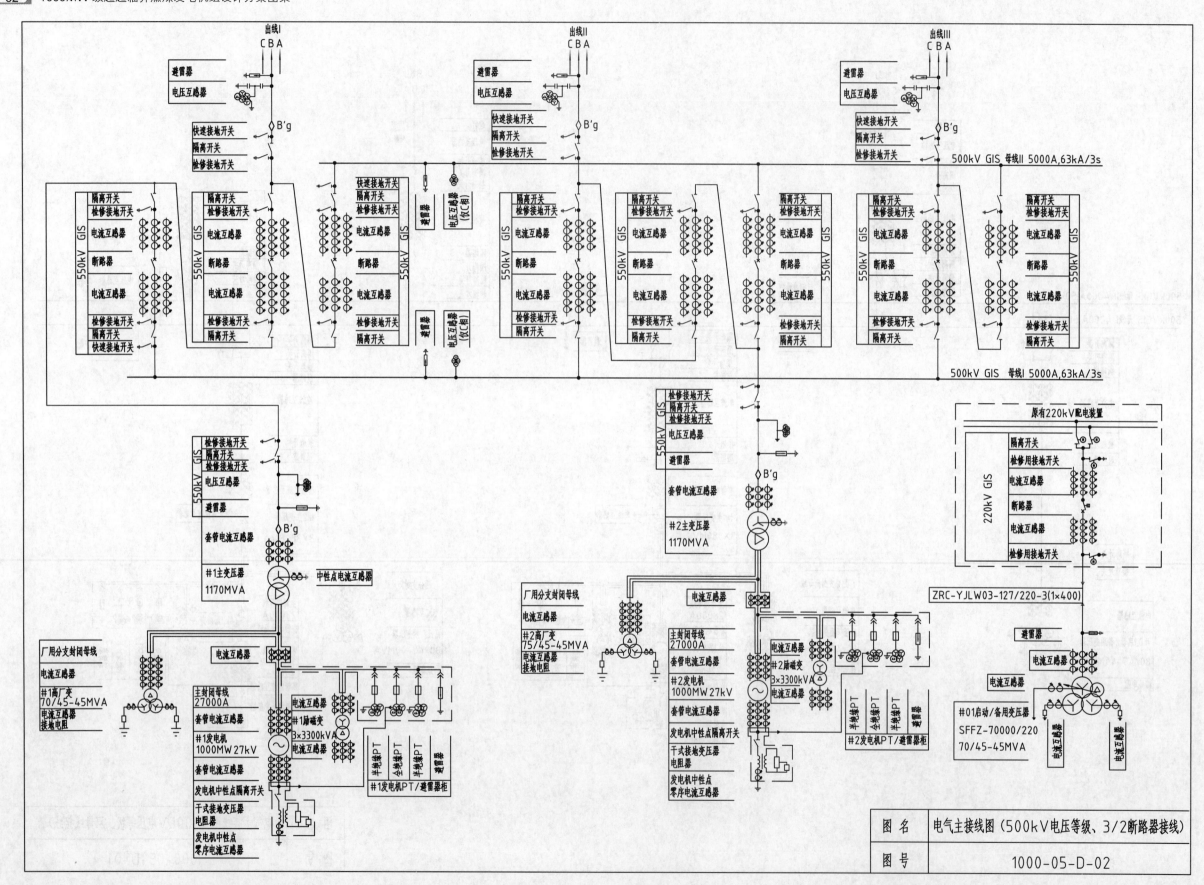

图 名	电气主接线图（500kV电压等级、3/2断路器接线）
图 号	1000-05-D-02

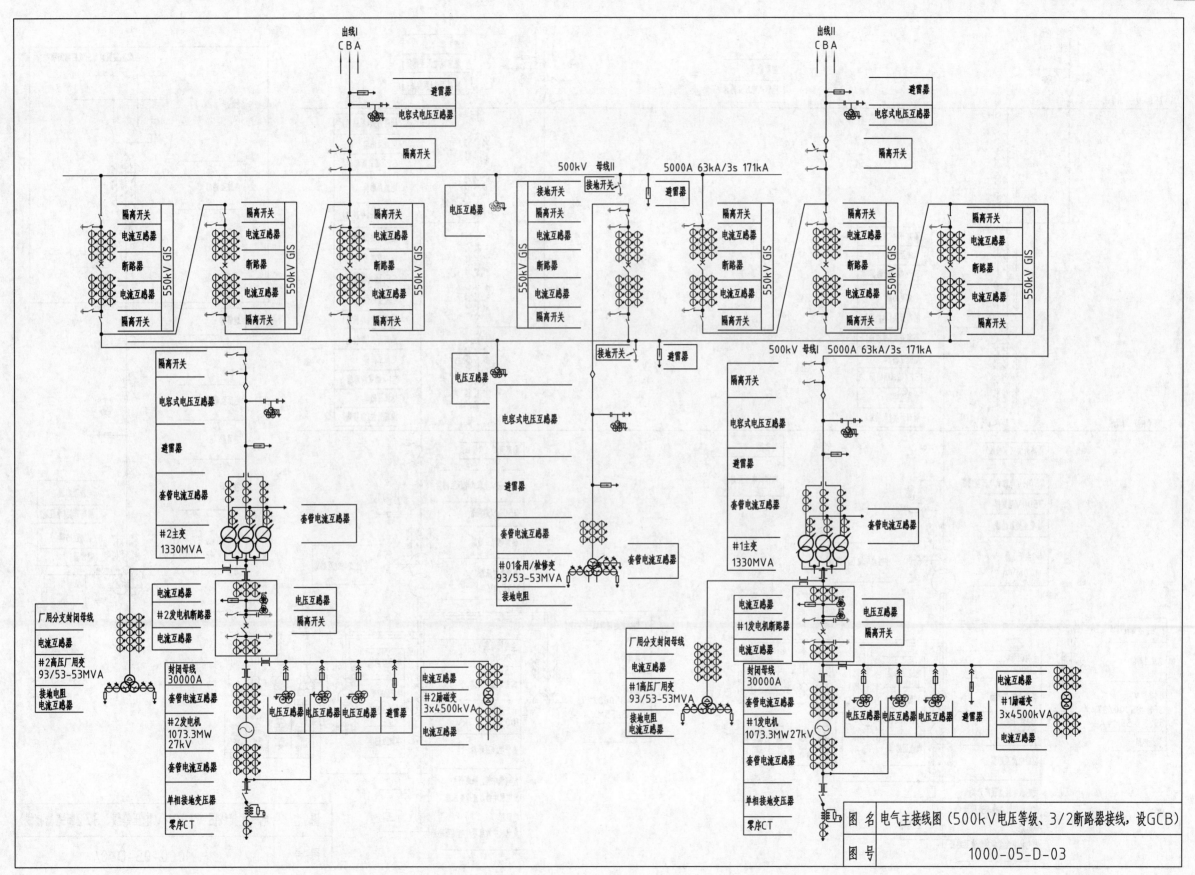

图 名　电气主接线图（500kV电压等级、3/2断路器接线，设GCB）

图 号　1000-05-D-03

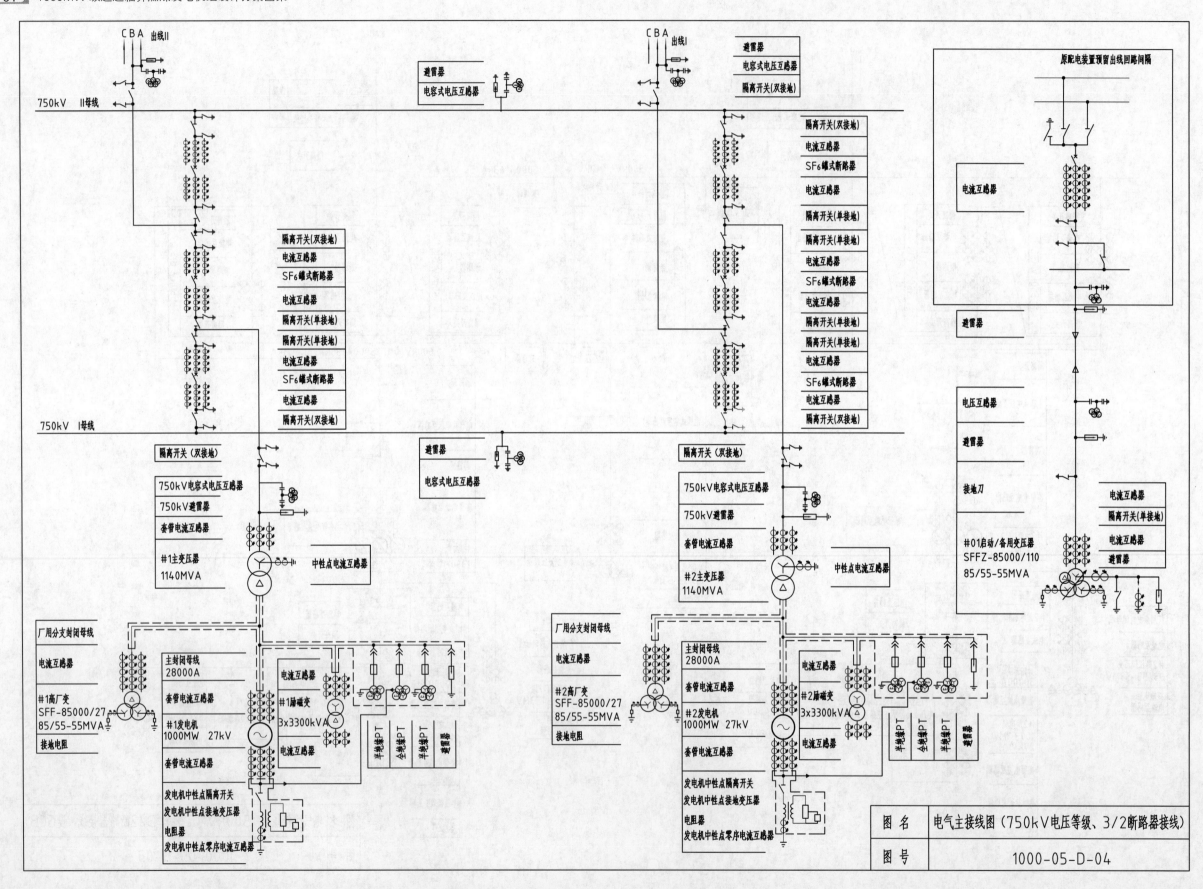

图 名	电气主接线图（750kV电压等级、3/2断路器接线）
图 号	1000-05-D-04

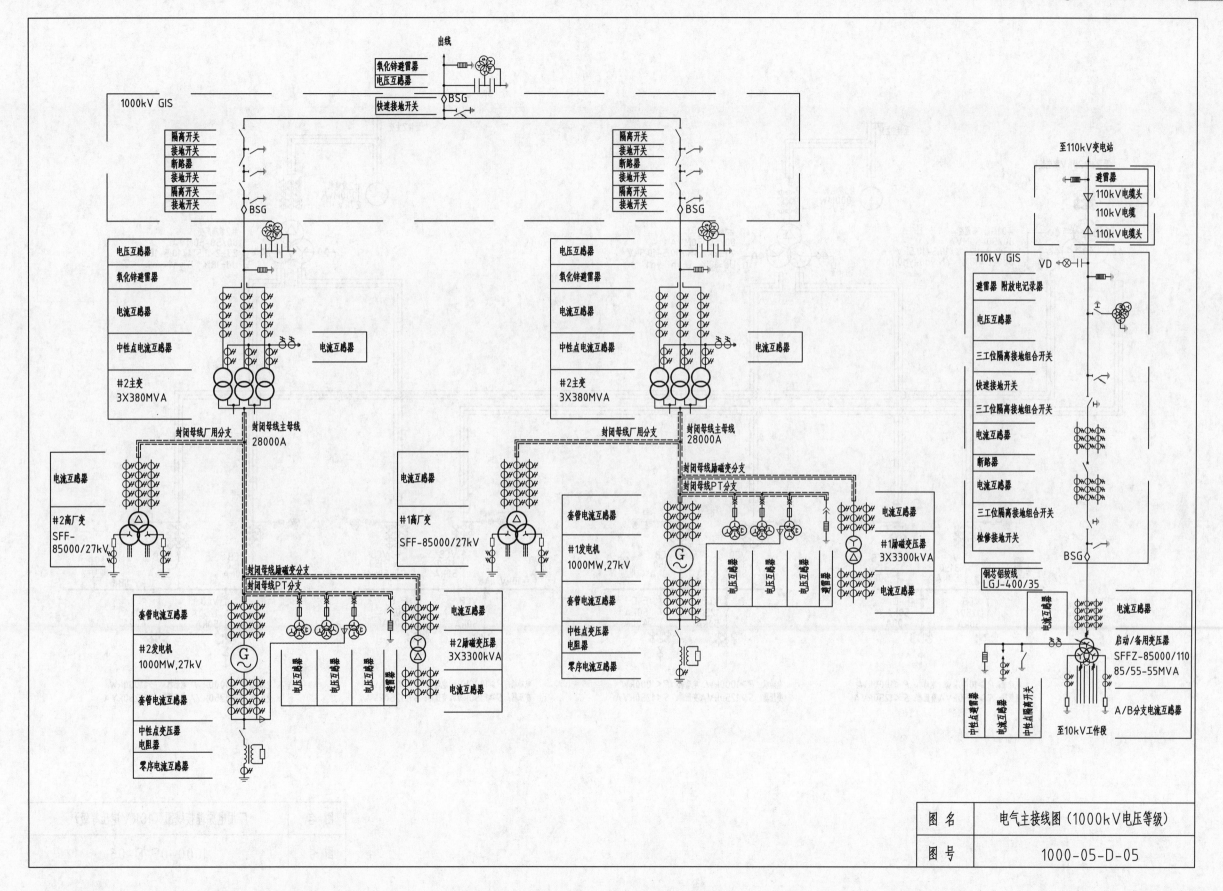

图 名	电气主接线图（1000kV电压等级）
图 号	1000-05-D-05

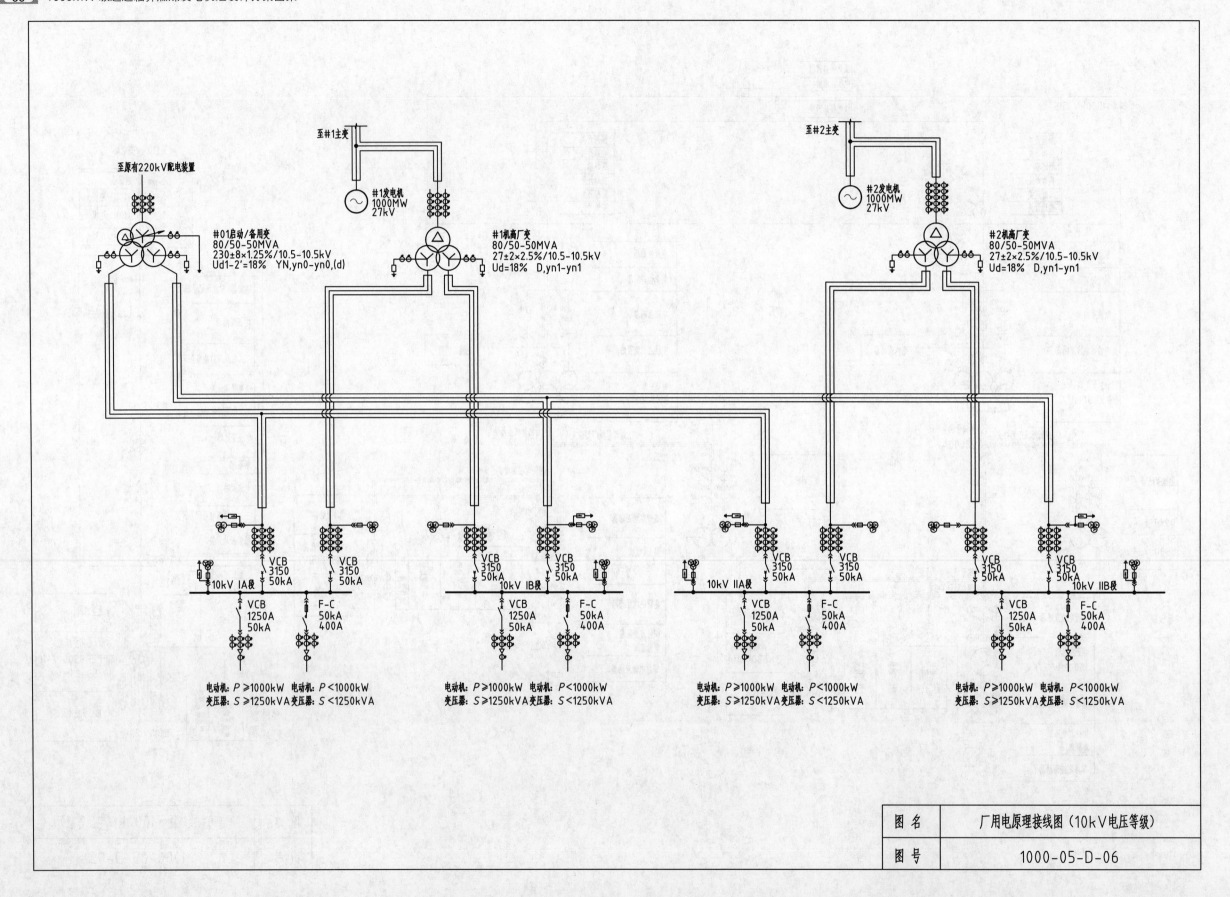

图 名	厂用电原理接线图（10kV电压等级）
图 号	1000-05-D-06

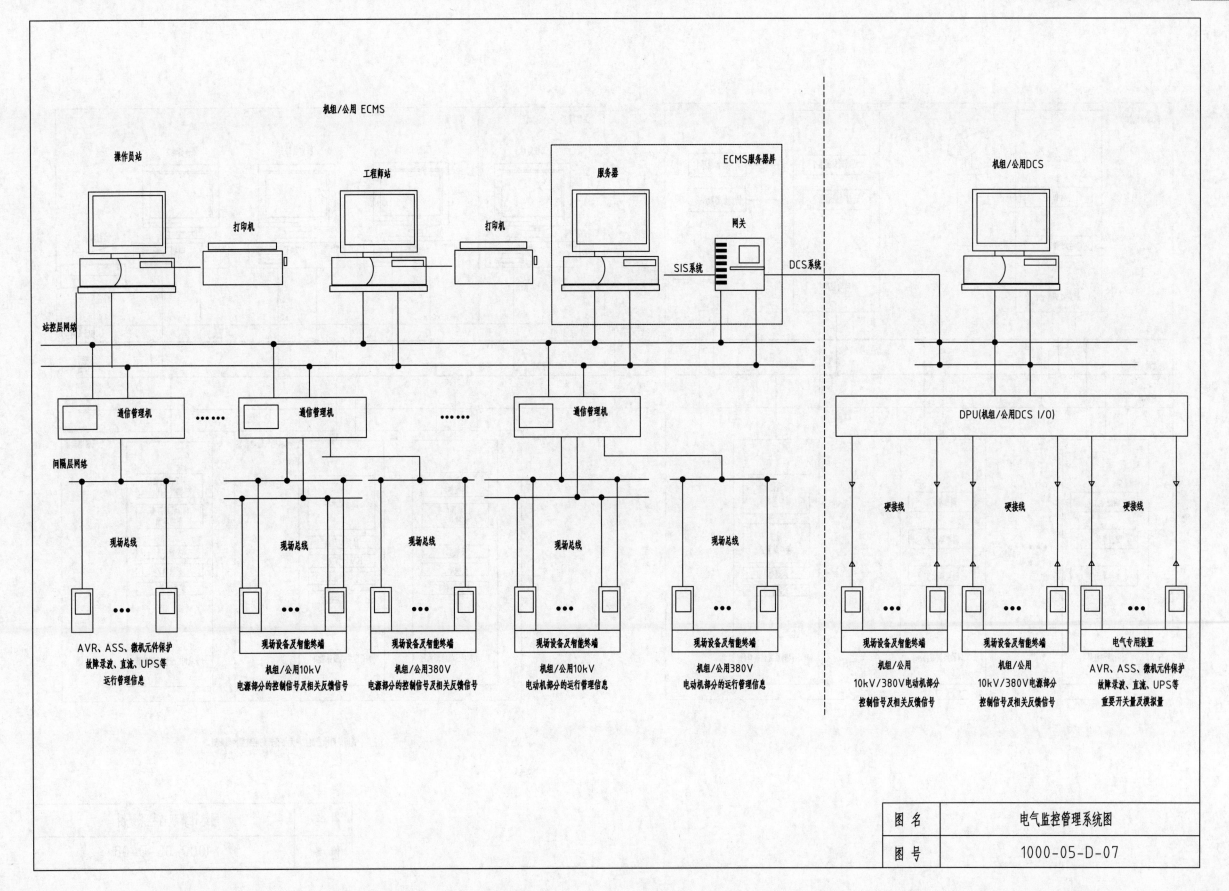

机组/公用 ECMS

操作员站　　　　　　　工程师站　　　　　　　　　　　　ECMS服务器屏　　　　　　　　　　机组/公用DCS

打印机　　　　　　　　打印机　　　　　服务器　　　　网关

SIS系统　　　　　DCS系统

站控层网络

通信管理机　……　通信管理机　……　通信管理机　　　　　DPU(机组/公用DCS I/O)

间隔层网络

现场总线　　　　　现场总线　　　　现场总线　　　　现场总线　　　　现场总线　　　　硬接线　　　　硬接线　　　　硬接线

AVR、ASS、微机元件保护
故障录波、直流、UPS等
运行管理信息

现场设备及智能终端　　　现场设备及智能终端　　　现场设备及智能终端　　　现场设备及智能终端　　　现场设备及智能终端　　　现场设备及智能终端　　　电气专用装置

机组/公用10kV
电源部分的控制信号及相关反馈信号

机组/公用380V
电源部分的控制信号及相关反馈信号

机组/公用10kV
电动机部分的运行管理信息

机组/公用380V
电动机部分的运行管理信息

机组/公用
10kV/380V电动机部分
控制信号及相关反馈信号

机组/公用
10kV/380V电源部分
控制信号及相关反馈信号

AVR、ASS、微机元件保护
故障录波、直流、UPS等
重要开关量及模拟量

图 名	电气监控管理系统图
图 号	1000-05-D-07

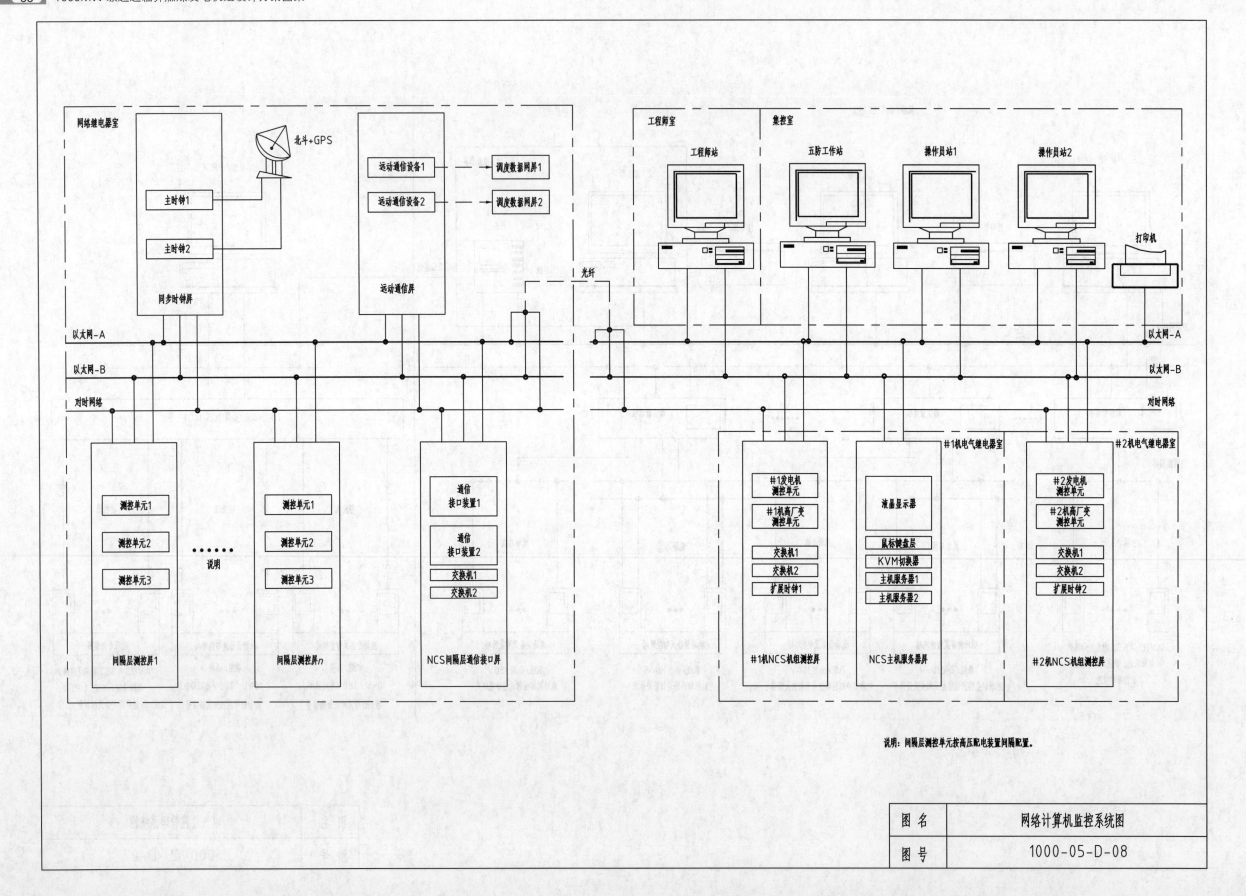

网络继电器室

北斗+GPS

主时钟1

主时钟2

同步时钟屏

运动通信设备1 → 调度数据网屏1

运动通信设备2 → 调度数据网屏2

运动通信屏

光纤

工程师室 集控室

工程师站 五防工作站 操作员站1 操作员站2

打印机

以太网-A 以太网-A

以太网-B 以太网-B

对时网络 对时网络

测控单元1 | 测控单元1 | 通信接口装置1
测控单元2 | 测控单元2 | 通信接口装置2
测控单元3 | 测控单元3 | 交换机1 / 交换机2

......说明

间隔层测控1 | 间隔层测控n | NCS间隔层通信接口屏

#1机电气继电器室 #2机电气继电器室

#1发电机测控单元 / #1机高厂变测控单元 / 交换机1 / 交换机2 / 扩展时钟1

液晶显示器 / 鼠标键盘层 / KVM切换器 / 主机服务器1 / 主机服务器2

#2发电机测控单元 / #2机高厂变测控单元 / 交换机1 / 交换机2 / 扩展时钟2

#1机NCS机组测控屏 | NCS主机服务器屏 | #2机NCS机组测控屏

说明: 间隔层测控单元按高压配电装置间隔配置。

图 名	网络计算机监控系统图
图 号	1000-05-D-08

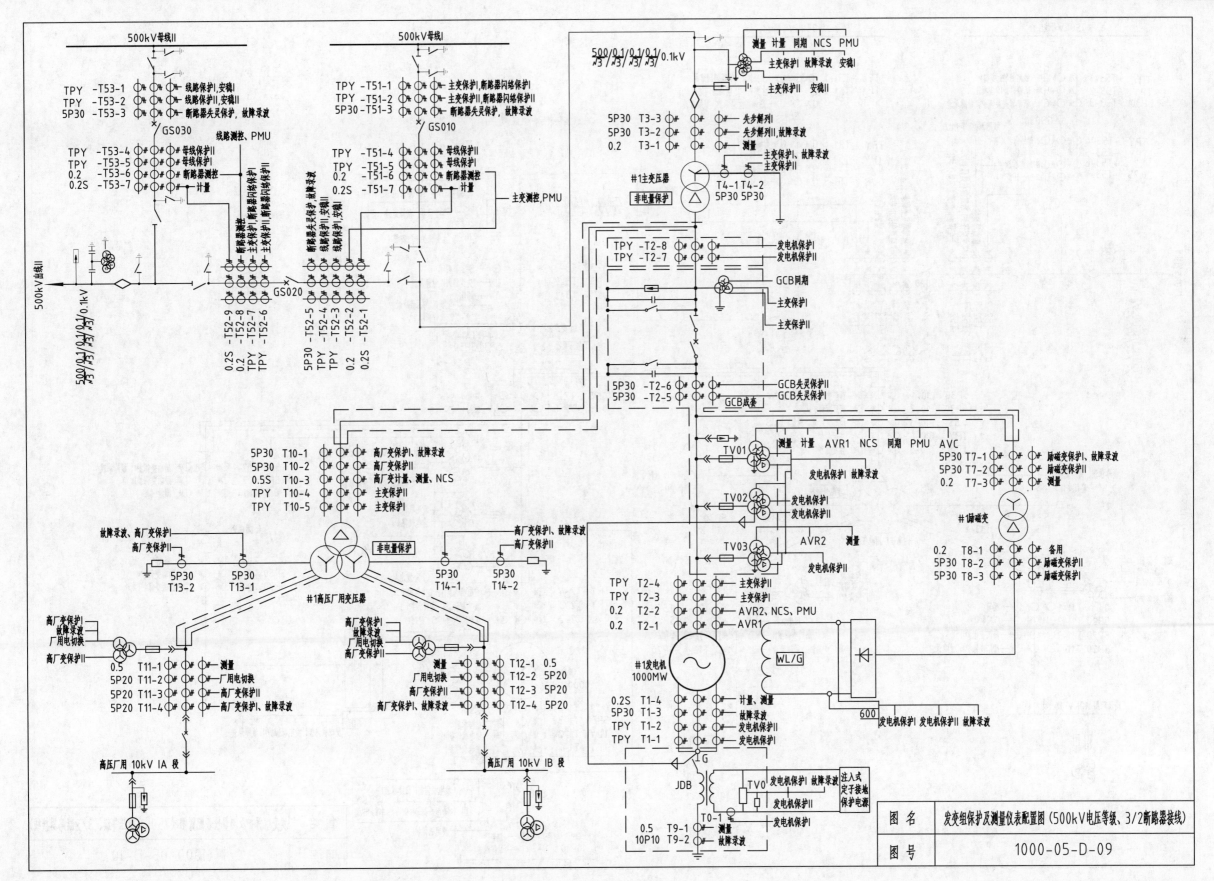

图 名	发变组保护及测量仪表配置图（500kV电压等级、3/2断路器接线）
图 号	1000-05-D-09

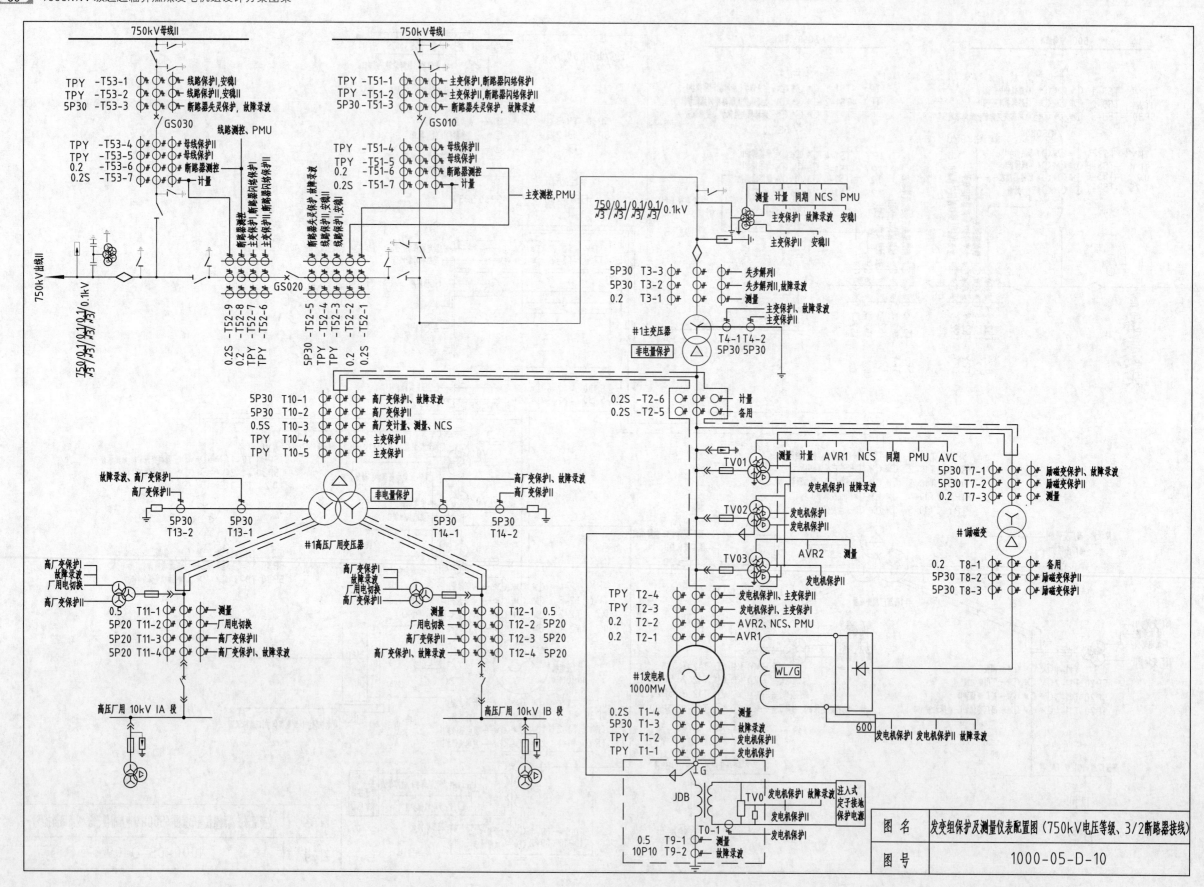

图 名	发变组保护及测量仪表配置图（750kV电压等级、3/2断路器接线）
图 号	1000-05-D-10

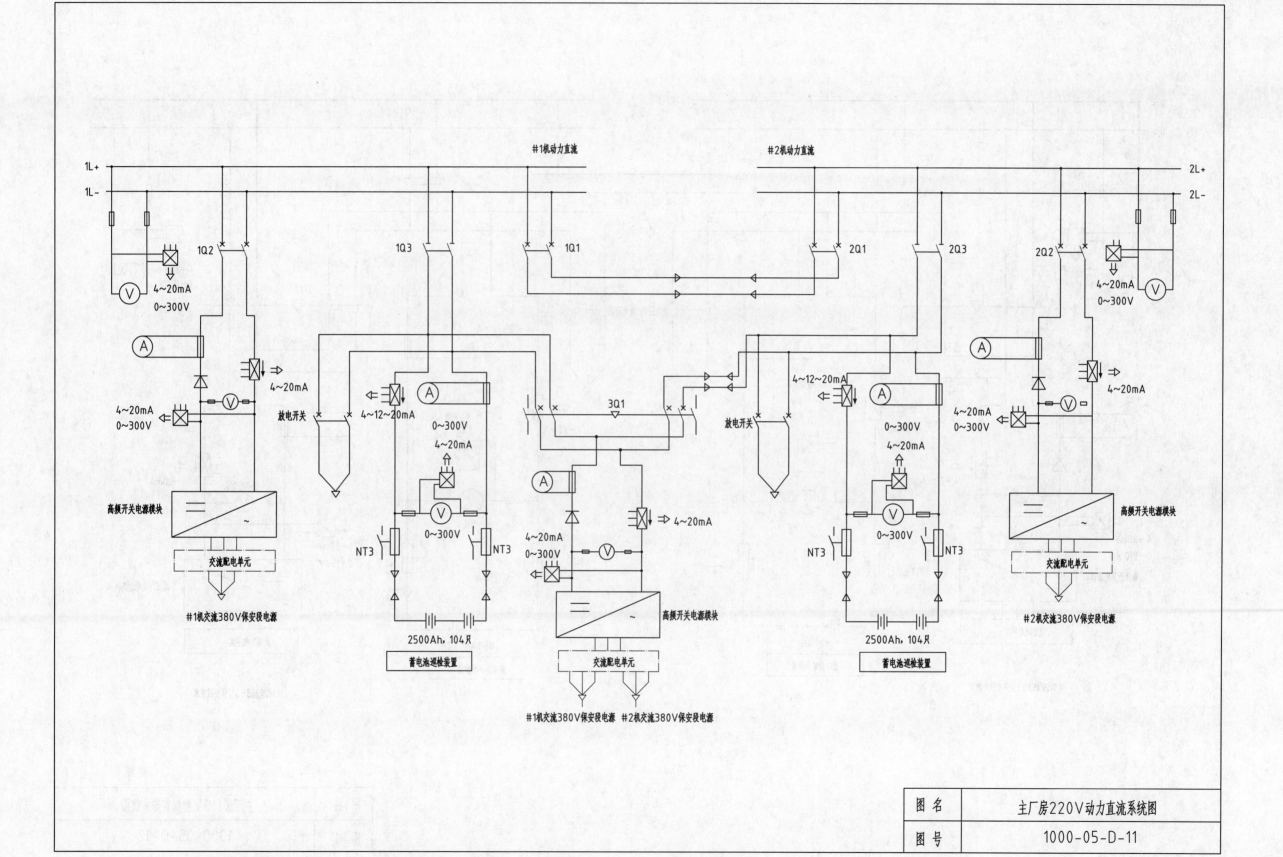

图 名	主厂房220V动力直流系统图
图 号	1000-05-D-11

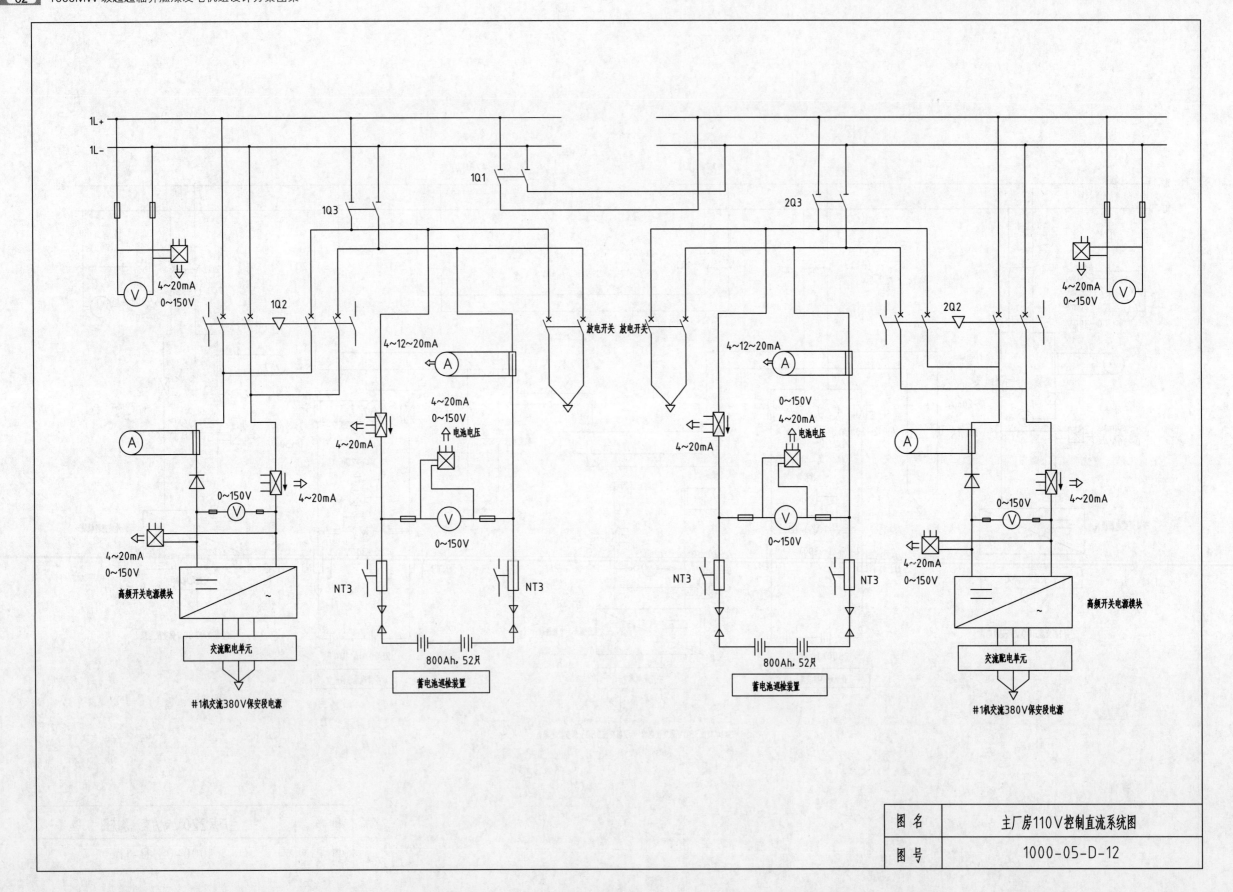

图 名	主厂房110V控制直流系统图
图 号	1000-05-D-12

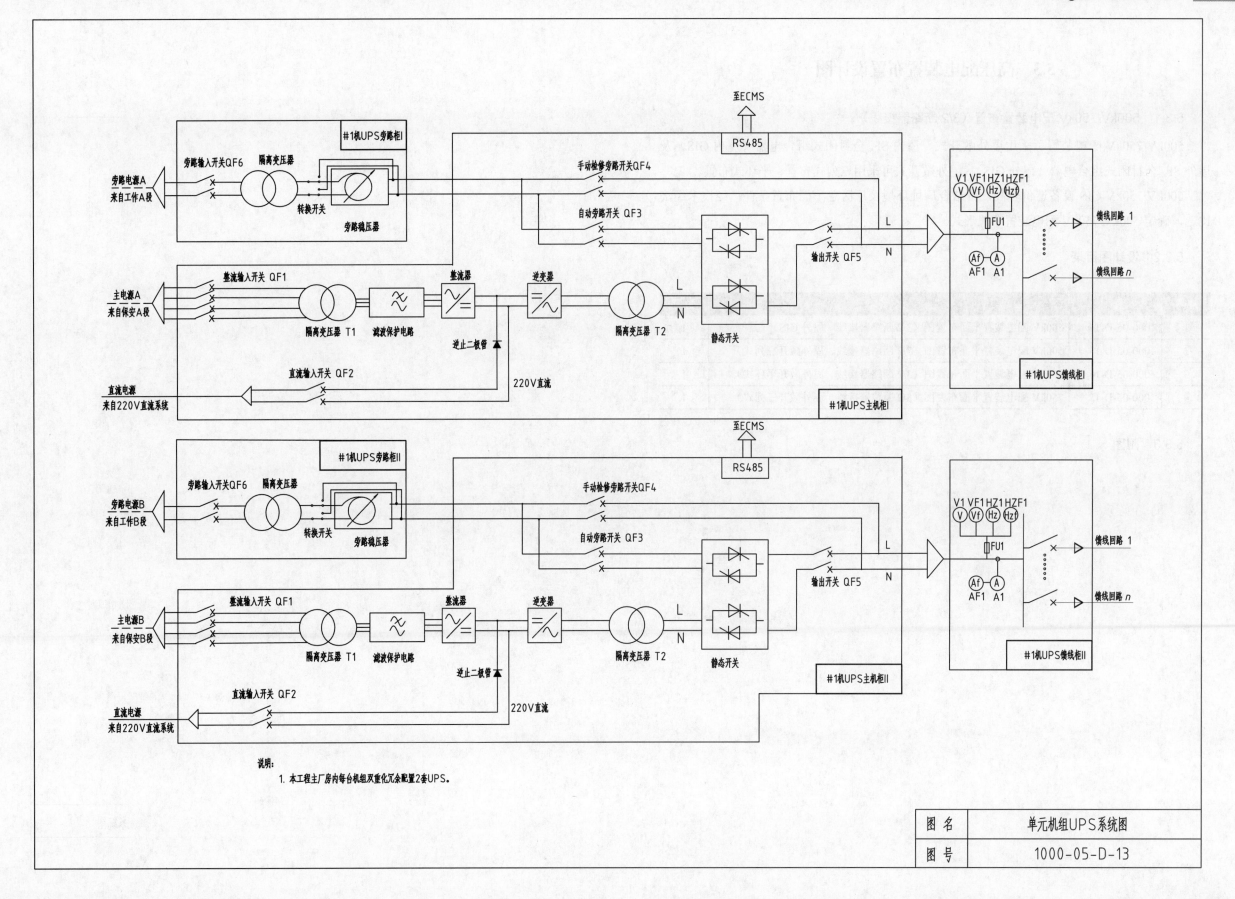

图 名	单元机组UPS系统图
图 号	1000-05-D-13

5.3　高压配电装置布置设计图

5.3.1　500kV/750kV 配电装置布置（3/2 断路器接线）

500kV/750kV 配电装置可采用屋外敞开式、屋内 SF$_6$ 全封闭式组合电器（屋内 GIS）及屋外 SF$_6$ 全封闭式组合电器（屋外 GIS）。屋外敞开式可采用三列式布置、平环式布置。

500kV/750kV GIS 设备造价较高，可结合厂址环境及厂区总平面布置条件，经技术经济比选，确定 500kV/750kV 配电装置布置形式。

5.3.2　设计图目录

序号	图号	名称	数量
1	1000-05-D-14	500kV 配电装置平面布置图（3/2 断路器接线、屋外 GIS）	1
2	1000-05-D-15	500kV 配电装置平面布置图（3/2 断路器接线、屋外敞开三列式）	1
3	1000-05-D-16	500kV 配电装置平面布置图（3/2 断路器接线、屋外敞开平环式）	1
4	1000-05-D-17	750kV 配电装置平面布置图（3/2 断路器接线、屋外敞开三列式）	1

5.3.3　附图

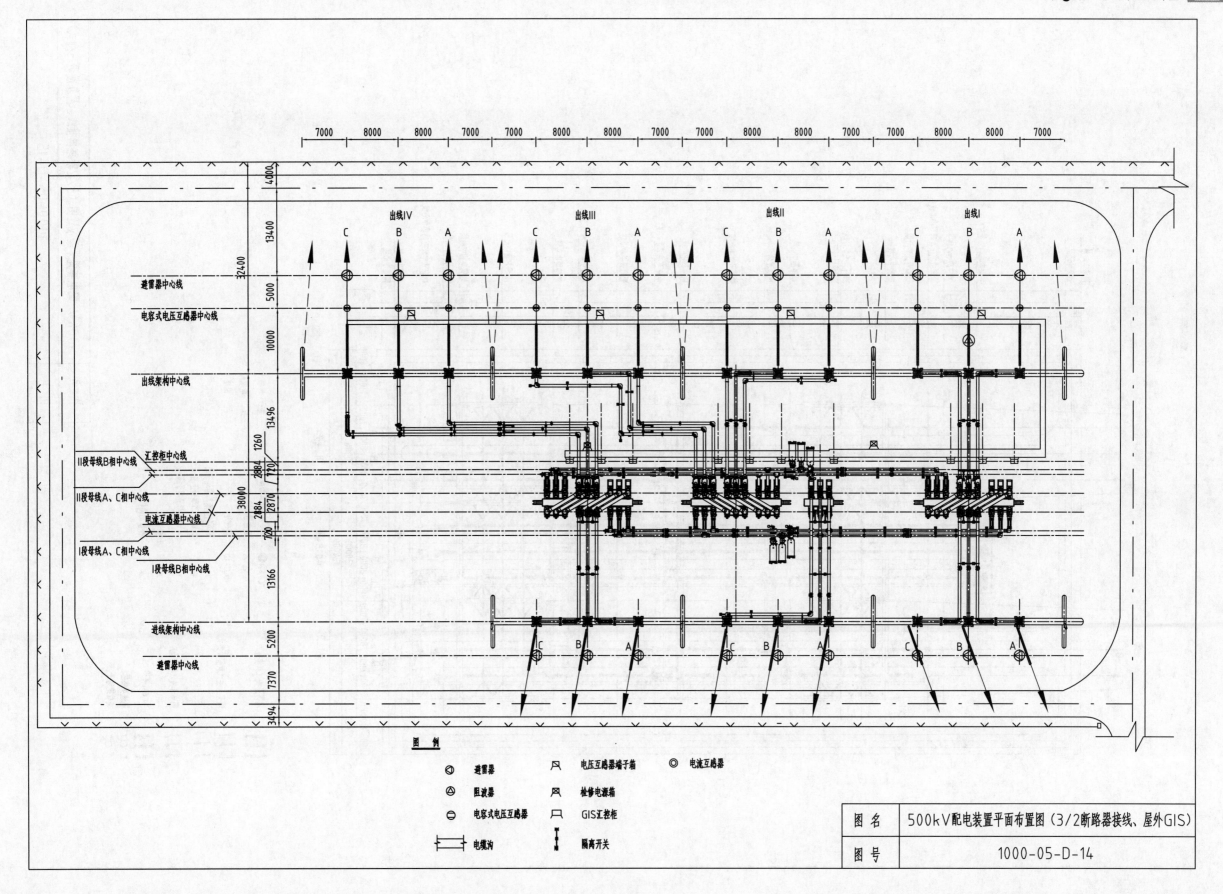

图 名　500kV配电装置平面布置图（3/2断路器接线、屋外GIS）

图 号　1000-05-D-14

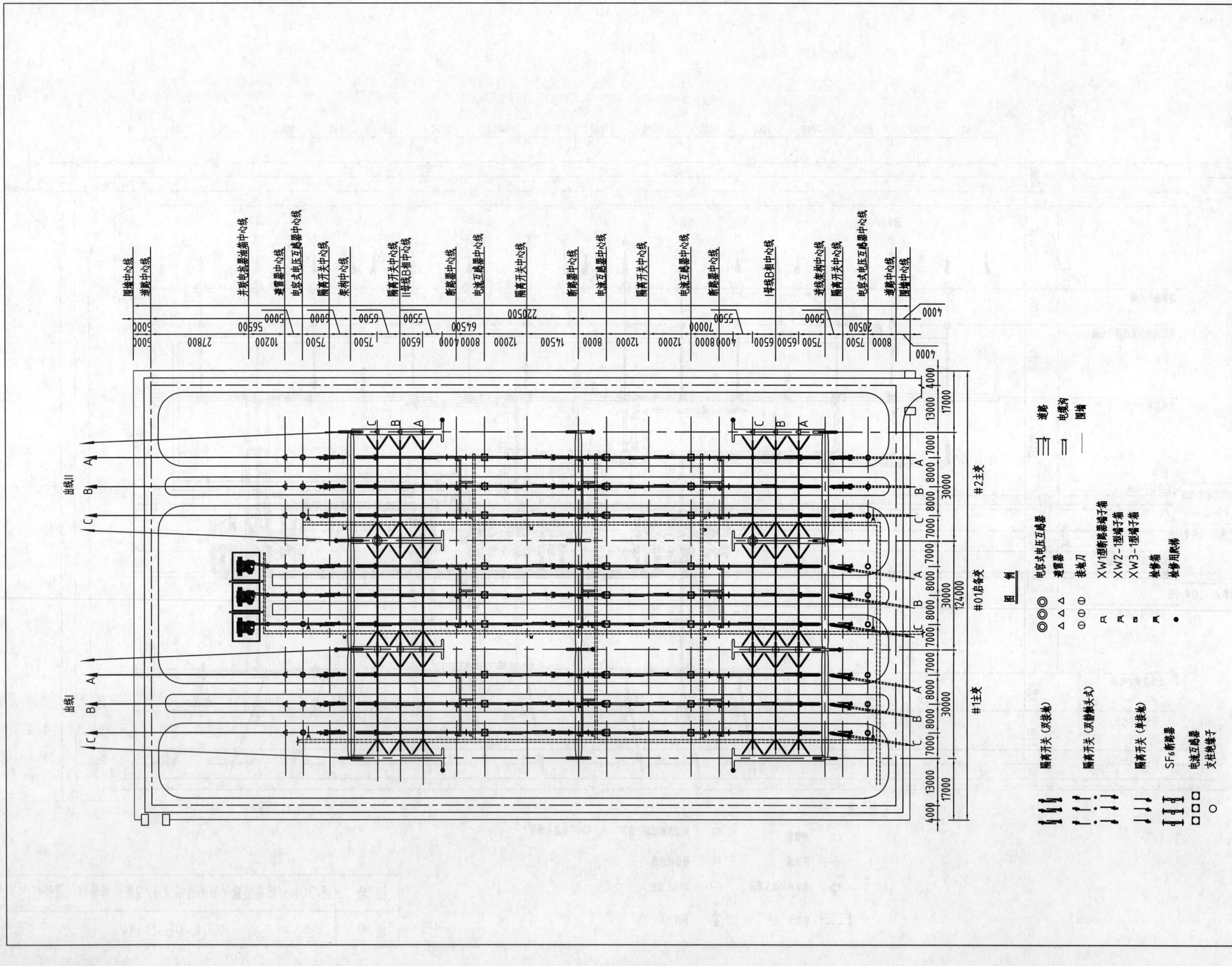

图名 500kV 配电装置平面布置图（3/2断路器接线，屋外敞开三列式）

图号 1000-05-D-15

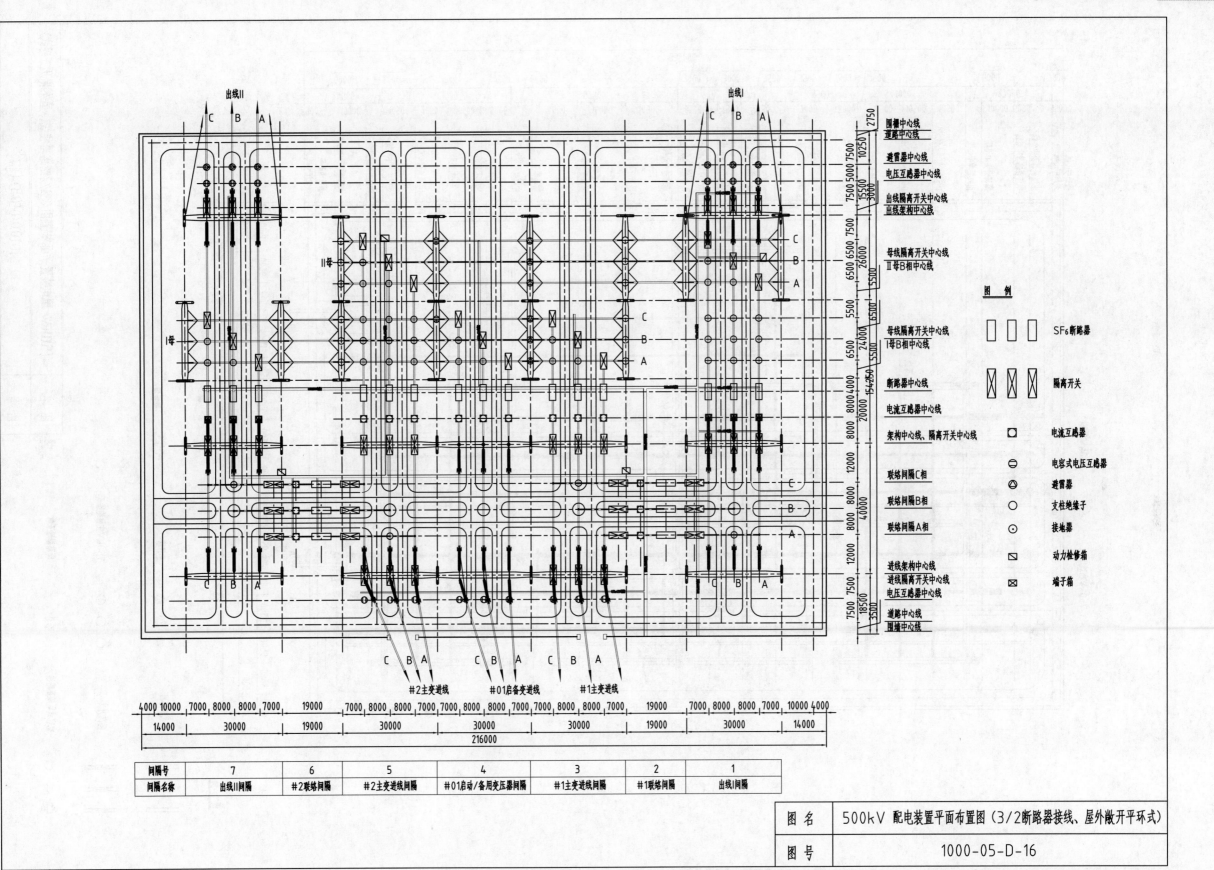

间隔号	7	6	5	4	3	2	1
间隔名称	出线II间隔	#2联络间隔	#2主变进线间隔	#01启动/备用变压器间隔	#1主变进线间隔	#1联络间隔	出线I间隔

图 名	500kV 配电装置平面布置图（3/2断路器接线、屋外敞开平环式）
图 号	1000-05-D-16

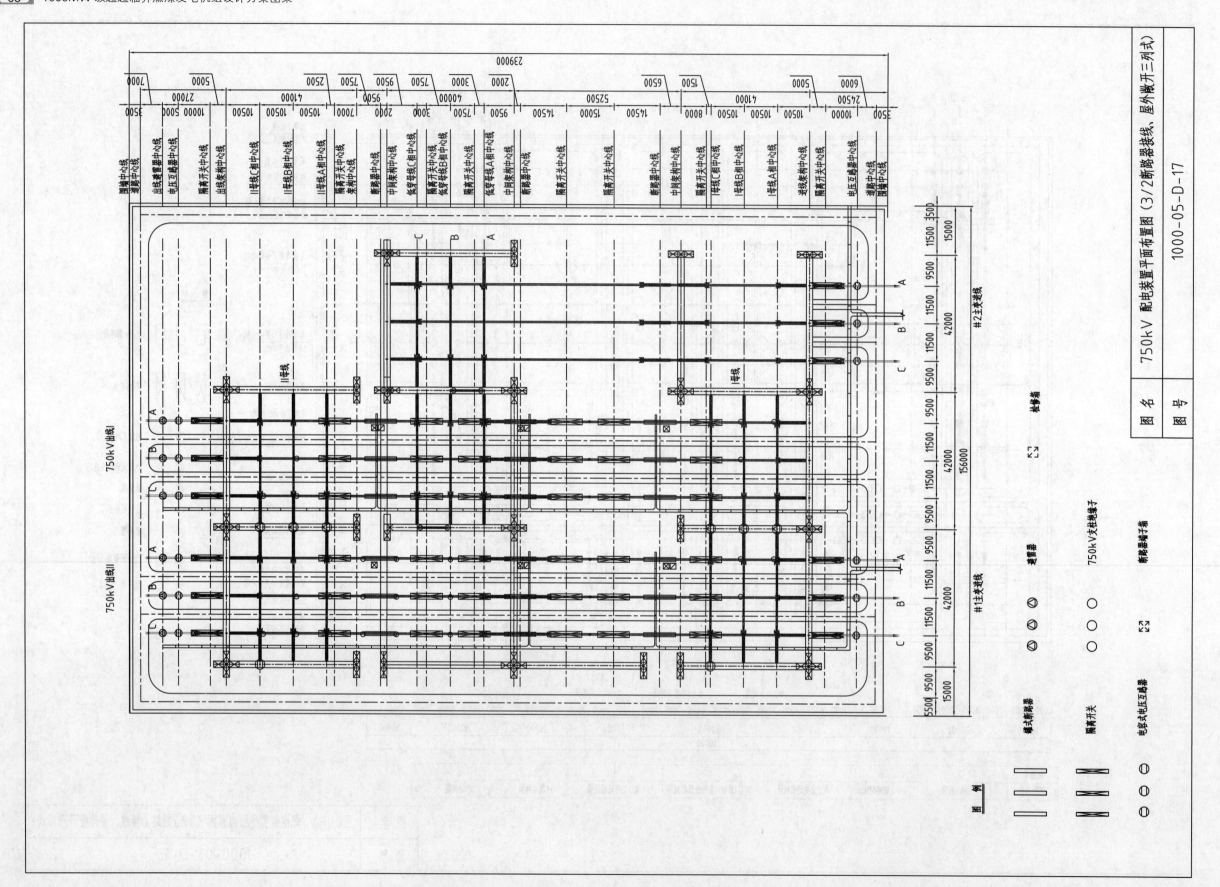

图 名　750kV 配电装置平面布置图（3/2断路器接线，屋外横开三列式）

图 号　1000-05-D-17

5.4 继电通信楼布置设计图

5.4.1 说明

继电通信楼一般由网络继电器室、蓄电池室、380V 配电室、通信机房和电气试验室等组成。继电通信楼可与高压配电装置联合建设，也可单独设置。

5.4.2 设计图目录

序号	图号	名称	数量
1	1000-05-D-18	继电通信楼一层布置图	1
2	1000-05-D-19	继电通信楼二层布置图	1

5.4.3 附图

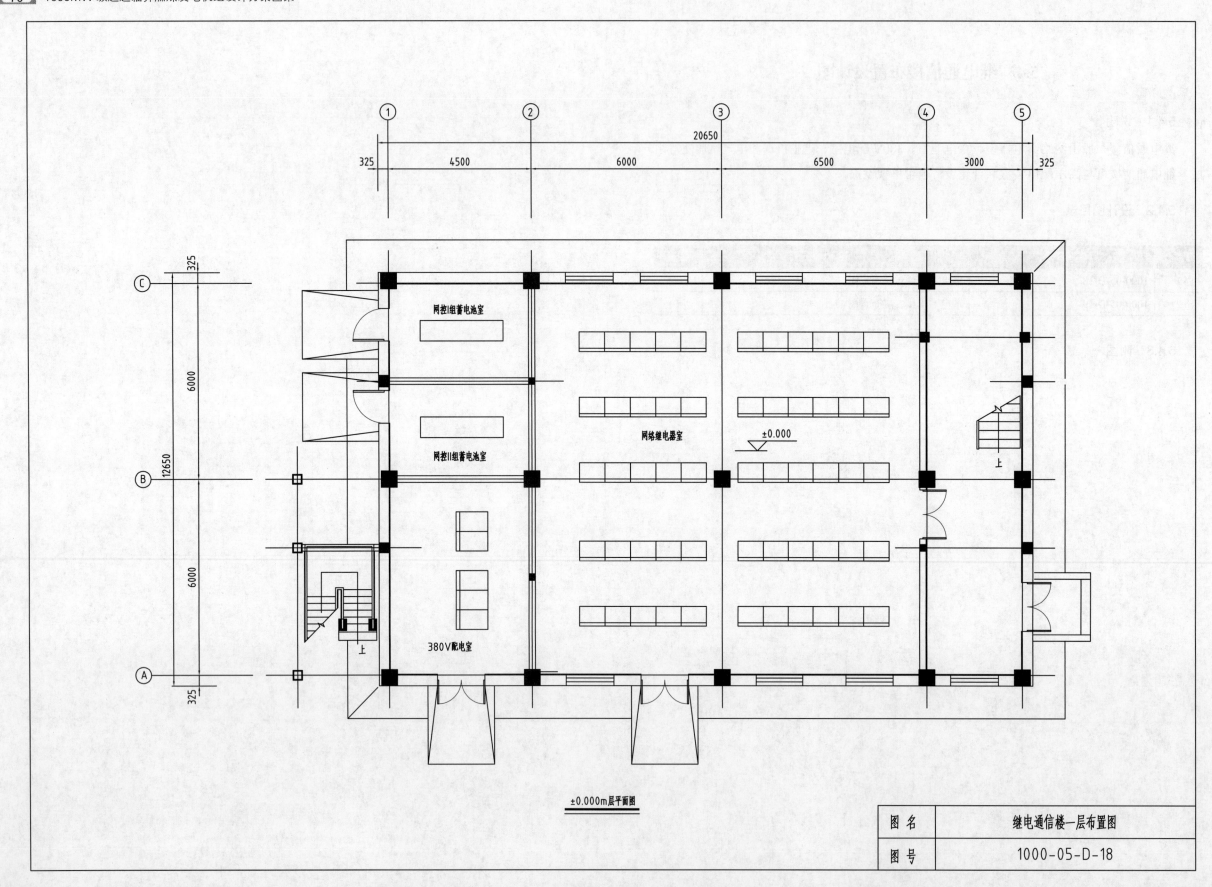

网控I组蓄电池室

网控II组蓄电池室

网络继电器室

±0.000

380V配电室

上

上

上

±0.000m层平面图

图 名	继电通信楼一层布置图
图 号	1000-05-D-18

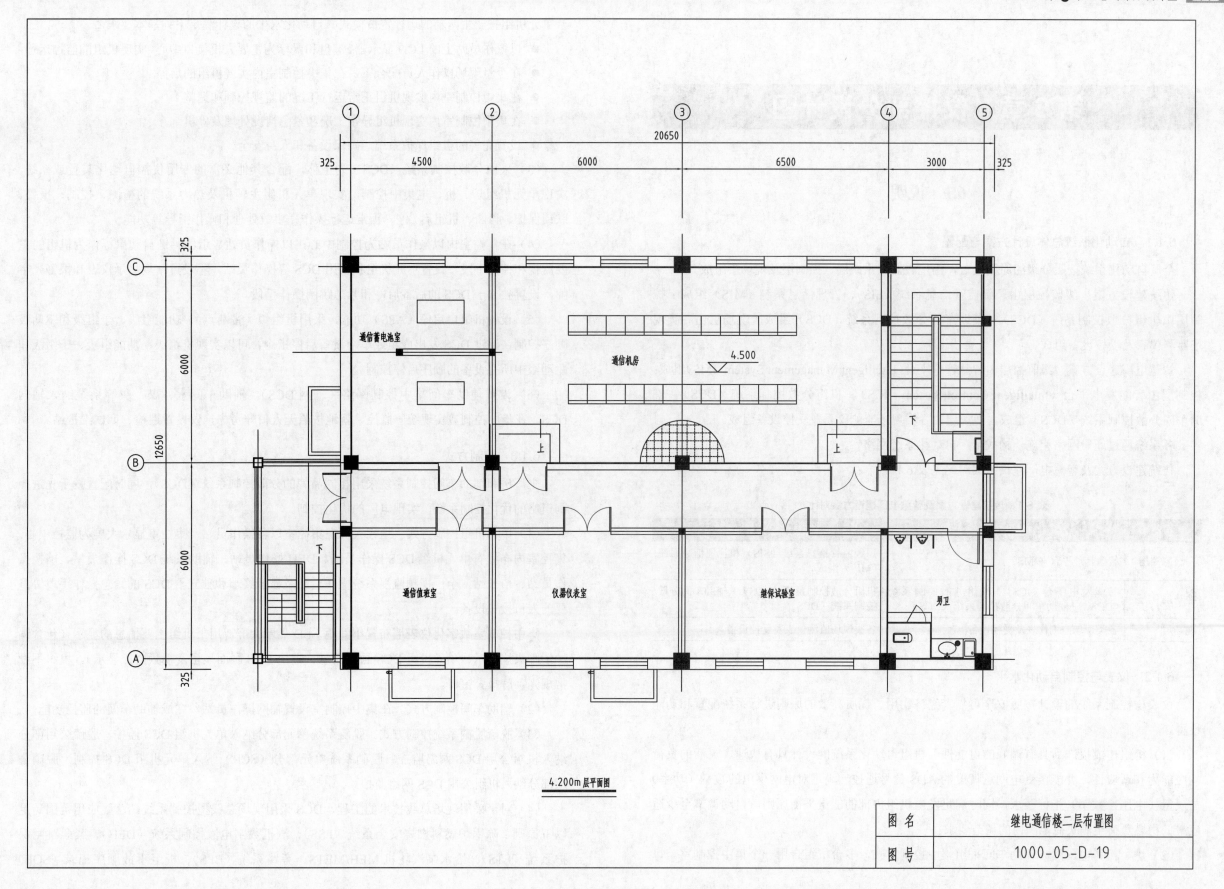

4.200m层平面图

图 名	继电通信楼二层布置图
图 号	1000-05-D-19

第6章　仪控部分设计图

6.1　说明

6.1.1　自动化系统总体设计方案与配置

全厂自动化系统按照分级的原则设置，由厂级监控系统层、控制层及现场层组成。

传统建设方案厂级监控层由厂级监管信息系统（SIS）、管理信息系统（MIS）组成；控制层由机组分散控制系统（DCS）+辅助车间分散控制系统（DCS）组成，现场层由各类现场监测仪表及受控设备组成。

智慧电厂建设方案厂级监控层由智慧管理平台（Intelligent Management System，IMS）组成；控制层由智能发电平台（Intelligent Control System，ICS）+机组分散控制系统（DCS）+辅助车间分散控制系统（DCS）组成，现场层由各类现场监测仪表及受控设备组成。

各系统通过通讯网络相连，构成全厂自动化系统网络。

传统建设方案及智慧电厂建设方案对比见表6.1。

表6.1　传统建设方案及智慧电厂建设方案对比

	智慧电厂方案	传统建设方案
厂级监控层	智慧管理平台（IMS）	厂级监管信息系统（SIS）和管理信息系统（MIS）组成
控制层	智能发电平台（ICS）+机组分散控制系统（DCS）+辅助车间分散控制系统（DCS）	机组分散控制系统（DCS）+辅助车间分散控制系统（DCS）
现场层	各类现场监测仪表及受控设备	各类现场监测仪表及受控设备

6.1.2　仪表与控制自动化水平

仪表与控制系统的设计按照安全可靠、经济实用、优质高效的原则进行系统配置和功能设置。

（1）机组建成投产后具有调峰的可能性，机组自动化系统的设计具有快速、灵活的负荷响应能力和适应性，并能接受电网总调度的ADS信号遥控，满足对电网供电的数量（功率）与质量（电压、频率）指标要求，同时满足发电机组内部的能量平衡原则。自动调节至少适应最低稳燃负荷至满负荷范围内的调节要求。

（2）炉、机、电、网、辅助车间采用集中控制方式，多台机组合用一个集中控制室。每

台单元机组按一主两辅的运行定员模式。自动化水平的设计满足下列基本要求：

- 以操作员站上的LCD显示器、键盘和鼠标为主要人机接口中心，实现机组的监控运行；
- 在少量现场操作人员配合下，在集中控制室内实现机组的启停；
- 在集中控制室内实现机组正常运行工况的监视控制和调整；
- 在集中控制室内实现机组异常工况和紧急情况处理及停机；
- 设置完善的机组保护系统，确保设备和人身安全。

（3）采用分散控制系统（DCS）为主体，配合其他必需的专用仪控自动化装置或系统，实现单元机组炉、机、电集中控制，实现单元机组主辅机及热力系统的检测、控制、报警、联锁保护、诊断、机组启/停、正常运行操作、事故处理和操作指导等功能。

（4）在集控室内以操作员站为控制中心，以操作员站显示器、键盘和鼠标作为机组的主要监视和控制手段。设置单元机组和公用DCS等操作员站，不设置常规显示仪表和报警光字牌，设置独立于DCS的后备启停和紧急跳闸操作手段。

（5）设置机组自启停（APS）功能，采用机组级（带断点）、功能组级、子组级和驱动级顺序控制，通过DCS发出成组或单个设备启停指令，可以实现机组级、功能组级、子组级和驱动级中所有设备的顺序启停控制。

（6）设置辅助车间集中控制网络（辅网DCS）。辅助车间水、煤、灰等系统纳入辅网DCS，在集中控制室实现统一监控。就地按照无人值守考虑，仅设置巡检、调试维护站。

6.1.3　控制方式

主厂房和辅助车间控制系统采用相同品牌的分散控制系统（DCS），同时配置基于先进控制策略的优化控制系统，实现电厂的优化控制。

（1）单元机组控制方式。运行人员在集控室以各操作员站及集控室显示大屏为监控中心。集控室内布置有单元机组DCS操作员站、DEH操作员站、辅助系统DCS操作员站、网控操作员站、值长站、全厂视频监视系统操作员站及显示终端和独立于DCS的紧急操作手段等重要的人机接口设备。

集中控制室数字化仪表墙布置小间距LED显示大屏，用于机组主要信息的显示（包含锅炉炉膛火焰显示、单元机组DCS画面显示、辅控DCS画面显示及视频监控显示）。机组不设常规光字牌报警窗口。

（2）辅助车间控制方式。在集中控制室设置辅网操作员站，完成辅助车间的监控功能。

（3）脱硫脱硝系统控制方式。脱硫系统单元部分纳入单元机组DCS监控，脱硫公用部分纳入机组公用DCS网络监控。脱硝系统单元部分（SCR）纳入单元机组DCS控制，脱硝公用部分纳入机组公用DCS网络监控。

（4）对于采用现场总线技术的工程，DCS采用现场总线型控制系统。总线应用范围满足以下原则：除锅炉燃料燃烧安全系统（FSS）、汽机数字电液控制系统（DEH）、紧急跳闸保护系统（ETS）、给水泵汽轮机MEH/METS、旁路系统（BPS）、机组事故顺序记录（SOE）

信号、温度信号、汽轮机排汽逆止阀 / 各级抽汽逆止阀 / 抽汽逆止阀前疏水阀等的电磁阀 / 气动执行机构的控制、重要联锁保护及主要调节回路、与 DCS 顺序控制有关的高压电动机的控制信号仍采用传统的 DCS 和 I/O 设备外，其他系统（主厂房及辅助车间系统）的控制和检测均可采用现场总线技术。

6.1.4　控制室布置方案

炉、机、电、网、辅集中控制，两台机组（或四台机组）合用一个集中控制室。根据主厂房布置方案不同，集中控制室布置略有不同。

针对两机一控的机组，侧煤仓布置方案中，集控室布置在汽机房固定端或扩建端；前煤仓布置方案中，集控室多布置在集控楼运转层。针对四机一控的机组，集控室均布置在 #2、#3 机组之间的集控楼运转层。具体方案见表 6.2。

表 6.2　控制室布置方案

项目	控制室布置方案
两机一控布置方案一	汽机房运转层固定端（扩建端）布置
两机一控布置方案二	集控楼运转层
四机一控集控楼布置方案	集控楼运转层

6.1.5　电子设备间布置方案

电子设备间的布置按照"控制集中、功能分散、控制机柜尽量靠近工艺设备"的原则进行。根据主厂房布置方案不同，电子间布置方案见表 6.3。

表 6.3　电子设备间布置方案

项目	侧煤仓	前煤仓
锅炉电子间	锅炉房运转层	集控楼运转层
汽机电子间	汽机房中间层	

6.2　集控室及电子设备间设计图

6.2.1　设计图目录

序号	图号	名称	数量
1	1000-06-K-01	机组自动化网络规划图（常规 SIS/MIS 方案）	1
2	1000-06-K-02	机组自动化网络规划图（智慧电厂方案）	1
3	1000-06-K-03	辅助车间自动化网络规划图	1
4	1000-06-K-04	智慧管理平台（IMS）网络规划图	1

续表

序号	图号	名称	数量
5	1000-06-K-05	全厂信息系统（SIS/MIS 一体化）网络规划图	1
6	1000-06-K-06	全厂信息系统（SIS/MIS 非一体化）网络规划图	1
7	1000-06-K-07	集中控制室布置（两机一控方案一）	1
8	1000-06-K-08	集中控制室布置（两机一控方案二）	1
9	1000-06-K-09	集中控制室布置（四机一控方案一）	1
10	1000-06-K-10	集中控制室布置（四机一控方案二）	1
11	1000-06-K-11	前煤仓电子设备间布置	1
12	1000-06-K-12	侧煤仓锅炉电子设备间布置	1
13	1000-06-K-13	侧煤仓汽机电子设备间布置	1
14	1000-06-K-14	侧煤仓机组电子设备间布置	1

6.2.2　附图

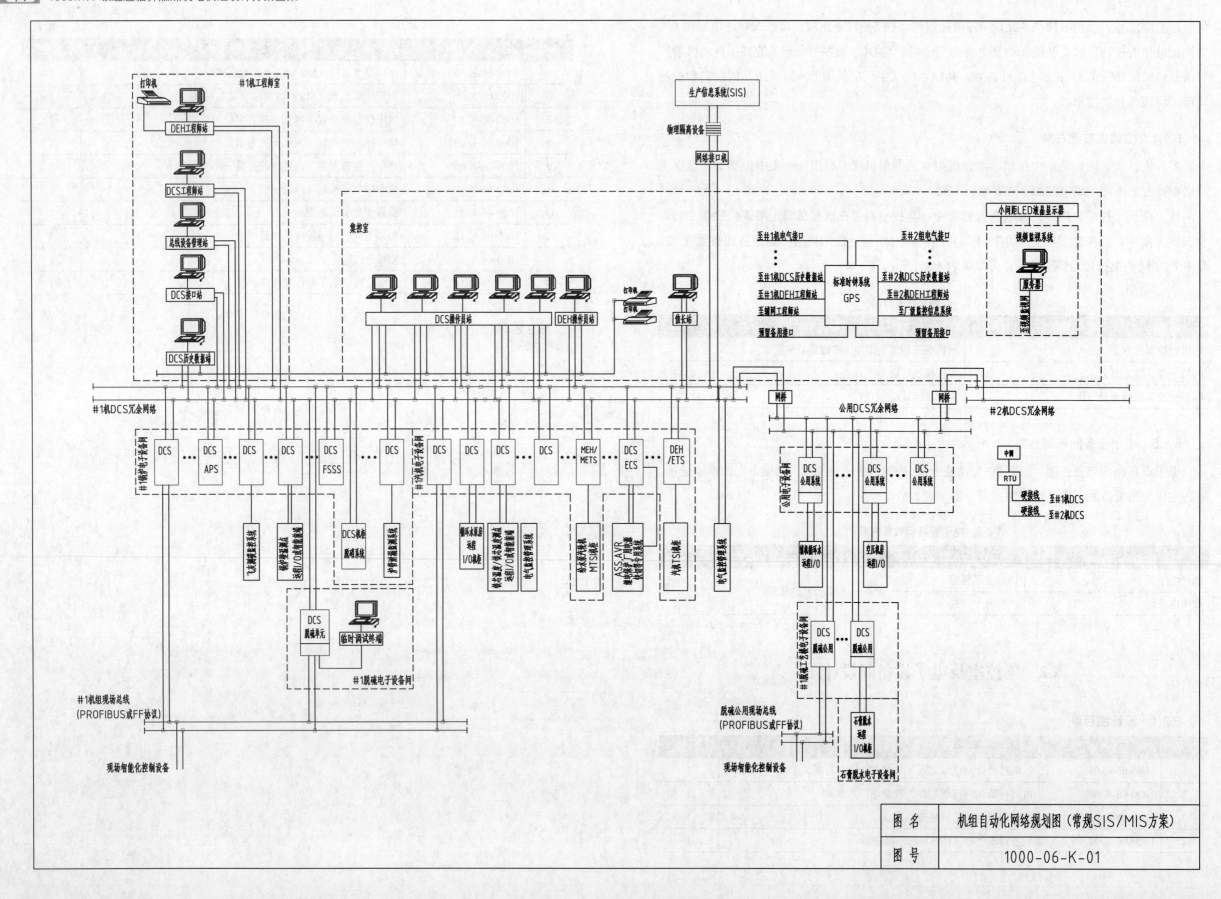

图 名	机组自动化网络规划图（常规SIS/MIS方案）
图 号	1000-06-K-01

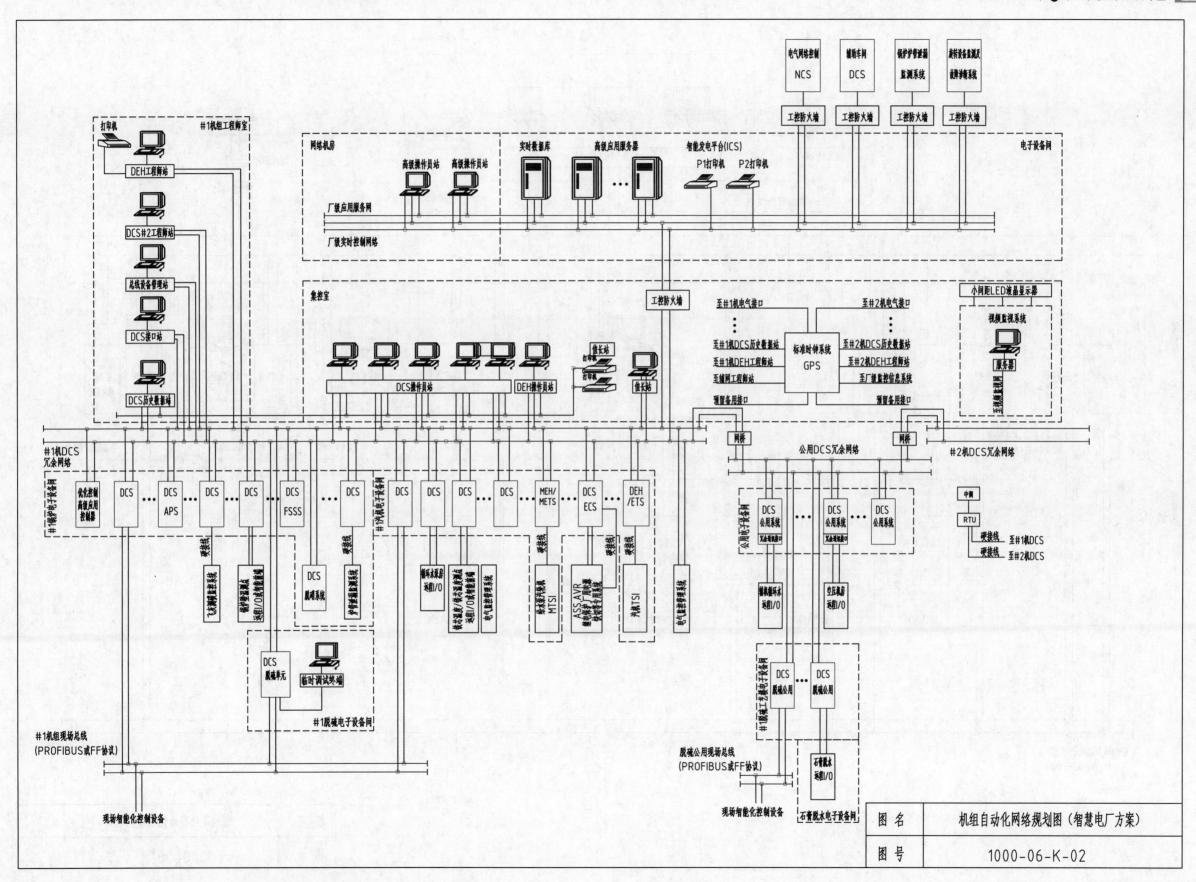

图 名	机组自动化网络规划图（智慧电厂方案）
图 号	1000-06-K-02

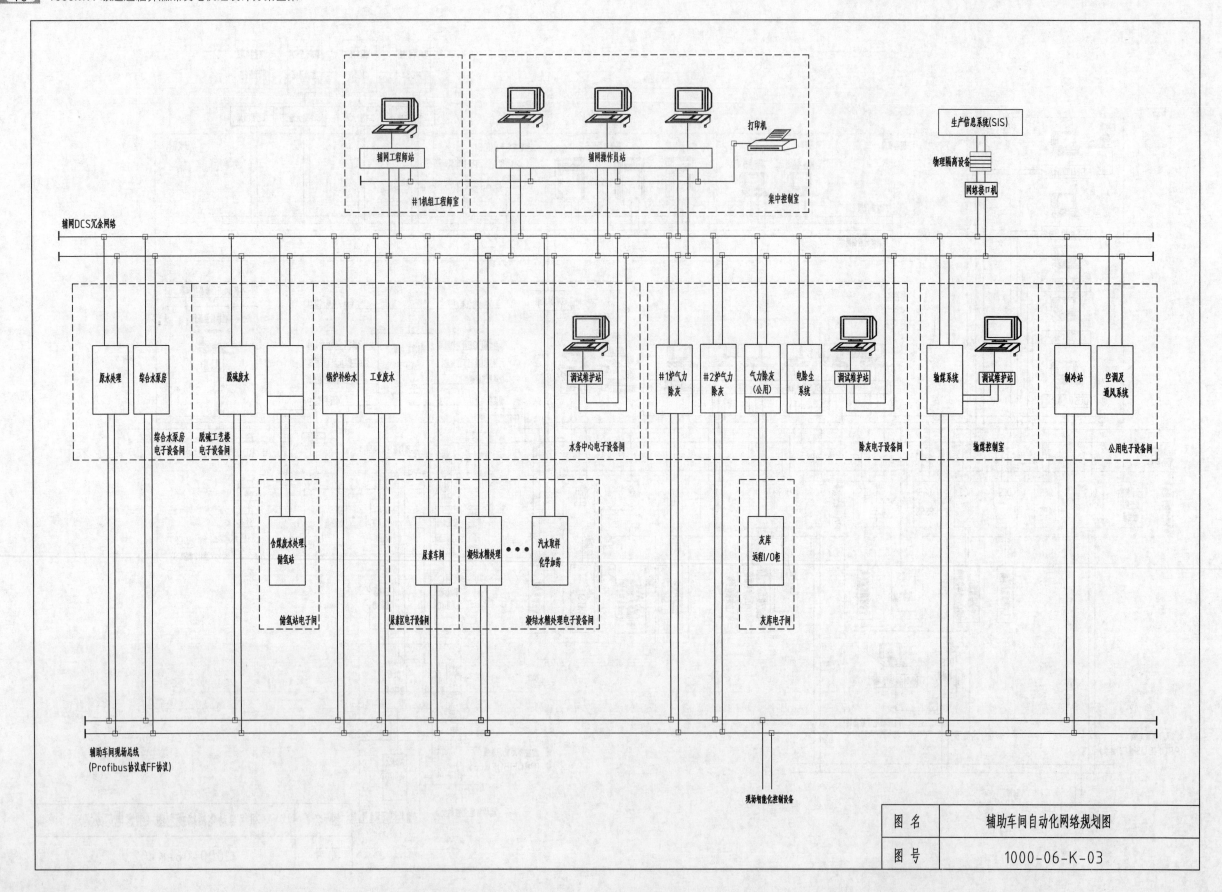

图 名	辅助车间自动化网络规划图
图 号	1000-06-K-03

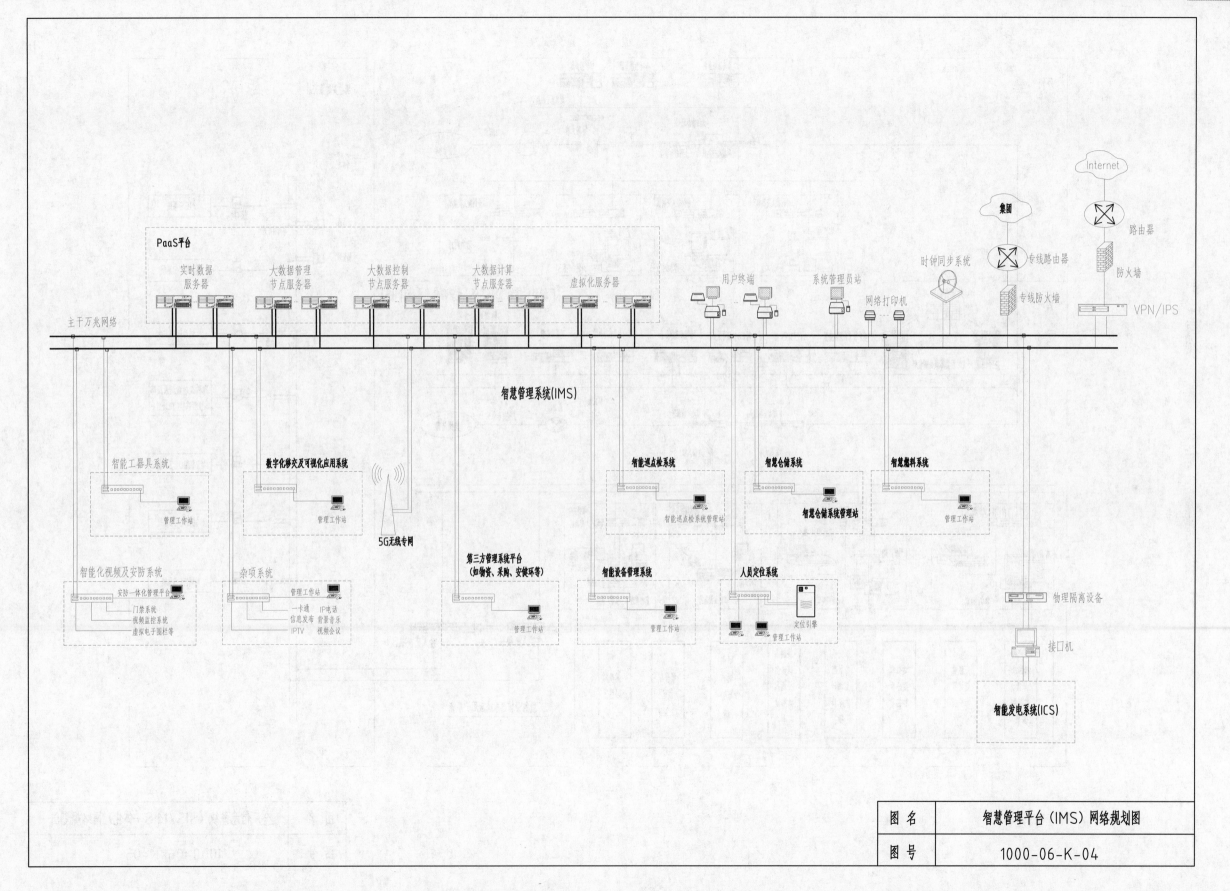

图 名	智慧管理平台（IMS）网络规划图
图 号	1000-06-K-04

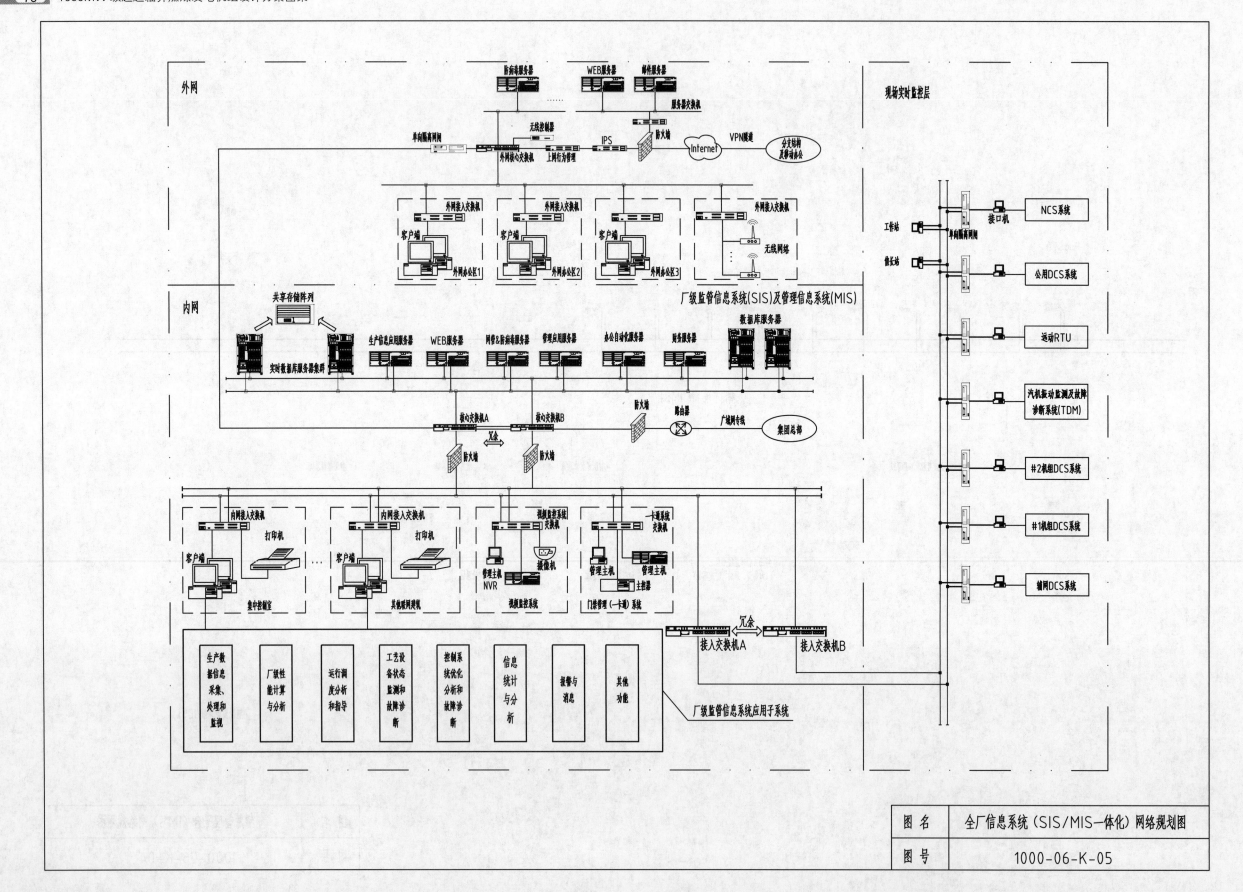

图 名	全厂信息系统（SIS/MIS一体化）网络规划图
图 号	1000-06-K-05

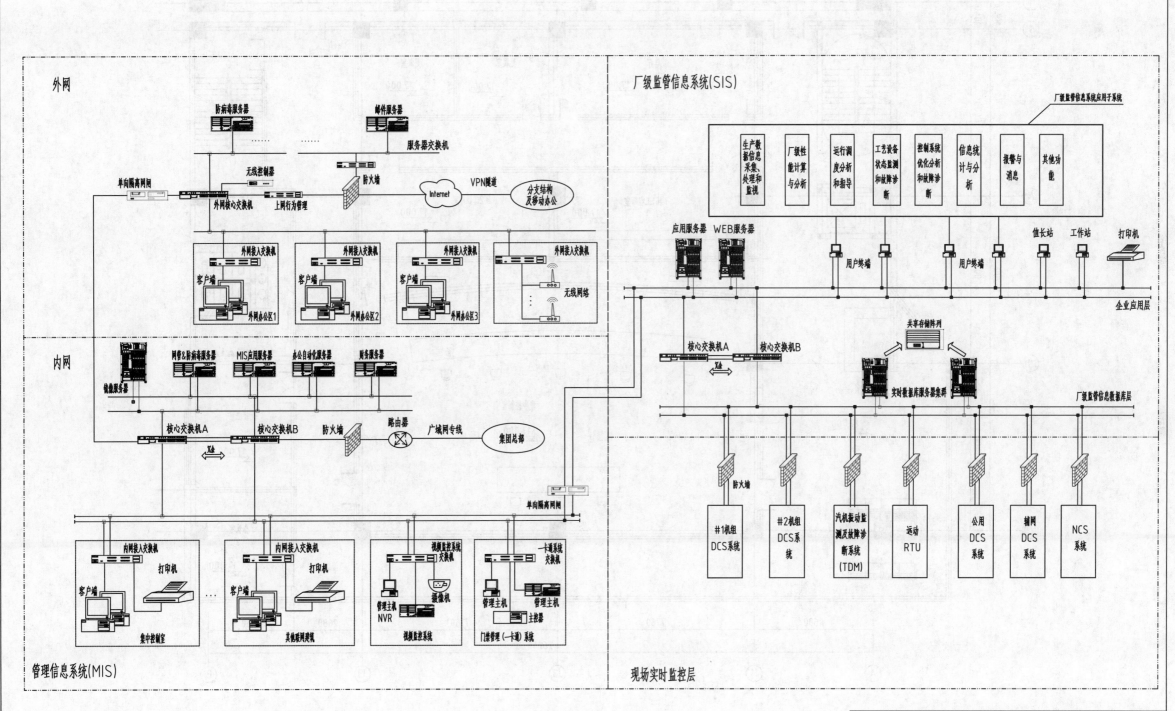

图 名	全厂信息系统（SIS/MIS非一体化）网络规划图
图 号	1000-06-K-06

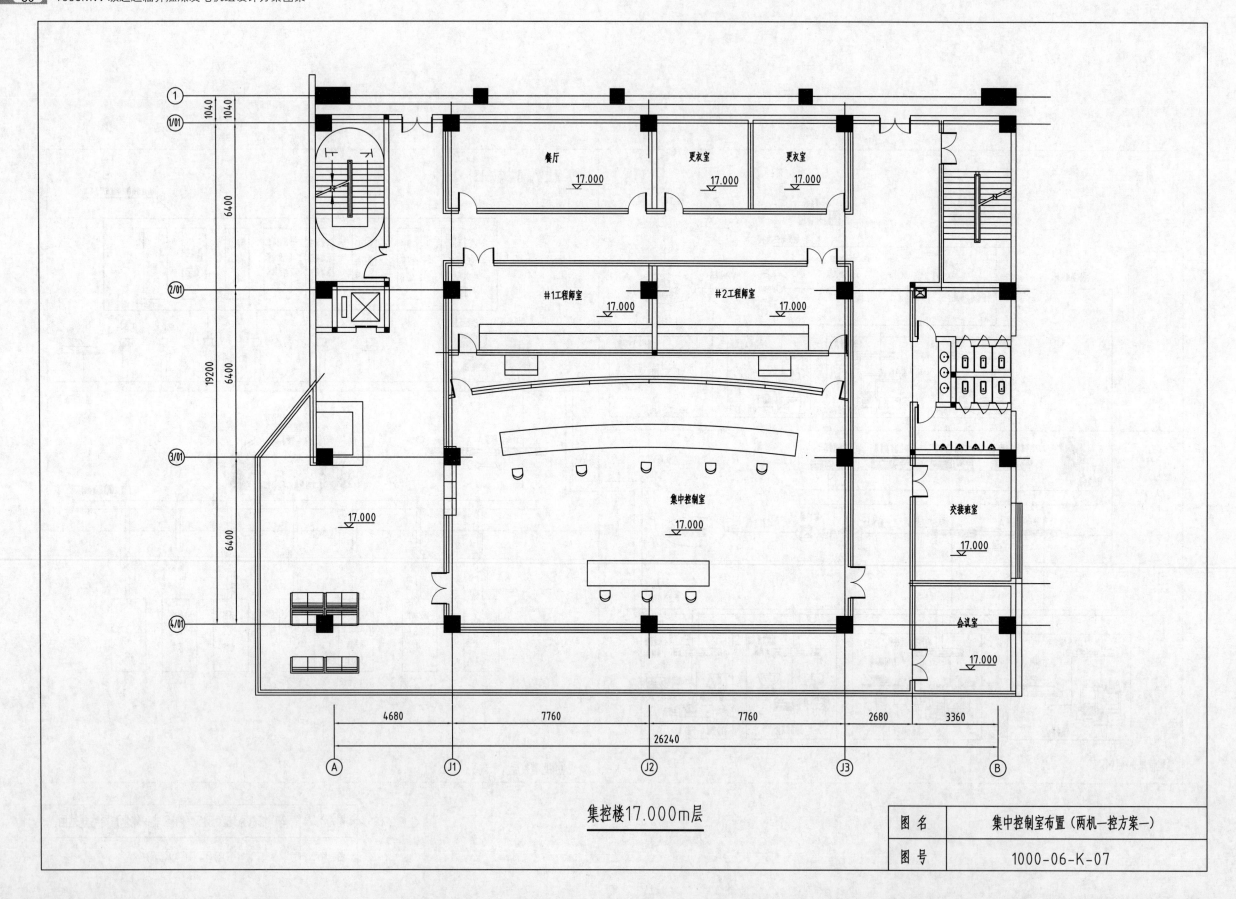

①
①/01
②/01
③/01
④/01

1040
1040
6400
6400
6400
19200

餐厅
17.000

更衣室
17.000

更衣室
17.000

#1工程师室
17.000

#2工程师室
17.000

17.000

集中控制室
17.000

交接班室
17.000

会议室
17.000

4680 7760 7760 2680 3360
26240

Ⓐ J1 J2 J3 Ⓑ

集控楼17.000m层

图 名	集中控制室布置（两机一控方案一）
图 号	1000-06-K-07

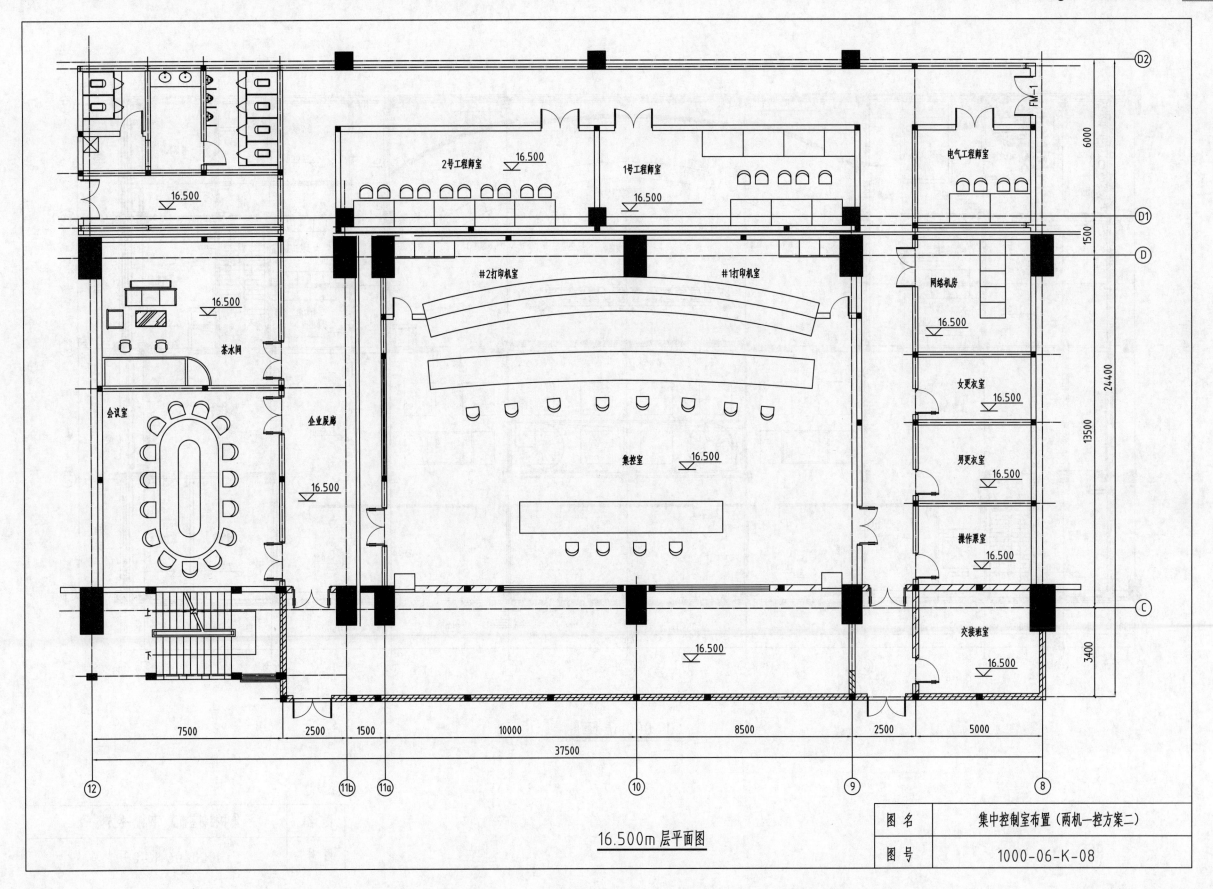

16.500m 层平面图

图 名	集中控制室布置（两机一控方案二）
图 号	1000-06-K-08

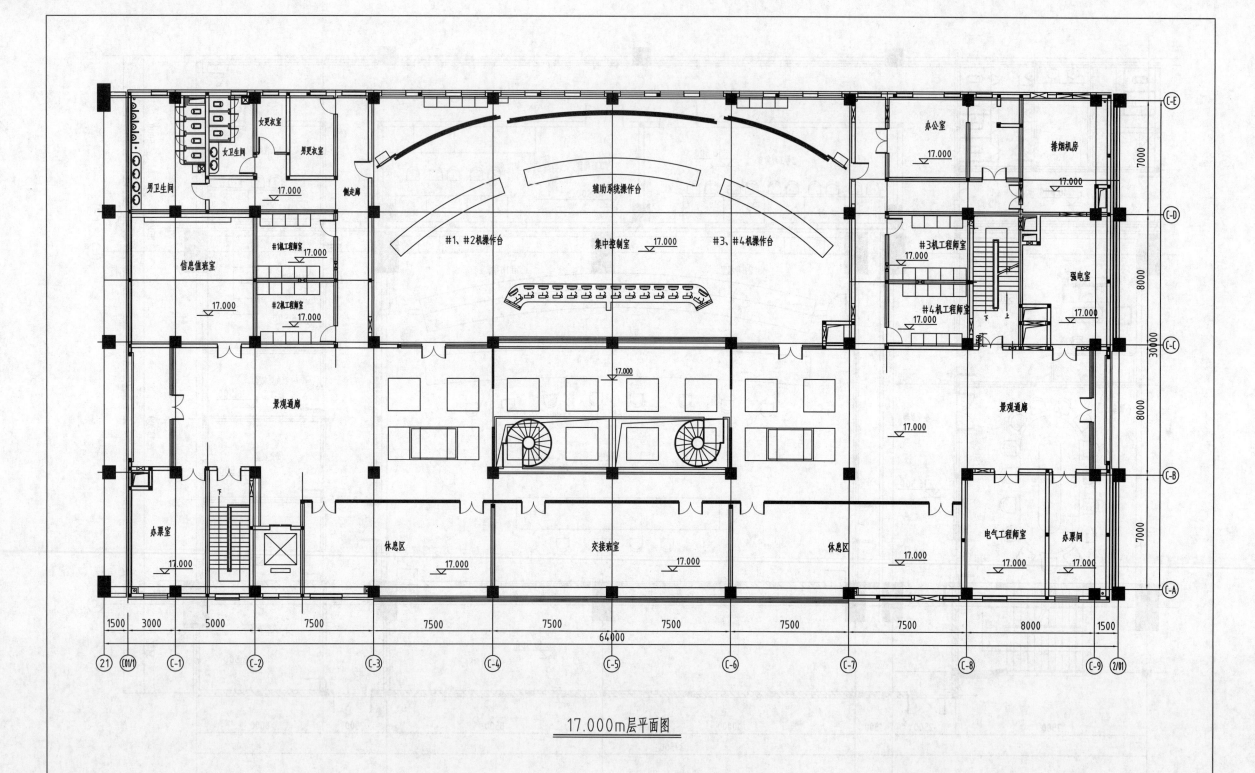

男卫生间

女卫生间

女更衣室

男更衣室

侧走廊

17.000

信息值班室

#1机工程师室 17.000

#2机工程师室 17.000

17.000

办票室

17.000

景观通廊

休息区 17.000

辅助系统操作台

#1、#2机操作台

集中控制室 17.000

#3、#4机操作台

17.000

交接班室

17.000

办公室 17.000

排烟机房 17.000

#3机工程师室 17.000

强电室 17.000

#4机工程师室 17.000

17.000

景观通廊

17.000

休息区 17.000

电气工程师室 17.000

办票间 17.000

7000

8000

30000

8000

7000

1500 3000 5000 7500 7500 7500 7500 7500 7500 8000 1500

64000

㉑ (C01/1) (C-1) (C-2) (C-3) (C-4) (C-5) (C-6) (C-7) (C-8) (C-9) (2/01)

(C-E) (C-D) (C-C) (C-B) (C-A)

17.000m层平面图

图 名	集中控制室布置（四机一控方案一）
图 号	1000-06-K-09

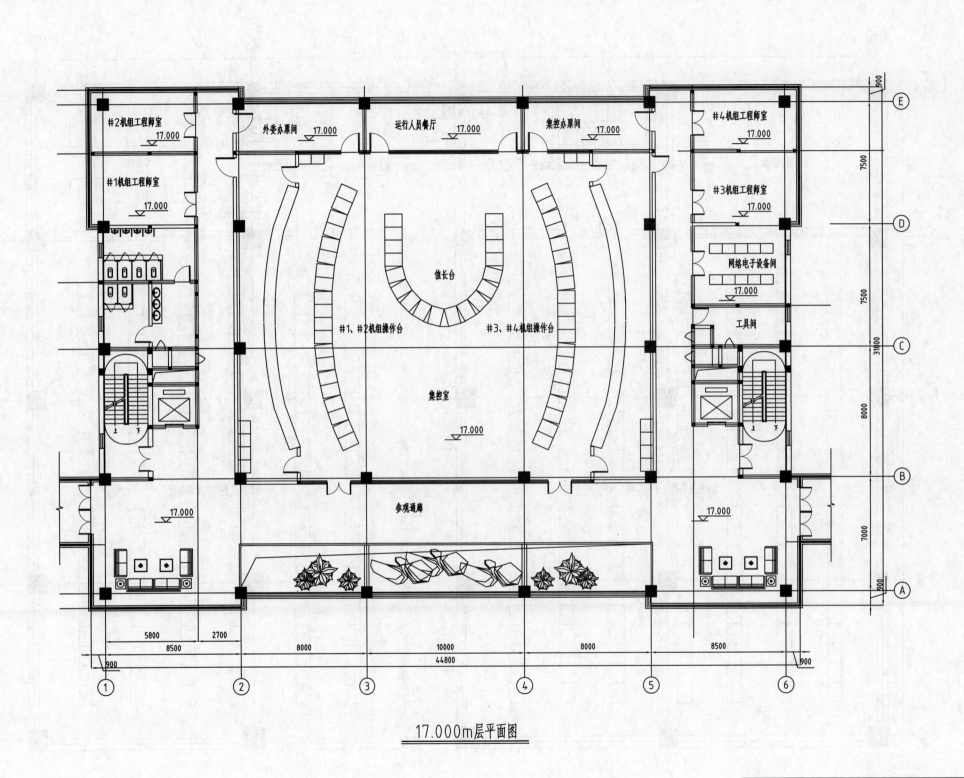

#2机组工程师室
17.000

#1机组工程师室
17.000

外委办票间 17.000

运行人员餐厅 17.000

集控办票间 17.000

#4机组工程师室
17.000

#3机组工程师室
17.000

值长台

网络电子设备间
17.000

#1、#2机组操作台

#3、#4机组操作台

工具间

集控室
17.000

上 下

上 下

参观通廊

17.000

17.000

E

7500

D

7500

C

31800

8000

B

7000

A

900

900

5800   2700
8500

8000

10000

8000

8500

44800

900   900

1   2   3   4   5   6

17.000m层平面图

图 名	集中控制室布置（四机—控方案二）
图 号	1000-06-K-10

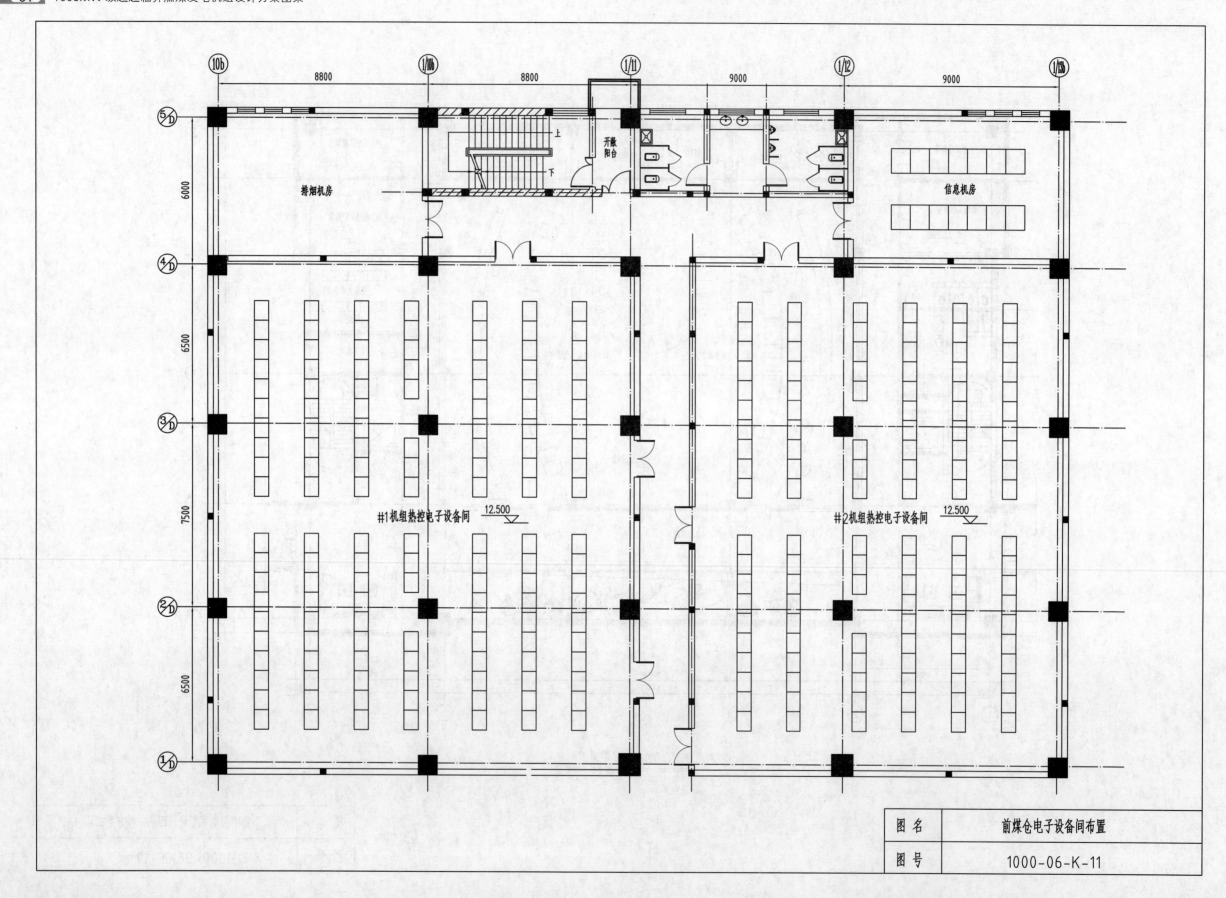

图 名	前煤仓电子设备间布置
图 号	1000-06-K-11

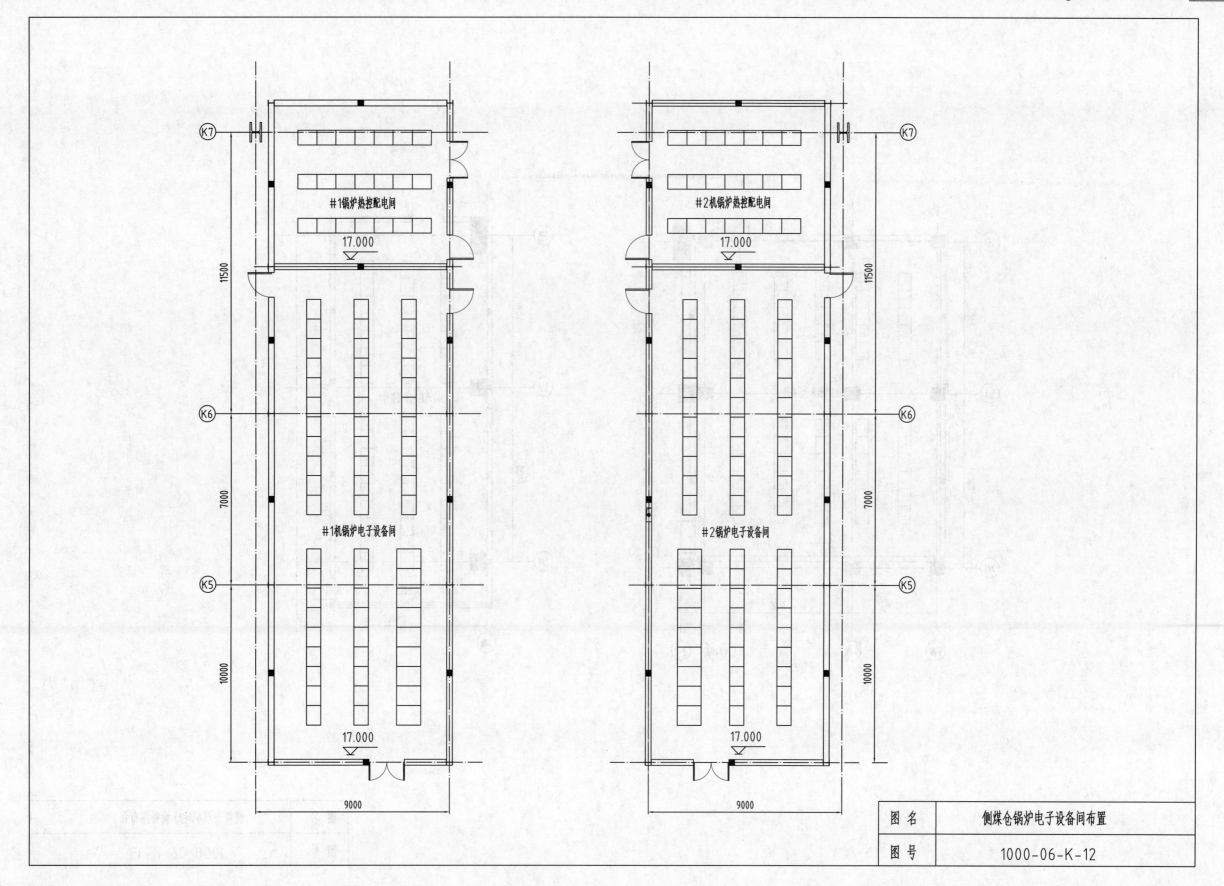

图 名	侧煤仓锅炉电子设备间布置
图 号	1000-06-K-12

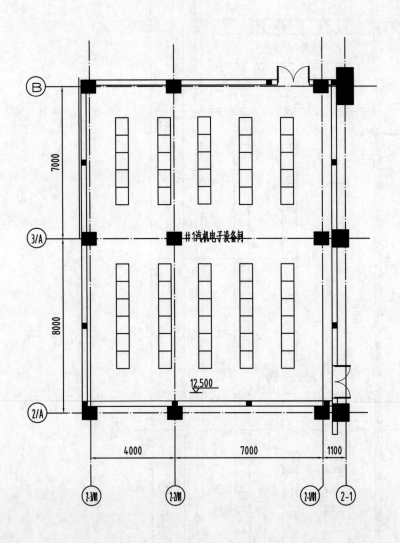

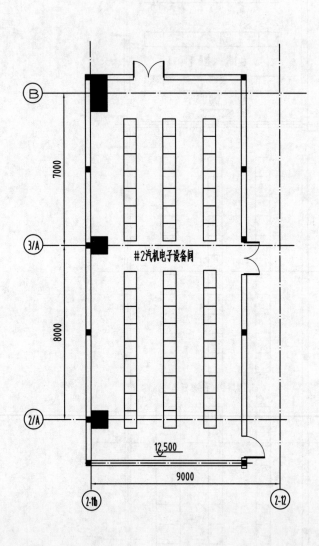

图 名	侧煤仓汽机电子设备间布置
图 号	1000-06-K-13

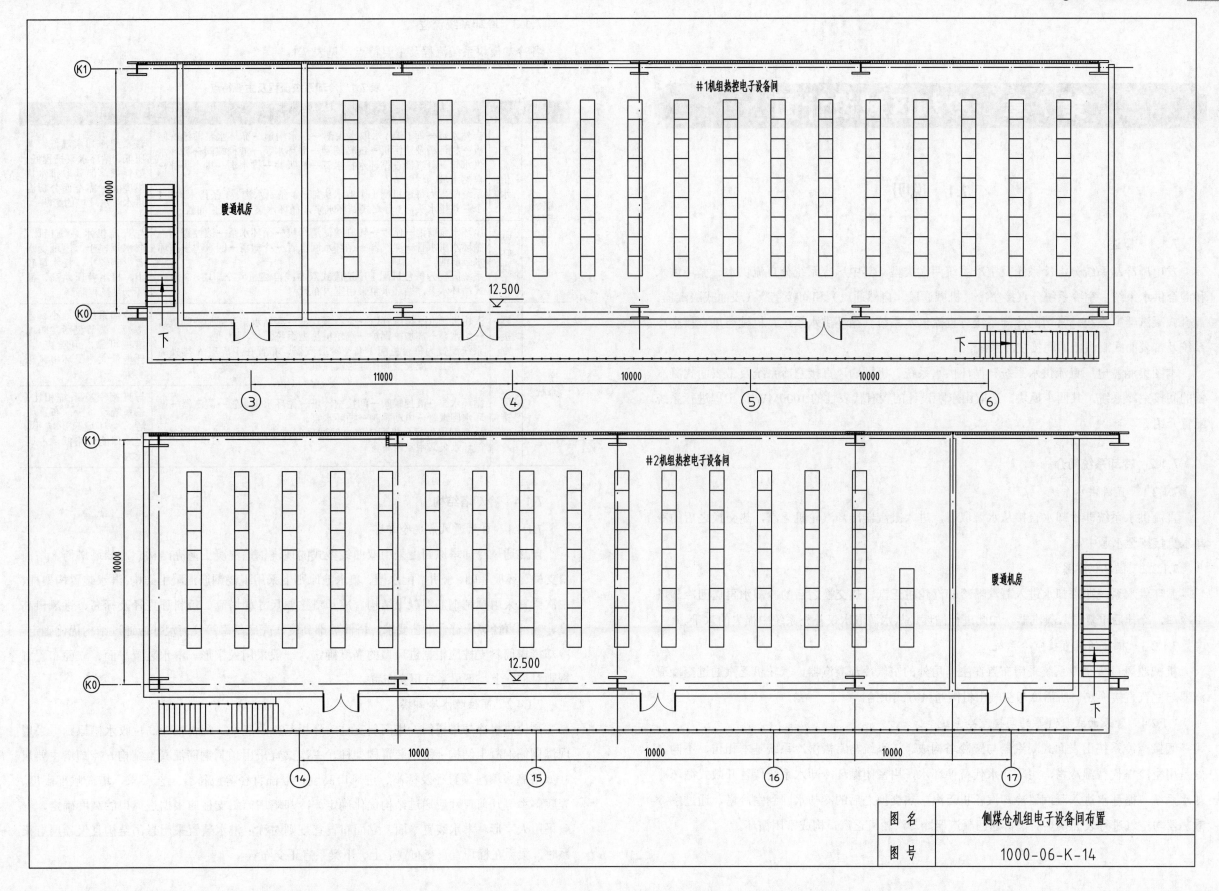

图 名	侧煤仓机组电子设备间布置
图 号	1000-06-K-14

第7章 冷却区域设计图

7.1 说明

7.1.1 概述

发电厂冷却系统分湿冷系统及空冷系统两大类型。其中湿冷系统分直流供水、循环供水和混合供水系统；空冷系统分直接空冷（机械通风、自然通风）和间接空冷（表面式凝汽器、混合式凝汽器）系统。常用的冷却系统有直流供水系统、循环供水系统、机械通风直接空冷系统及带表面式凝汽器的间接空冷系统。

本图集涵盖电厂直流供水系统、循环供水系统、机械通风直接空冷系统及带表面式凝汽器的间接空冷系统，共四个模块，选取山东院设计的较有代表性的1000MW级工程进行系统配置介绍。

7.1.2 冷却系统简介

7.1.2.1 直流供水系统

直流供水系统即冷却水直接从水源取得，进入凝汽器冷却汽轮机乏汽，热交换之后的冷却水直接排至水源中。

7.1.2.2 循环供水系统

循环供水系统即冷却水进入凝汽器冷却汽轮机乏汽，热交换之后的冷却水再送回冷却塔中冷却，冷却后重复进入凝汽器，如此进行循环。从水源取水仅补充系统中损失的水量。

7.1.2.3 机械通风直接空冷系统

机械通风直接空冷系统采用布置在主厂房外的空气冷却凝汽器，汽轮机乏汽通过空冷凝汽器与空气直接换热，所需冷却空气由机械通风方式供给。

7.1.2.4 带表面式凝汽器的间接空冷系统

间接空冷系统由表面式凝汽器与空冷塔构成。该系统与常规湿冷系统基本相仿，不同之处是用空冷塔代替湿冷塔，用除盐水代替循环水，用密闭循环冷却水系统代替开敞式循环冷却水系统。循环水进入凝汽器冷却汽轮机乏汽，热交换之后的冷却水回到空冷塔，通过空冷散热器与空气进行表面换热后，再返回凝汽器冷却汽轮机乏汽，构成密闭循环。

7.1.3 冷却系统流程

各冷却模块系统流程及主要特点，见表7.1。

表7.1 冷却系统流程及主要特点

冷却模块		系统流程	主要特点
湿冷系统	直流供水	自然水域→海（淡）水取水头部→引水沟道→循环水泵前池→闸板→拦污栅及清污机→旋转滤网→循环水泵→液控蝶阀→循环水供水管→凝汽器→循环水排水管→虹吸井→排水沟→排水头部→自然水域。系统配置为每台机配1个取水头部、1条引水沟、1条排水沟、1个三点排水头，3台立式循环水泵，循环水泵采用室内布置	该系统冷却水温低，背压低，循环水泵扬程低，能耗低，但其取排水规模庞大，需全面分析温排水对水环境的影响
	循环供水	循环水泵前池→闸板→转刷网箅清污机→循环水泵→液控蝶阀→循环水供水管→凝汽器→循环水回水管→冷却塔→回水沟→循环水泵前池。系统配置为每台机配1座逆流式双曲线自然通风冷却塔，3台立式循环水泵，循环水泵采用室内布置	与直流供水系统相比，取水规模小，厂址受水源影响较小，耗水量较小，机组背压略高，循环水泵扬程略高
空冷系统	直接空冷	汽轮机乏汽→排汽管道→空冷凝汽器→凝结水箱→低加→除氧器→给水泵→高加→锅炉→汽轮机热力系统。系统配置为每台机配1套空冷凝汽器，布置在主厂房A排外高架平台上，配套变频调速轴流风机	该冷却系统占地小、效率高，调节灵活，防冻措施可靠，但噪声大，耗电量大，受环境风影响大
	间接空冷	循环水泵→液控蝶阀→间接空冷塔→循环水供水管→凝汽器→循环水回水管→电动蝶阀→循环水泵。系统配置为每台机配1座自然通风间冷塔，4台卧式循环水泵，循环水泵采用室内布置	与直接空冷系统相比，该系统设备少，布置灵活，受环境风影响小，但冷却能效略低，占地较大

7.1.4 冷却塔结构

7.1.4.1 自然通风常规冷却塔

自然通风冷却塔原则上采用双曲线型式的现浇钢筋混凝土薄壳结构。冷却塔塔筒、塔筒斜支柱、环板基础、竖井、配水槽、集水池原则上采用现浇钢筋混凝土结构；淋水装置构架柱、主次梁宜采用预制钢筋混凝土结构。冷却塔主要尺寸如塔高、填料顶直径及标高、进风口高度、喉部直径等应符合工艺要求，塔筒喉部高度、壳底斜率等几何尺寸应通过结构优化确定。冷却塔塔筒斜支柱应根据进风口的高度确定，一般采用人字形。淋水装置平面、立面布置宜规则对称，上、下梁系宜正交布置。

7.1.4.2 高位收水冷却塔

高位收水冷却塔塔筒、塔筒斜支柱、环板基础、竖井、配水槽、高位收水槽原则上采用现浇钢筋混凝土结构；淋水装置构架柱、主次梁宜采用预制钢筋混凝土结构。冷却塔主要尺寸如塔高、填料顶直径及标高、进风口高度、喉部直径等应符合工艺要求，塔筒喉部高度、壳底斜率等几何尺寸应通过结构优化确定。冷却塔塔筒斜支柱应根据进风口的高度确定，一般采用人字形。淋水装置平面、立面布置宜规则对称；淋水装置采用悬吊结构且仅顶层有梁系时，梁系在柱顶宜正交布置；上、下梁系宜正交布置。

7.1.4.3 自然通风间接空冷塔

自然通风间接空冷塔宜采用钢筋混凝土塔,如采用钢结构塔的应通过经济技术比较确定,排烟冷却塔不宜采用钢结构塔。钢筋混凝土自然通风间接空冷塔塔筒、塔筒斜支柱、环板基础原则上采用现浇钢筋混凝土结构。间冷塔进风口高度较高,塔筒斜支柱一般采用 X 支柱或双交叉支柱。空冷散热器在塔周垂直布置时,散热器顶部至间接空冷塔塔体之间应设展宽平台,展宽平台支撑结构宜采用下撑式钢结构,水平封板可采用混凝土板、镀锌花纹钢板、夹芯板等。散热器基础板宜通过钢筋混凝土墙或柱支撑在冷却塔环板基础上,并沿环向设置温度伸缩缝。

7.1.4.4 钢结构冷却塔

钢结构冷却塔主要用于间接空冷系统,原则上采用钢结构骨架 + 檩条 + 围护板的结构型式,可大概分为两种结构类型:一种是直筒锥段型钢塔;另一种是双曲线网壳冷却塔。钢结构塔结构体系有:双曲线双层网架结构、双曲线单层网架钢拉索结构和直筒锥段、单层三角形网格 + 加强环结构等,其中直筒锥段、单层三角形网格 + 加强环结构型式在国内具有多个实际工程应用,技术成熟。直筒锥段型钢塔由下部锥段和上部直圆筒组合而成,其钢结构骨架由三角钢架组成,钢结构骨架外侧包挂彩钢板、铝板等外墙板。锥段外侧立式布置冷却三角散热器,散热器顶部与锥段通过倾斜展宽连接并封闭。钢结构塔基础原则上采用现浇钢筋混凝土结构。

7.2 冷却系统流程设计图

7.2.1 设计图目录

序号	图号	名称	数量
1	1000-07-SG-01	直流供水系统流程图	1
2	1000-07-SG-02	循环供水系统流程图	1
3	1000-07-SG-03	机械通风直接空冷系统流程图	1
4	1000-07-SG-04	带表面式凝汽器的间接空冷系统流程图	1

7.2.2 附图

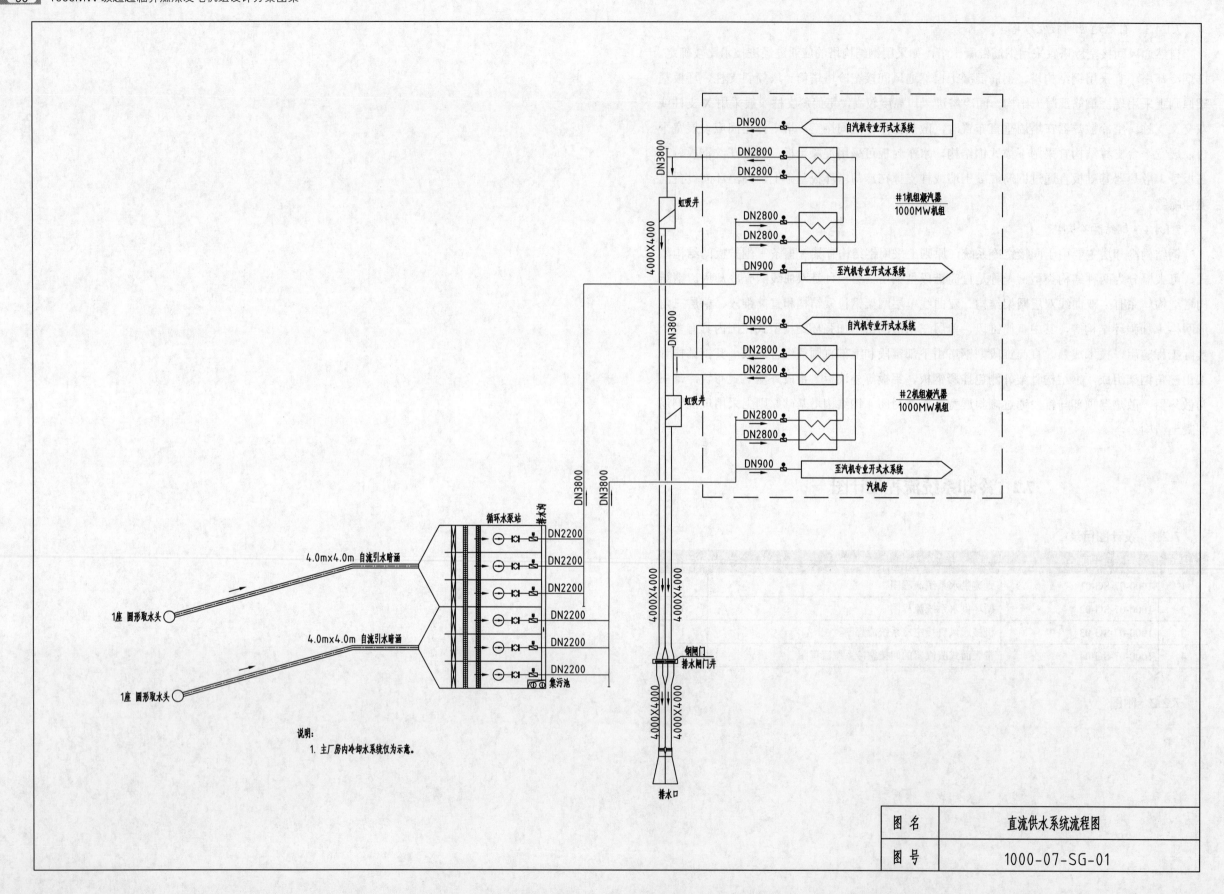

说明:
1. 主厂房内冷却水系统仅为示意。

图 名	直流供水系统流程图
图 号	1000-07-SG-01

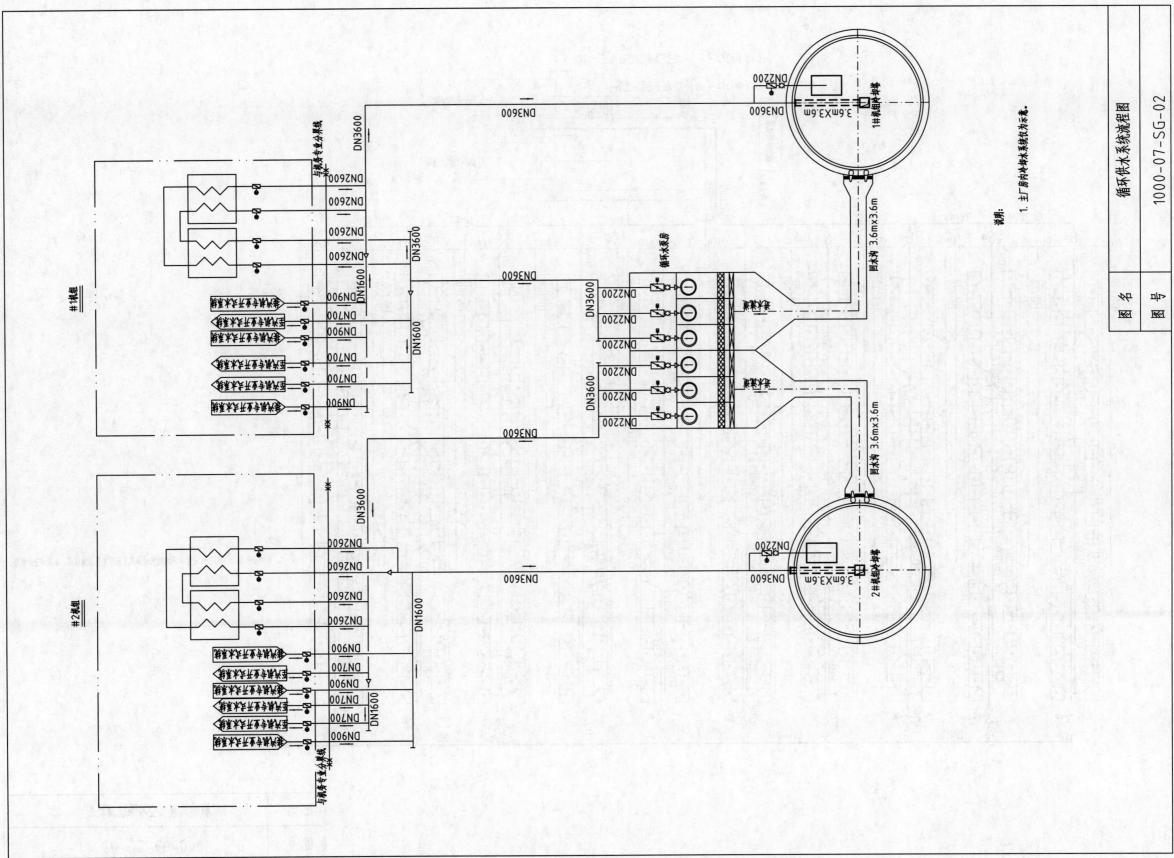

循环供水系统流程图

图名

图号 1000-07-SG-02

说明:

1. 主厂房内冷却水系统仅为示意。

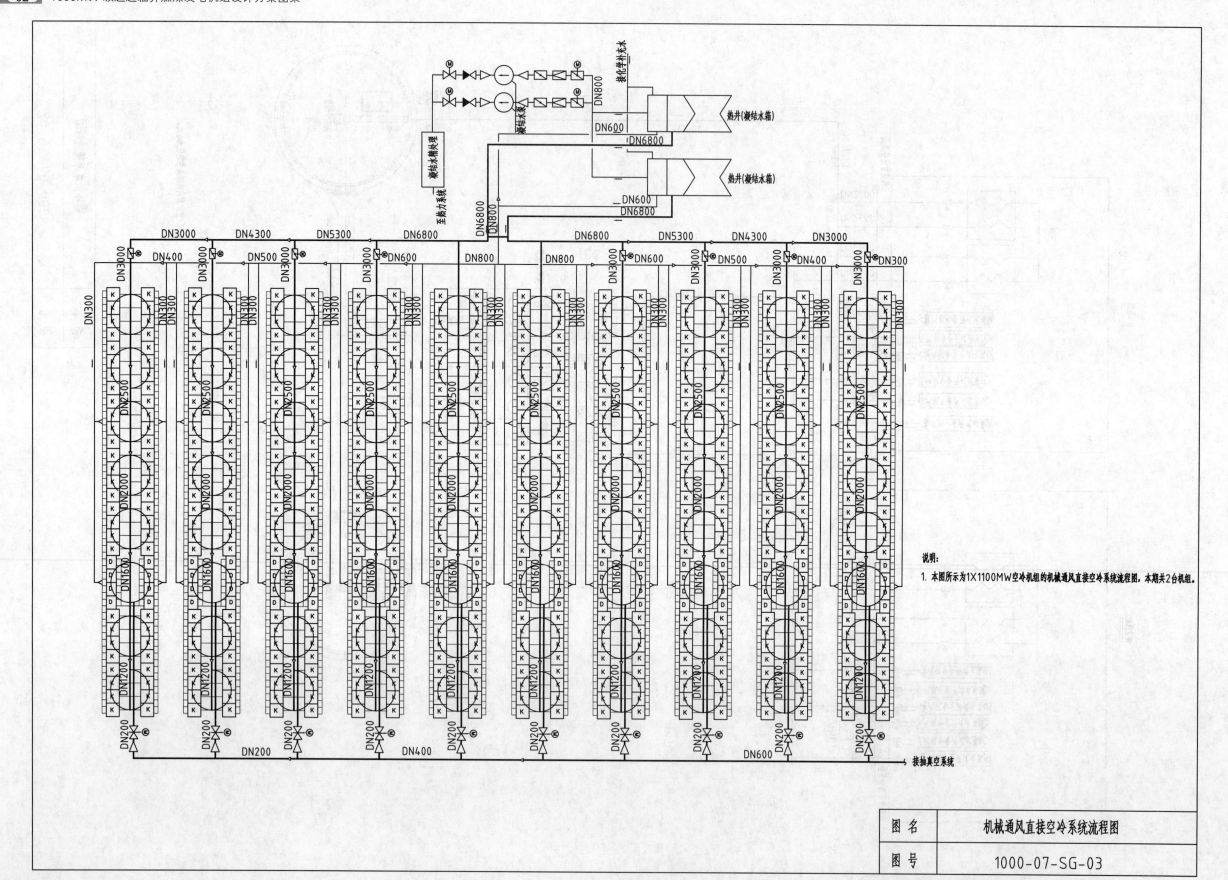

说明：
1. 本图所示为1×1100MW空冷机组的机械通风直接空冷系统流程图，本期共2台机组。

图 名	机械通风直接空冷系统流程图
图 号	1000-07-SG-03

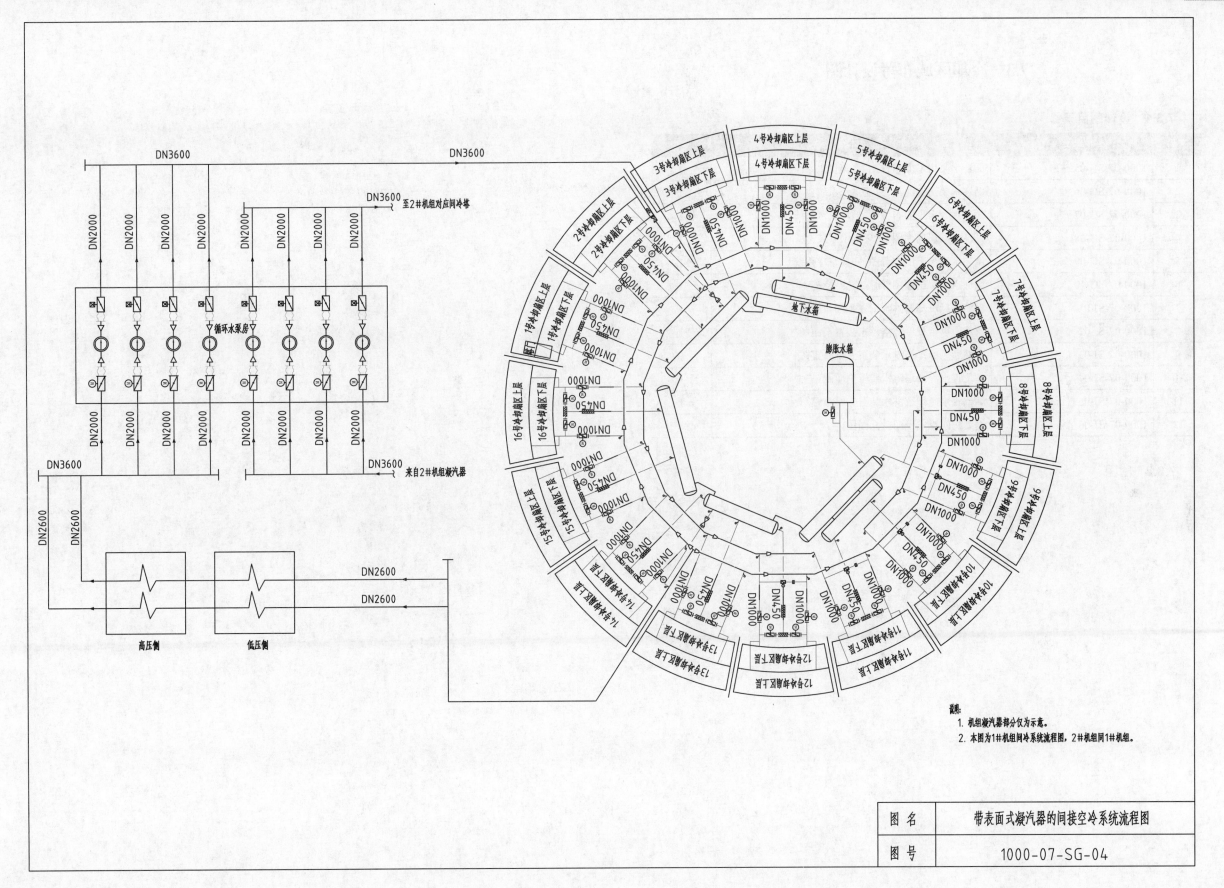

图 名	带表面式凝汽器的间接空冷系统流程图
图 号	1000-07-SG-04

7.3 冷却区域布置设计图

7.3.1 设计图目录

序号	图号	名称	数量
1	1000-07-SG-05	循环水泵房平面布置图 直流供水系统	1
2	1000-07-SG-06	循环水泵房剖面图 直流供水系统	1
3	1000-07-SG-07	循环水泵房平面布置图 循环供水系统	1
4	1000-07-SG-08	循环水泵房剖面图 循环供水系统	1
5	1000-07-SG-09	循环水泵房平面布置图 间接空冷系统	1
6	1000-07-SG-10	循环水泵房剖面图 间接空冷系统	1
7	1000-07-SJ-01	自然通风冷却塔淋水梁柱平面布置图	1
8	1000-07-SJ-02	自然通风常规冷却塔淋水装置剖面图	1
9	1000-07-SJ-03	自然通风冷却塔淋水装置三维布置图	1
10	1000-07-SJ-04	高位收水冷却塔淋水装置剖面图	1
11	1000-07-SJ-05	高位收水冷却塔淋水装置三维布置图	1
12	1000-07-SJ-06	钢结构间冷塔平面及立面图	1

7.3.2 附图

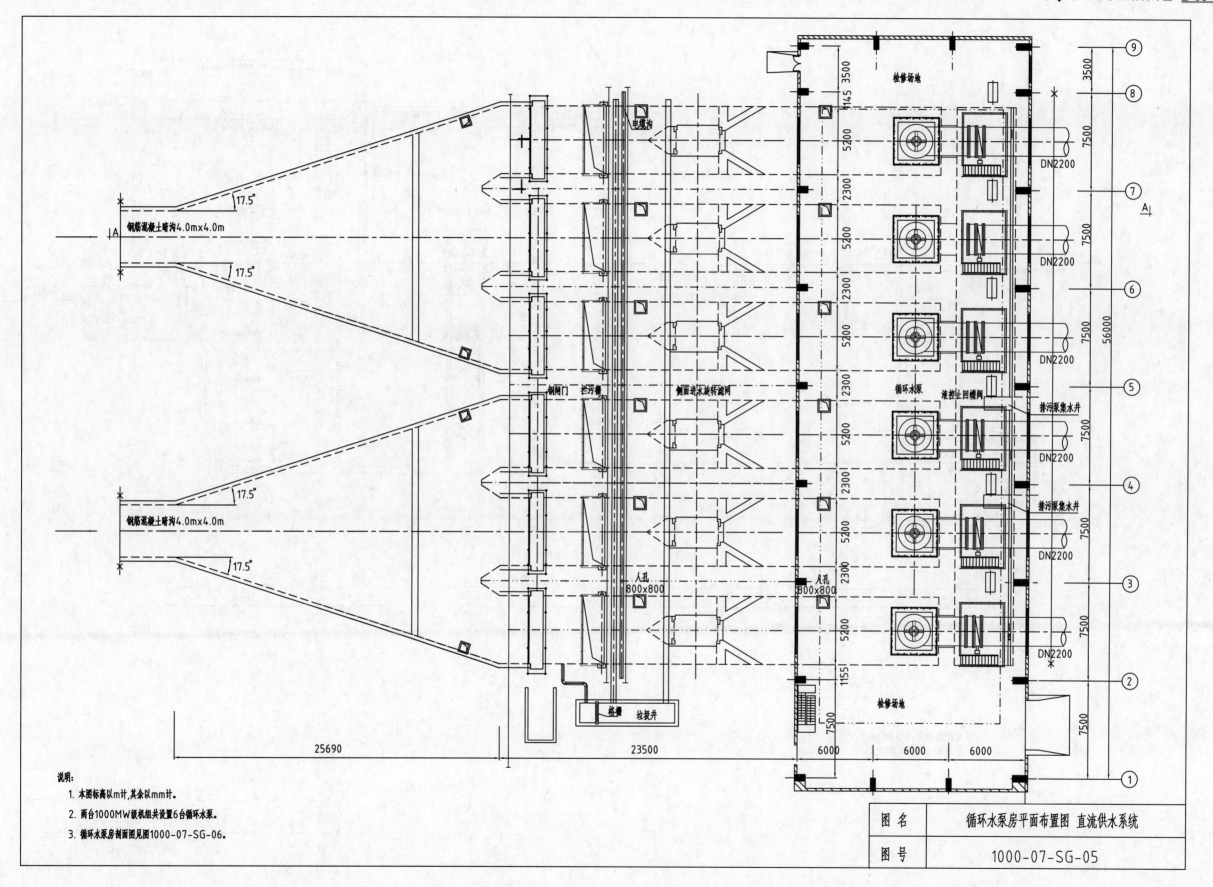

钢筋混凝土暗沟4.0m×4.0m

17.5°

17.5°

钢筋混凝土暗沟4.0m×4.0m

17.5°

17.5°

电缆沟

钢闸门 拦污栅

侧面进水旋转滤网

循环水泵

液控止回蝶阀

排污泵集水井

排污泵集水井

检修场地

检修场地

DN2200

人孔 800×800

人孔 800×800

格栅 垃圾井

25690

23500

6000 6000 6000

3500

7500

7500

7500

7500

7500

56000

7500

5200

2300

5200

2300

5200

2300

5200

2300

5200

2300

5200

3500

1145

1155

说明:
1. 本图标高以m计,其余以mm计。
2. 两台1000MW级机组共设置6台循环水泵。
3. 循环水泵房剖面图见图1000-07-SG-06。

图 名	循环水泵房平面布置图 直流供水系统
图 号	1000-07-SG-05

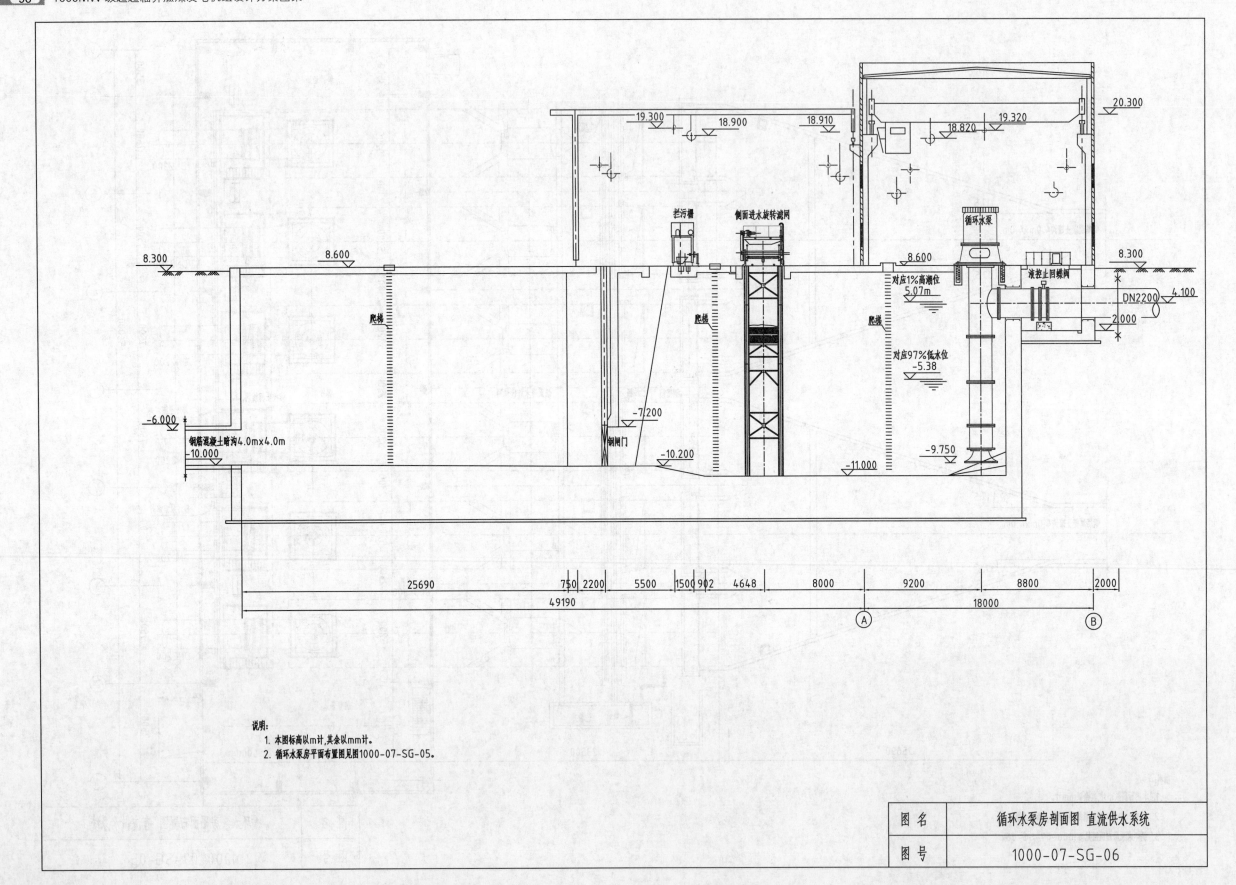

说明:
1. 本图标高以m计,其余以mm计。
2. 循环水泵房平面布置图见图1000-07-SG-05。

图 名	循环水泵房剖面图 直流供水系统
图 号	1000-07-SG-06

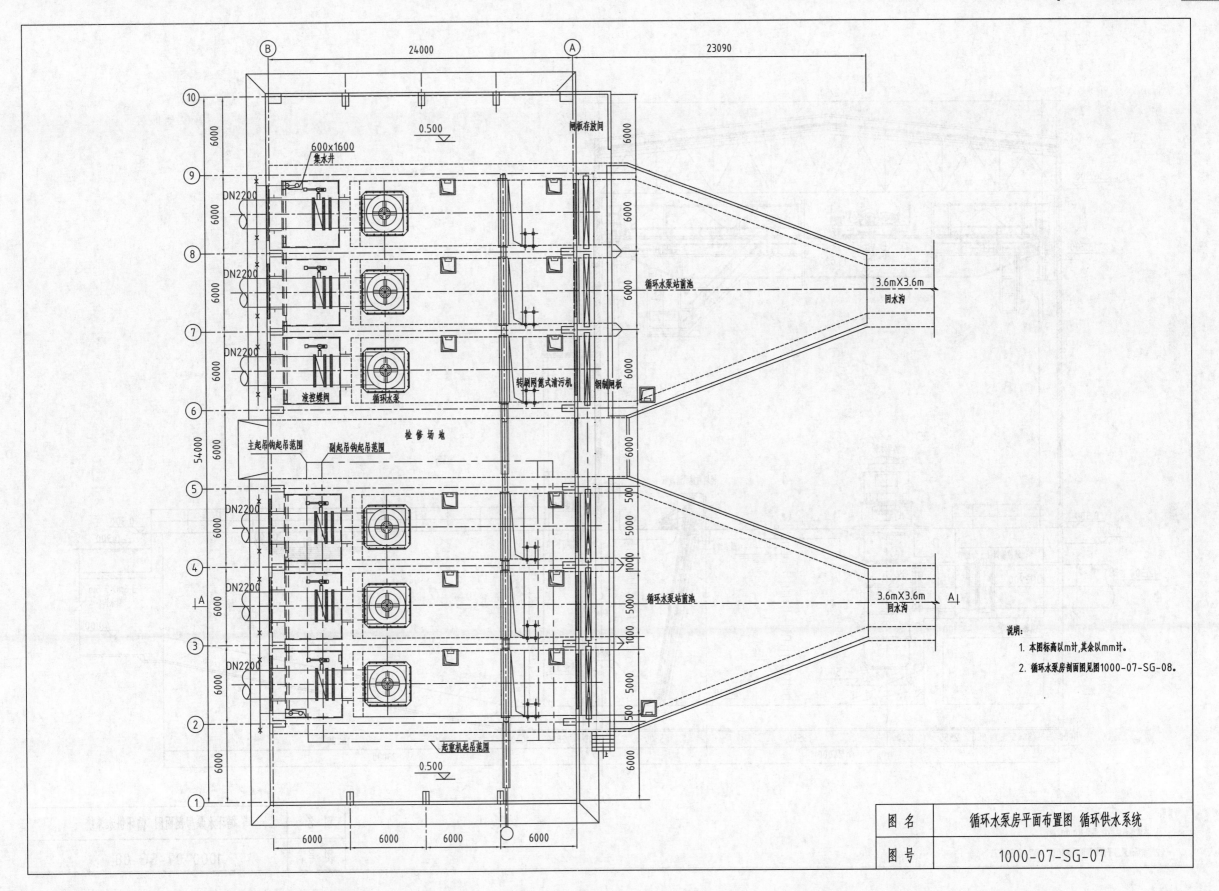

说明:
1. 本图标高以m计,其余以mm计。
2. 循环水泵房剖面图见图1000-07-SG-08。

图 名	循环水泵房平面布置图 循环供水系统
图 号	1000-07-SG-07

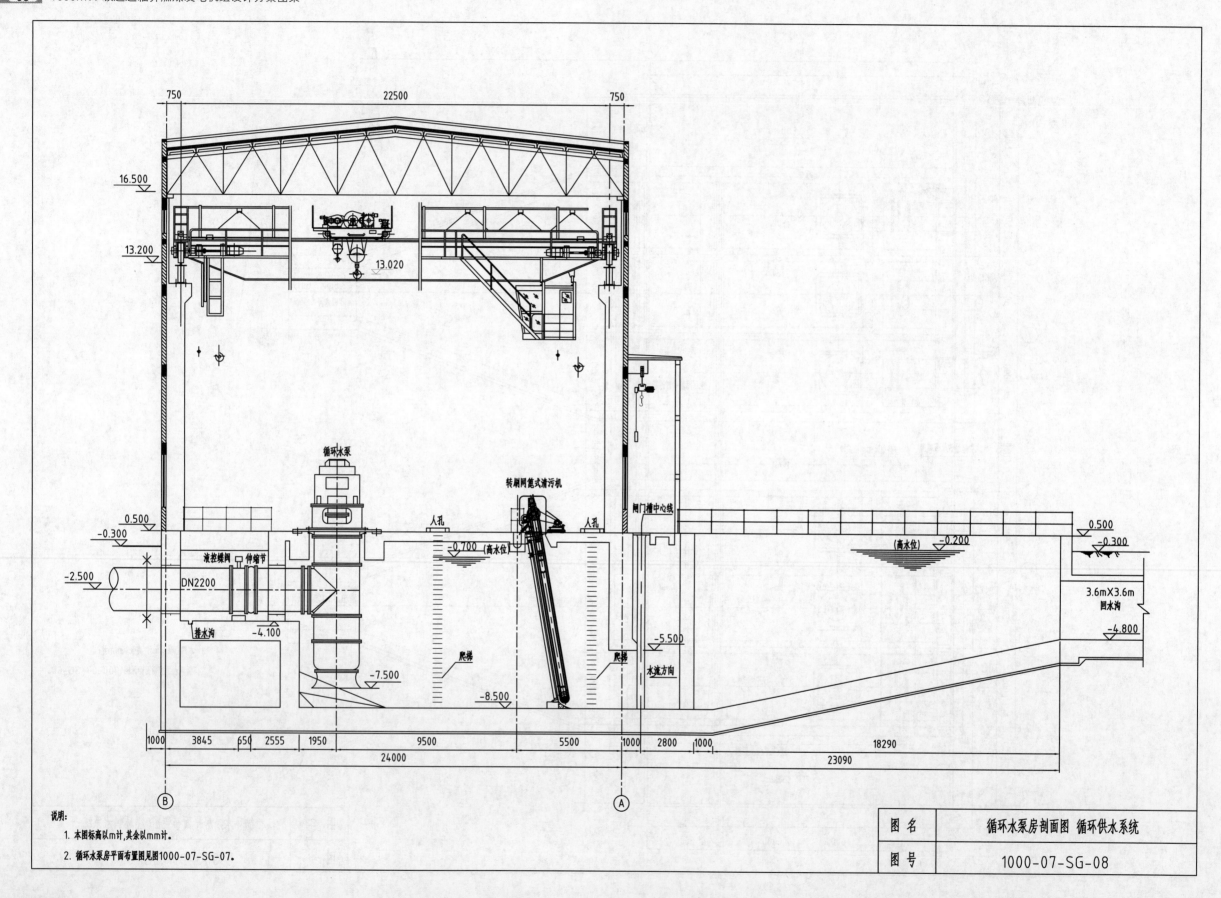

说明:
1. 本图标高以m计,其余以mm计。
2. 循环水泵房平面布置图见图1000-07-SG-07。

图 名	循环水泵房剖面图 循环供水系统
图 号	1000-07-SG-08

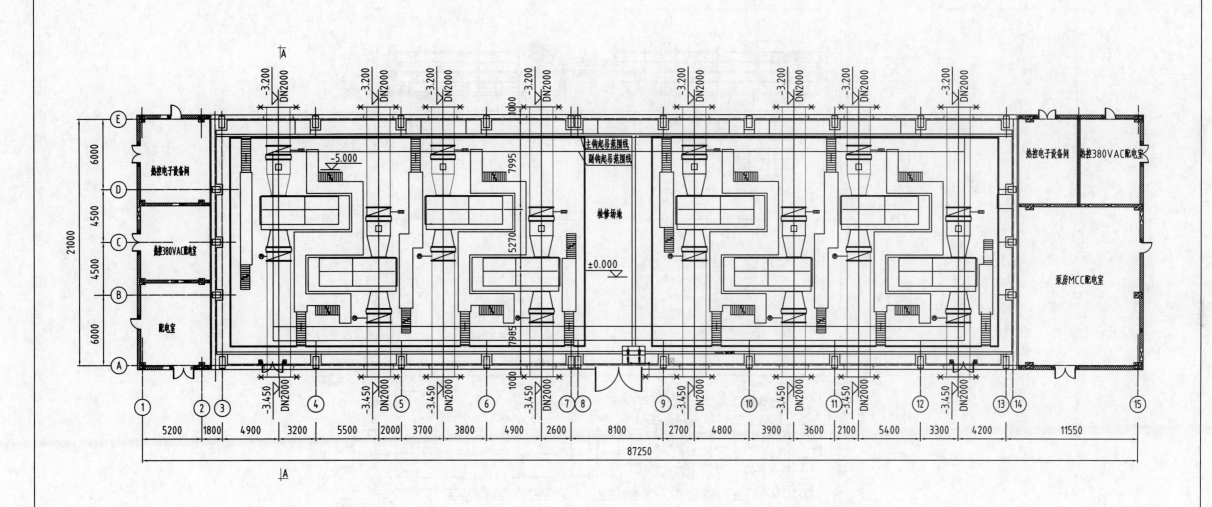

说明:
1. 本图标高以m计,其余以mm计。
2. 两台1000MW级机组共设置8台循环水泵。
3. 循环水泵房剖面图详见图1000-07-SG-10。

图 名	循环水泵房平面布置图 间接空冷系统
图 号	1000-07-SG-09

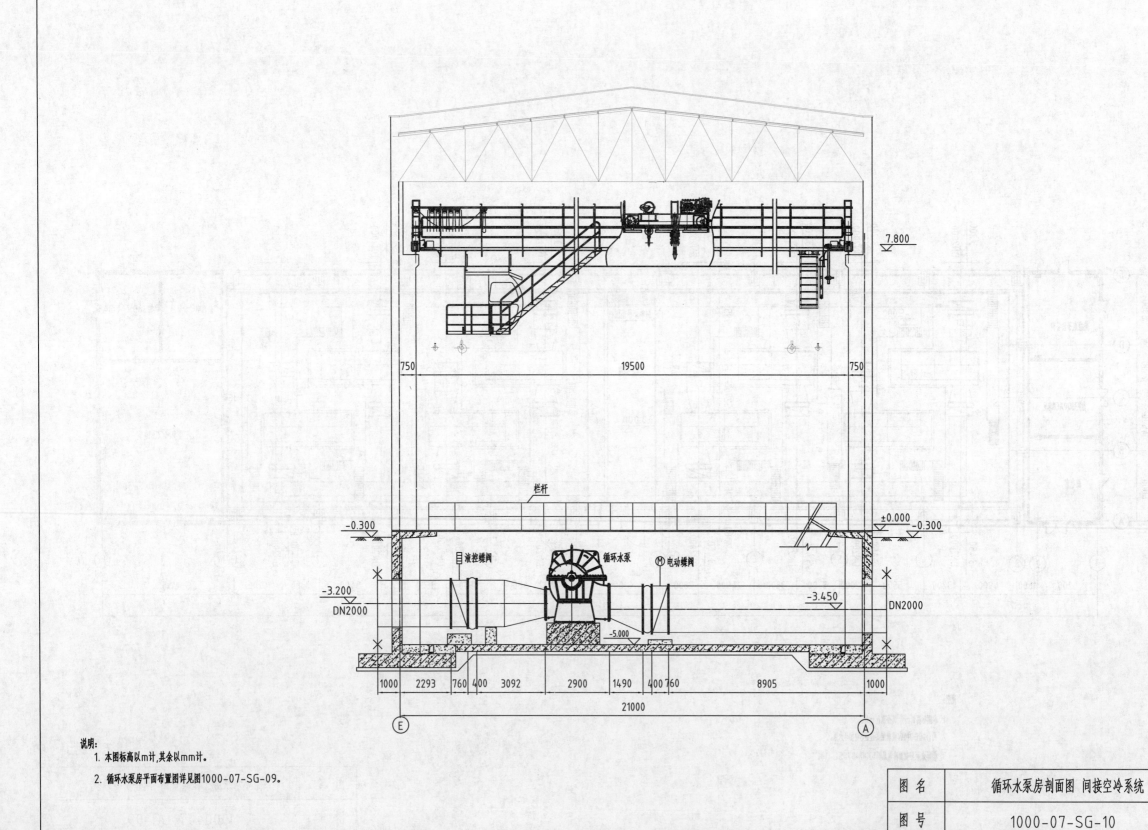

说明:
1. 本图标高以m计,其余以mm计。
2. 循环水泵房平面布置图详见图1000-07-SG-09。

图 名	循环水泵房剖面图 间接空冷系统
图 号	1000-07-SG-10

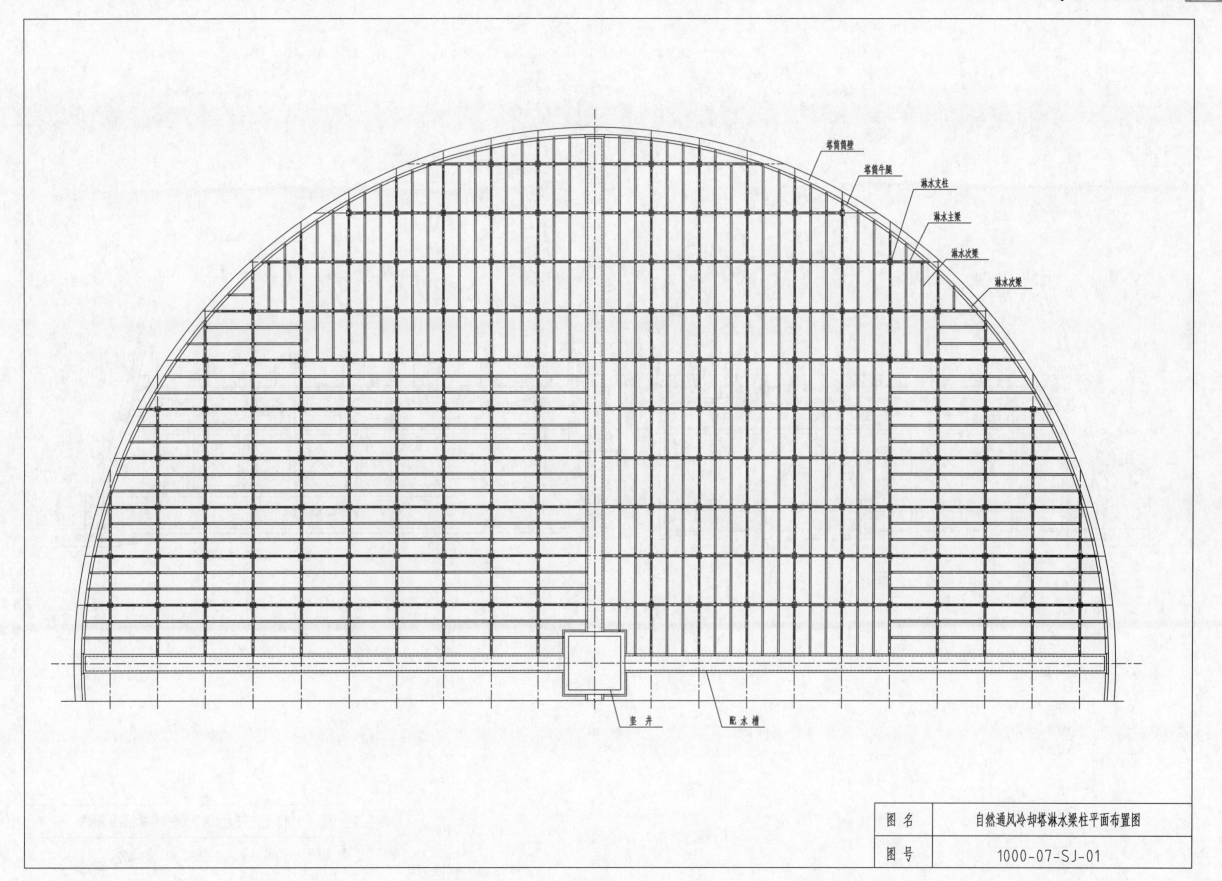

图 名	自然通风冷却塔淋水梁柱平面布置图
图 号	1000-07-SJ-01

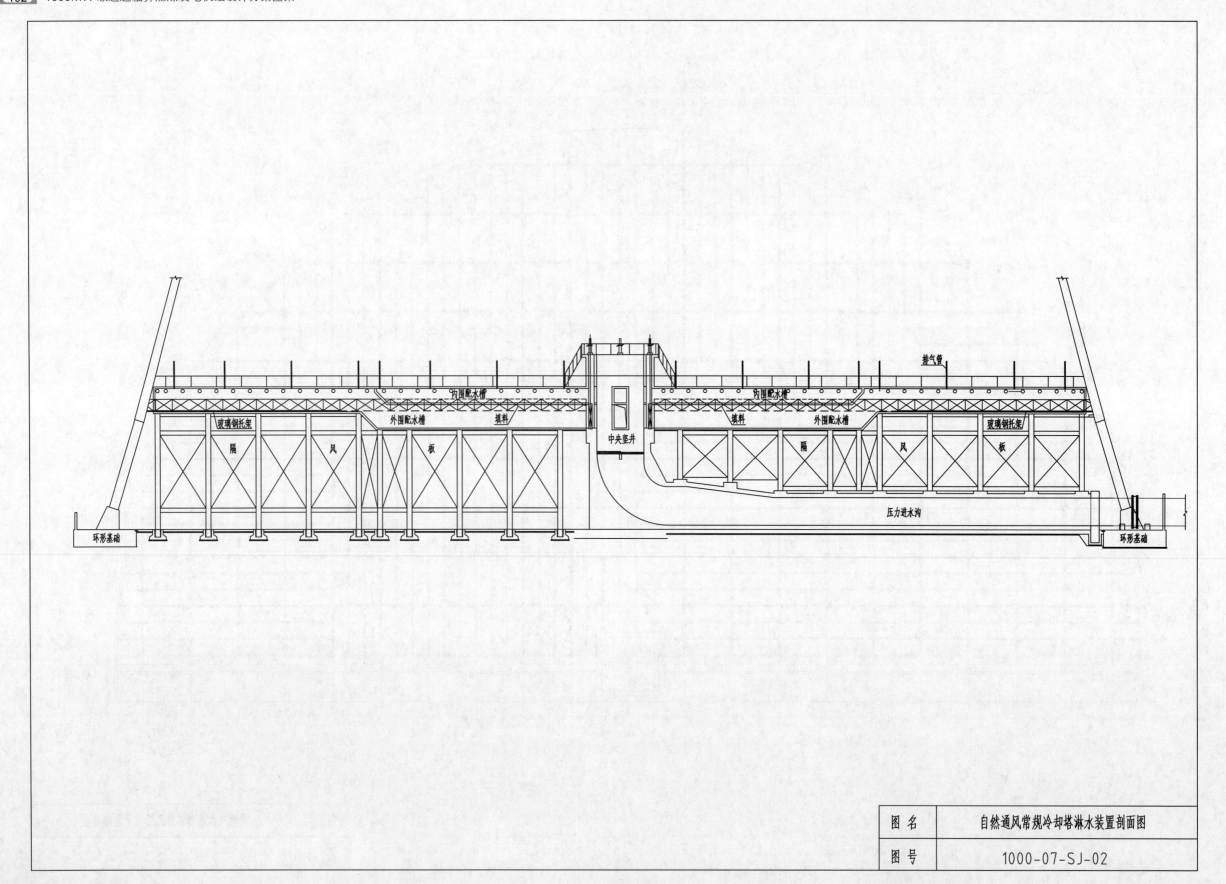

图 名	自然通风常规冷却塔淋水装置剖面图
图 号	1000-07-SJ-02

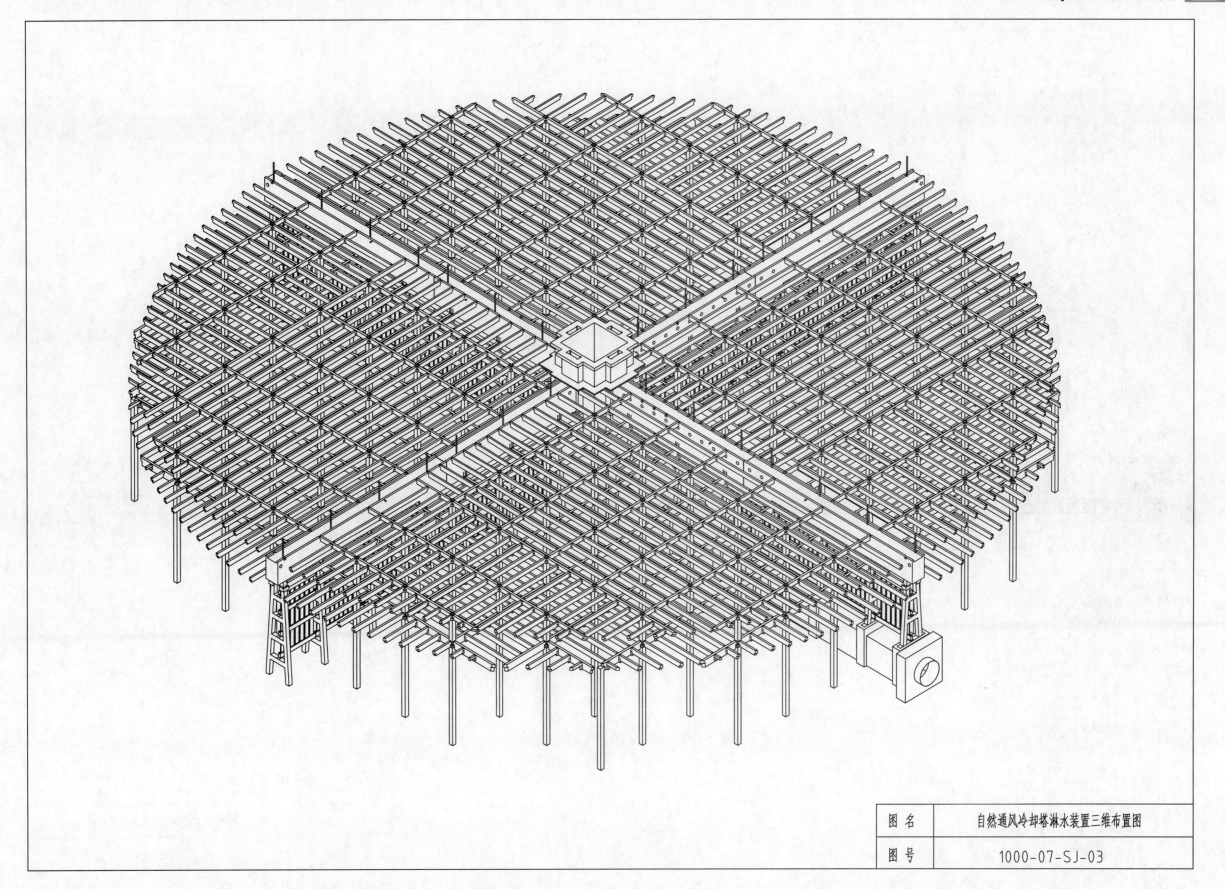

图 名	自然通风冷却塔淋水装置三维布置图
图 号	1000-07-SJ-03

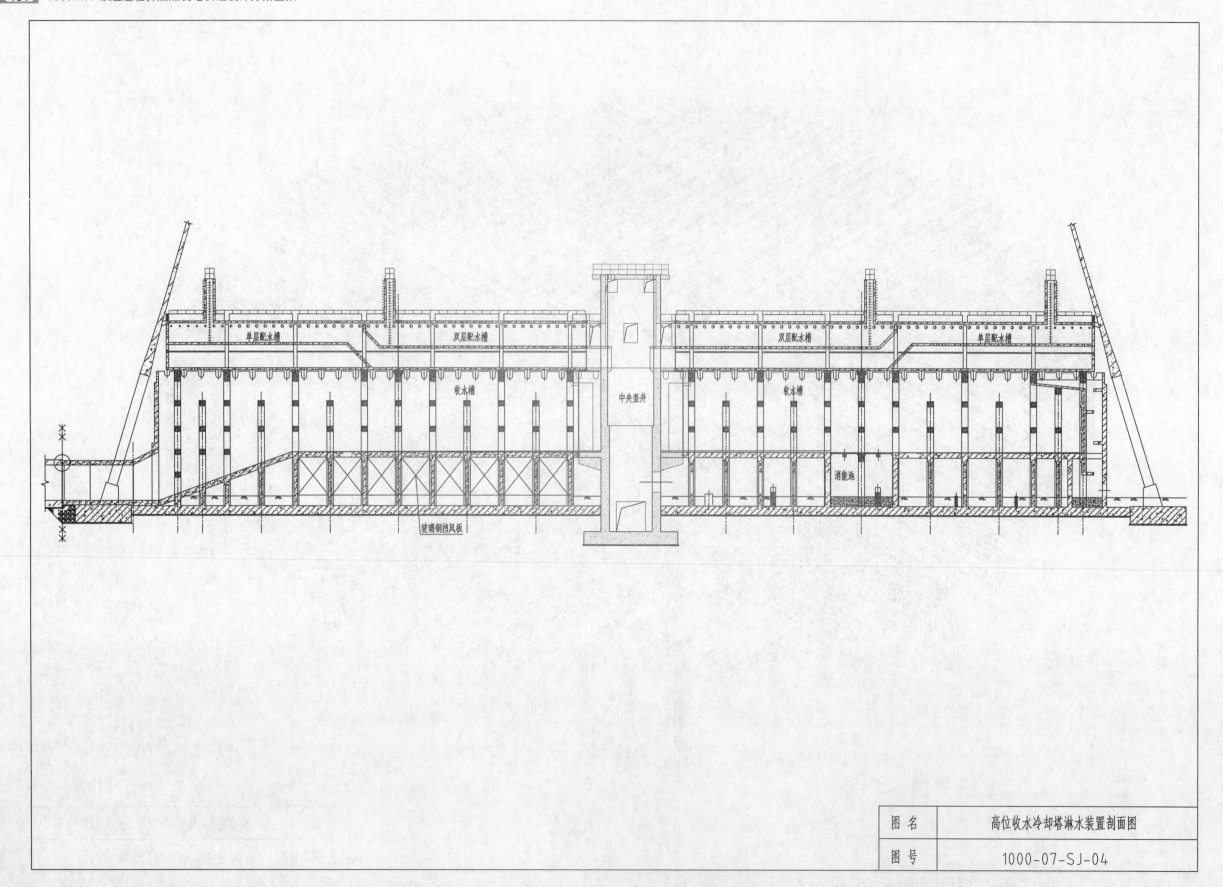

图 名	高位收水冷却塔淋水装置剖面图
图 号	1000-07-SJ-04

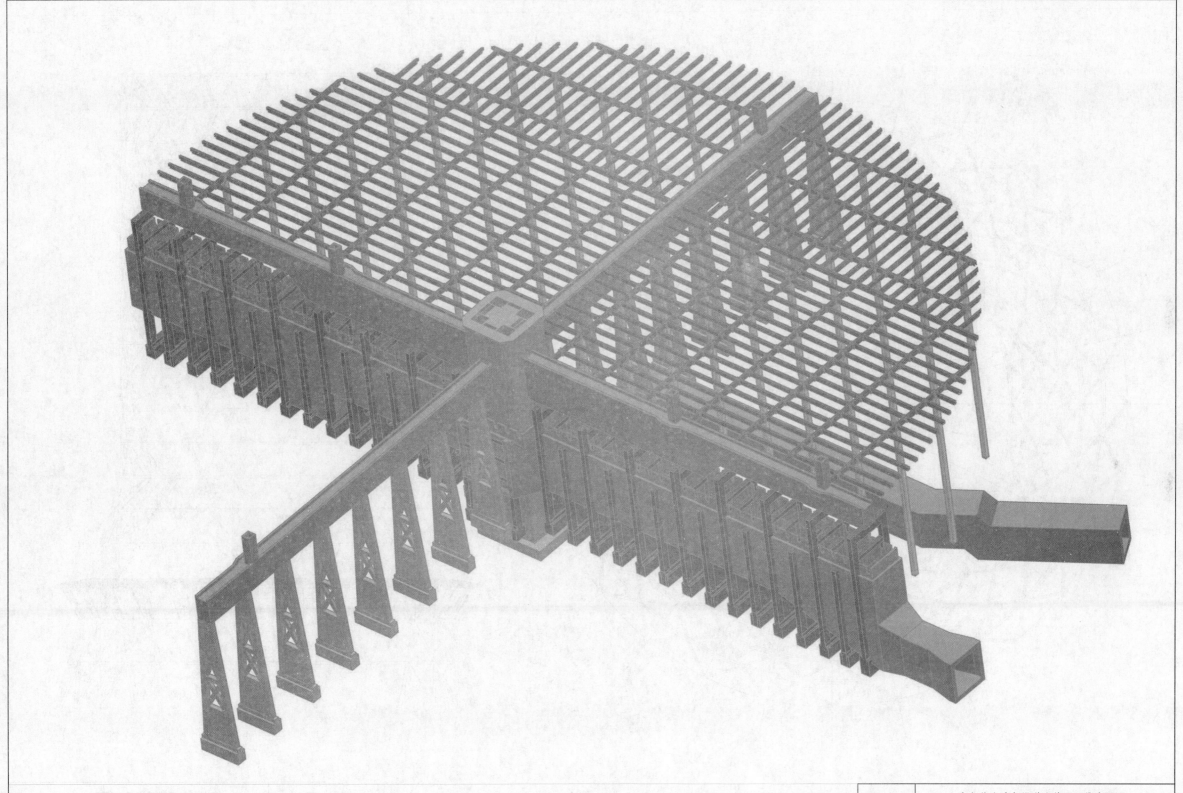

图 名	高位收水冷却塔淋水装置三维布置图
图 号	1000-07-SJ-05

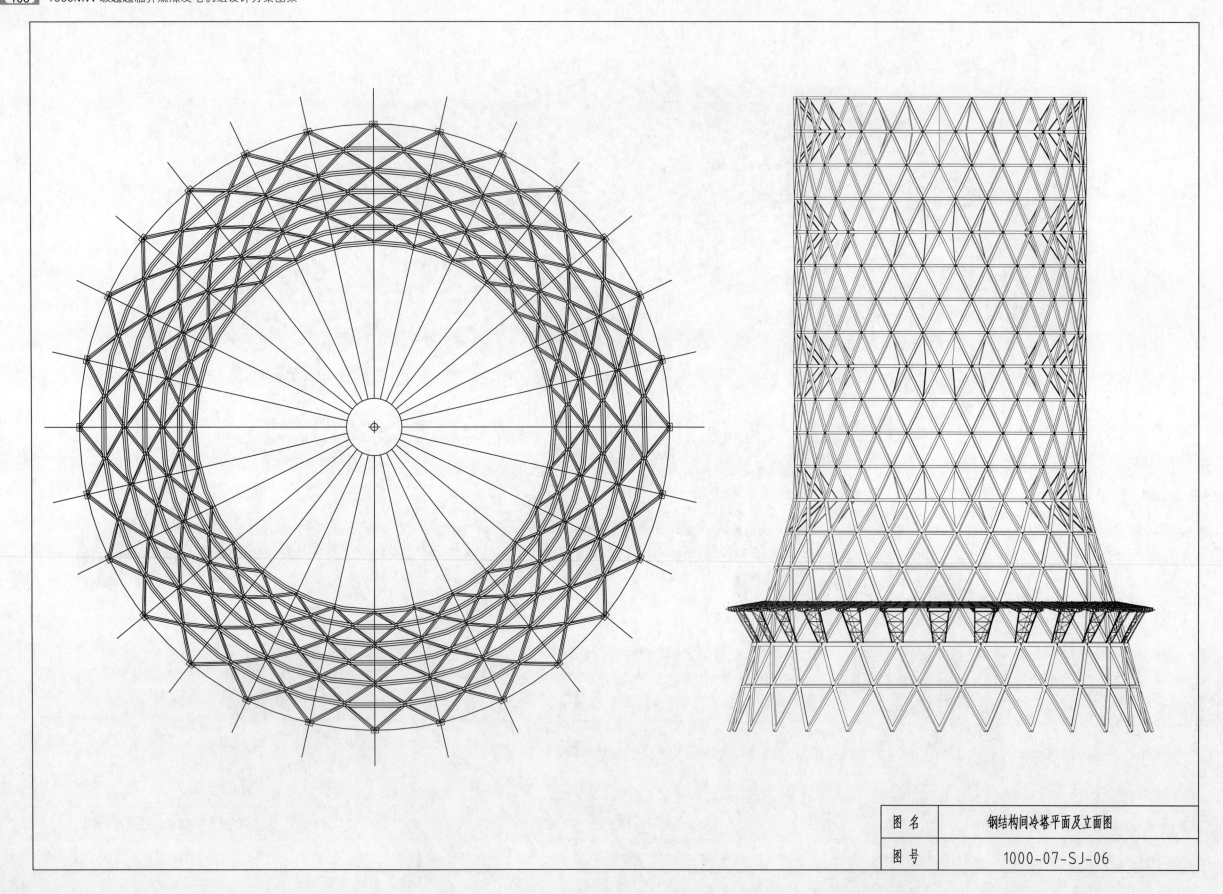

图 名	钢结构间冷塔平面及立面图
图 号	1000-07-SJ-06

第 8 章　电厂化学部分设计图

8.1　说明

电厂水源包括再生水（中水及疏干水）、海水、地表水及地下水等，根据不同水源水质情况制定适合的水处理方案。

本图集选取技术成熟可靠、应用广泛且具有代表性的水处理方案，包括电厂化学专业各水处理系统流程图、布置图等，主要系统有：锅炉补给水处理系统、凝结水精处理系统、海水淡化处理系统、化学加药系统、汽水取样系统、氢气站系统、工业废水处理系统、脱硫废水零排放处理系统等。

全厂废水零排放设计理念，根据全厂水平衡，对厂内各类废水进行分质回收、梯级利用，对循环水、排污水、脱硫废水等高盐废水进行零排放处理，最终实现全厂废水零排放。

8.2　水处理系统

8.2.1　锅炉补给水处理系统

锅炉补给水处理系统应根据进水水质、水量、出水水质要求等情况，选用合适的处理工艺，既有效地保证水处理系统出水水质满足要求，又做到经济合理，节省投资。

本图集选用了"双介质过滤器＋超滤＋一级反渗透＋二级反渗透＋EDI"和"双介质过滤器＋超滤＋反渗透＋一级除盐＋混床"两个应用范围广，在水处理系统的造价、运行可靠性及出水水质稳定等方面有较强优势的工艺方案。

本图集仅供新建工程做指导性参考，应按水源水质等情况进行调整设计，并符合最新、当地环保政策及要求。

全膜法系统流程：双介质过滤器→超滤→一级反渗透→二级反渗透→ EDI，详见图 1000-08-H-01。

离子交换法系统流程：双介质过滤器→超滤→反渗透→一级除盐→混床，详见图 1000-08-H-02。

8.2.2　海水淡化处理系统

海水淡化技术已经发展成为成熟的获取淡水的水处理工艺，包括膜法及热法处理工艺，在全世界范围内都有较多的应用案例。山东院开展国华印尼爪哇等国内外十余项常规电海水

淡化设计／总承包工程、国和一号示范工程海水淡化设计管理 +PC+S 全流程管理，深耕夯实核电工程海水淡化业务板块，加强海水淡化集约化管理、专业化服务能力，完成 EPCS 全过程经验反馈，为后续核电海水淡化积累了经验。专业设计团队对海水淡化关键部件以及膜法、热法海水淡化工艺以及浓盐水综合利用方面进行深入研究，取得了多项研究成果，具备了以海水淡化为主体的新能源消纳、浓盐水综合利用等相关产业的技术总成能力。

热法海水淡化系统流程：（预处理）→低温多效闪蒸，详见图 1000-08-H-03。

膜法海水淡化系统流程：澄清池→滤池→超滤→海水反渗透→淡水反渗透，详见图 1000-08-H-04。

8.2.3　原水处理系统

目前北方大多数工程采用城市污水处理厂再生水作为全厂水源，其水质一般满足一级 A 标准，水中的碱度和硬度普遍较高，随着环保要求的提高，必须有针对性的节水设计措施。厂内的循环水冷却水系统是最大的用水端，提高浓缩倍率是节水的重要技术手段，需要降低供水的碱度和硬度，降低冷却水系统的结垢和腐蚀倾向，保证冷却水系统运行的安全性和可靠性，以及后续水处理系统的进水水质要求。

目前较成熟的工艺是石灰软化澄清方案，"高密度沉淀池＋变孔隙滤池"和"机械加速澄清池＋变孔隙滤池"工艺方案具有代表性，可应用于绝大多数的再生水深度处理。

原水处理系统流程：高密度沉淀池→变孔隙滤池，详见图 1000-08-H-05。

原水处理系统流程：机械加速澄清池→变孔隙滤池，详见图 1000-08-H-06。

8.2.4　凝结水精处理系统

为了保证凝结水的水质，应设置凝结水精处理装置。凝结水精处理系统经过滤除铁、离子交换除盐除硅，可去除凝结水热力系统腐蚀产物、凝汽器泄漏、补充除盐水等带入杂质。凝结水精处理系统，可有效地减少水汽系统恶化对机组运行的影响，避免汽机效率损失，缩短机组启动时间、满足快速启动要求、大幅降低启动补水量、保护树脂和除盐系统运行、提高电厂运行效率均具有重要意义，对采用混床除盐的凝结水处理系统而言，还具有保证超超临界机组正常运行给水品质符合标准、降低机组运行压差、减少化学清洗的次数、延长机组使用寿命等重要作用。

目前 1000MW 机组，每台机组设置一套全流量凝结水精处理系统，每台机组设 2×50% 出力的前置过滤器，4×33% 高速混床。两台机组共用一套体外再生系统，树脂分离按高塔法设计。

凝结水精处理流程：凝结水泵→前置除铁过滤器→高速混床→轴封冷却器→低压加热器。详见图 1000-08-H-07。

8.2.5　取样系统

发电厂的水汽化学监督是保证发电设备安全、经济运行的重要措施之一。为了防止水汽质量劣化引起设备发生事故，应贯彻"安全第一、预防为主"的方针，认真做好水汽化学监

督全过程的质量管理，在设备运行、检修和停用的各个阶段都坚持质量标准，以保证各项水汽质量符合标准，防止热力设备发生腐蚀、结垢、积盐等故障。

为了准确无误地监控机炉运行中给水、凝结水和蒸汽的品质变化情况，判断系统中的设备故障，每台机组配备一套汽水取样装置。

详见图 1000-08-H-08。

8.2.6 热力系统加药系统图

锅炉给水系统金属的腐蚀，不仅会造成给水管道及相关设备的损坏，而且由于腐蚀产物随给水带入锅炉内，而导致在锅炉蒸发面上发生金属腐蚀产物沉积，甚至造成锅炉管的损坏。给水污染及给水系统金属腐蚀，对于锅炉机组的安全经济运行具有重要影响。

为提高机组运行的水汽工况质量，减少系统腐蚀、结垢，热力系统通常按照氧化性全挥发 AVT（O）工况运行，有效控制流动加速腐蚀。热力系统凝结水、给水、闭冷水采用加氨处理，机组启动工况下可采用给水加除氧剂处理方案。

超临界及以上机组，通常配置一套给水、凝结水、闭式水加氨装置，一套给水加除氧剂装置（机组启动），每台机组配置一套加氧装置。

详见图 1000-08-H-09。

8.2.7 氢气站系统

电厂供氢冷发电机的氢气系统通常有两种设计方案，一种是在电厂内设制氢站，利用电解水制氢工艺生产氢气送至主厂房供氢；另一种是外购高压瓶装氢气，在厂内设供氢站，将高压氢气减压后送至主厂房供氢。

制氢站与供氢站相比工艺复杂，安全运行控制监测点多，维护工作量较大。制氢的过程消耗电能，因而比供氢系统电耗高。供氢站系统相对简单，但需要电厂周边有持续稳定可靠的氢源，定期采购氢气，并需要人工装卸氢瓶和运行过程中进行实瓶与空瓶的切换。

氢气供应方案选择根据具体工程情况通过技术经济比较确定。在电厂周边有可靠氢源时，从经济性、安全性上建议优先考虑外购氢气方案。

本图集以常规制氢量 10Nm³/h 的制氢装置为例。

制氢系统流程图详见图 1000-08-H-10 以及图 1000-08-H-11。

供氢系统流程图详见图 1000-08-H-12。

8.3 脱硫废水零排放系统

脱硫废水作为电厂终端排水，含盐量高，腐蚀倾向明显，难以达标外排。近些年，国内脱硫废水零排放工艺方案逐渐成熟，但各种废水零排放方案仍然存在缺点，比如投资高、运行成本高等问题。

目前应用较多的废水零排放方案有"低温多效闪蒸浓缩+高温烟道旁路雾化蒸发""澄清预处理+低温烟气余热浓缩+调质+高温烟道旁路雾化蒸发""澄清软化预处理+膜法浓缩+蒸发结晶制盐"等。脱硫废水零排放工艺中热法浓缩方案基本取代了膜法浓缩方案，但在高盐水零排放领域的浓缩减量仍然是膜法浓缩方案占主流。

"预处理+膜法浓缩+蒸发结晶"方案的投资和运行费用均最高，"预处理+低温烟气余热浓缩+高温烟道旁路雾化蒸发"方案与"低温多效闪蒸浓缩+高温烟道旁路雾化蒸发"方案，均采用低温烟气余热进行浓缩，低温烟气余热浓缩方案采用除尘器后低温烟气，不消耗热源，但需要增设引风机，电负荷较高。低温多效闪蒸浓缩方案采用低温省煤器热水或低温烟气作为热源，消耗一定的热量。这两个方案均具有工艺简单、投资低、占地面积较小、运行可靠、无副产物技术较成熟、充分利用电厂余热等优点。

热法脱硫废水零排放系统流程：脱硫废水→多级闪蒸蒸发器→增稠器→给料泵→旁路烟道干燥系统→除尘器。详见图 1000-08-H-13。

膜法脱硫废水零排放系统流程：预处理两级软化+澄清过滤+浓缩减量（SWRO+ED）+蒸发结晶。详见图 1000-08-H-14。

脱硫废水闪蒸浓缩+浓液干燥系统如图 8.1 所示。

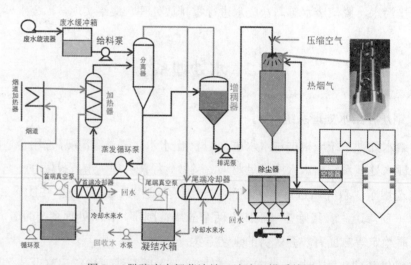

图 8.1　脱硫废水闪蒸浓缩+浓液干燥系统图

8.4 工业废水处理系统

工业废水分为经常性废水及非经常性废水两大类。经常性废水包括：锅炉补给水处理系统排水、凝结水精处理系统排水、实验室排水；非经常性废水包括：空气预热器清洗排水、锅炉化学清洗排水、机组启动时的排水、锅炉烟气侧冲洗排水、机组杂排水、厂区工业下水等，经处理后的排水符合《污水综合排放标准》（GB 8978—1996）第二类污染物最高允许排放浓度中的一级标准，并能达到厂内重复利用的要求。

工业废水可采用集中处理方式，对经常性废水、非经常性废水分类处理。经常性废水经 pH 调整至 6～9 后回用；非经常性废水经 pH 调整、曝气氧化、絮凝、澄清后，上层清水经 pH 调整至 6～9 后回用，下层泥水采用浓缩、脱水工艺，产生的泥饼运至厂外干灰场堆置。

工业废水处理系统流程：（非）经常性废水→废水贮存池→废水输送泵→絮凝沉淀池→清净水池→回收利用。详见图 1000-08-H-15。

8.5 化学水处理设施布置图

8.5.1 水务管理中心布置图

山东院拥有水务管理中心发明专利"多水合一水的电站水处理系统"（专利号：201010128582.3），设计中将分散于厂区各处的水处理系统合并布置，建成多水合一水务管理中心，主要包含的系统有：原水处理系统、锅炉补给水处理系统、工业废水处理系统、综合水泵房及工业消防水池、化验楼及各类药品的储存及加药系统等。

多水合一水务管理中心的设计原则如下：

（1）提炼出各工艺系统中的共用部分，能合并的尽量合并，减少药品储存，废水储存，加药设备、污泥处理设备的重置率。

（2）全部工艺设备的配电、控制装置统一设计，布置于一个配电室、一个集中控制室内。

（3）同类设备尽量相对集中布置，如水泵风机类、化学药品类等。

（4）为节省占地，能够上下布置的厂房都合并为多层，如化验楼两层布置。

水务管理中心打破常规设计模式，具有节水、节能、节地的优点，在减少用地指标、节省建（构）筑物工程量、共用设施、集中管理、减少化学危险品伤害、节省投资、减人增效、方便运行管理等方面具有很大的优势。

水务管理中心效果图如图 8.2 所示。

图 8.2 水务管理中心效果图

某工程水务管理中心布置，详见图 1000-08-H-16。

8.5.2 氢站布置图

氢气站、供氢站宜布置为独立的建筑物、构筑物，且应为通风良好的场所；不得布置在人员密集地段和主要交通道路邻近处；并远离有明火或散发火花的地点；宜靠近最大用户处，宜布置在电源、气源等的邻近处；氢气站、供氢站或氢气储存压力容器区设置围墙，宜采用高度不小于 2.5m 的不燃烧体的实体围墙；宜留有扩建的余地。

水电解制氢辅助系统包括加水配碱装置（碱法制氢系统）、除盐水冷却装置、氢气储存系统等。制氢站的运行采用无人值守，全自动控制模式。

供氢站实瓶、空瓶分开布置，实瓶布置在实瓶间，实瓶间用完的空瓶需转移至空瓶间布置。供氢站设有氢气汇流排、氮气置换系统等。供氢站正常运行时采用无人值守，自动控制模式。

本专著推荐某工程制氢站布置图，详见图 1000-08-H-17。

本专著推荐某工程供氢站布置图，详见图 1000-08-H-18。

8.5.3 脱硫废水零排放布置图

脱硫废水零排放浓缩系统设备布置在脱硫岛附近，与脱硫工艺楼联合建设。具体应根据工程具体情况和特点，经综合比选确定。

脱硫废水零排放浓缩车间室内一层布置有废水输送泵、空压机、循环水泵、集水坑及冷凝水罐及水泵等；二层布置有一效蒸发器、二效蒸发器、三效蒸发器、增稠罐及电子设备间、配电室等；三层布置有一效分离器、二效分离器、三效分离器等。

烟气雾化干燥装置布置在每台机的炉侧空地。

脱硫废水零排放布置详见图 1000-08-H-19。

8.6 系统流程设计图及布置设计图

8.6.1 设计图目录

序号	图号	名称	数量
1	1000-08-H-01	锅炉补给水处理系统流程图（全膜法）	1
2	1000-08-H-02	锅炉补给水处理系统流程图（离子交换法）	1
3	1000-08-H-03	海水淡化系统流程图（热法）	1
4	1000-08-H-04	海水淡化系统流程图（膜法）	1
5	1000-08-H-05	原水处理系统流程图（高密度沉淀池＋变孔隙滤池）	1
6	1000-08-H-06	原水处理系统流程图（机械加速澄清池＋变孔隙滤池）	1
7	1000-08-H-07	凝结水精处理系统流程图	1
8	1000-08-H-08	取样系统流程图	1

续表

序号	图号	名称	数量
9	1000-08-H-09	热力系统加药系统图	1
10	1000-08-H-10	制氢系统流程图（碱液）	1
11	1000-08-H-11	制氢系统流程图（PEM）	1
12	1000-08-H-12	供氢系统流程图	1
13	1000-08-H-13	脱硫废水零排放系统（热法：低温多效闪蒸）	1
14	1000-08-H-14	脱硫废水零排放系统流程图（膜法）	1
15	1000-08-H-15	工业废水处理系统流程图	1
16	1000-08-H-16	水务管理中心布置图	1
17	1000-08-H-17	制氢站布置图	1
18	1000-08-H-18	供氢站布置图	1
19	1000-08-H-19	脱硫废水零排放布置图	1

8.6.2　附图

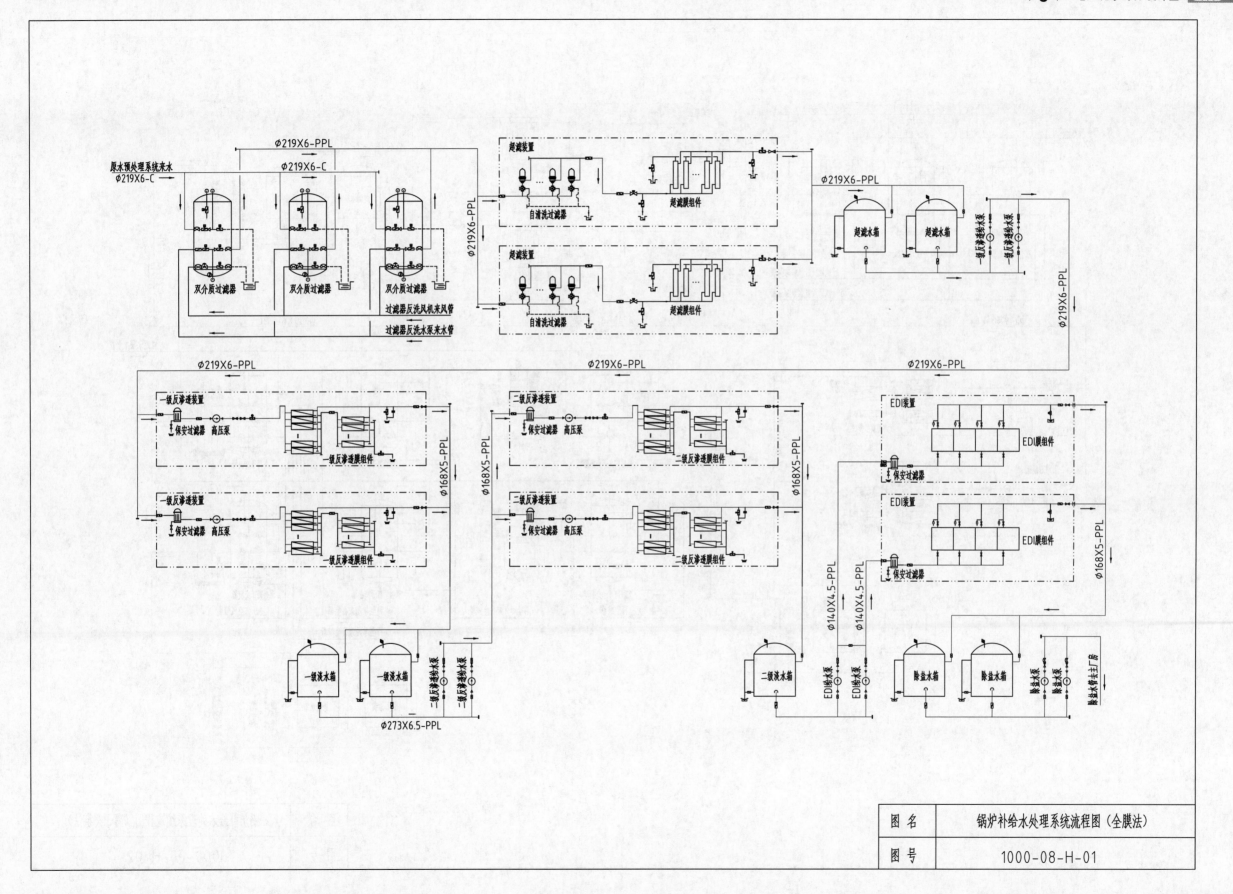

图 名	锅炉补给水处理系统流程图（全膜法）
图 号	1000-08-H-01

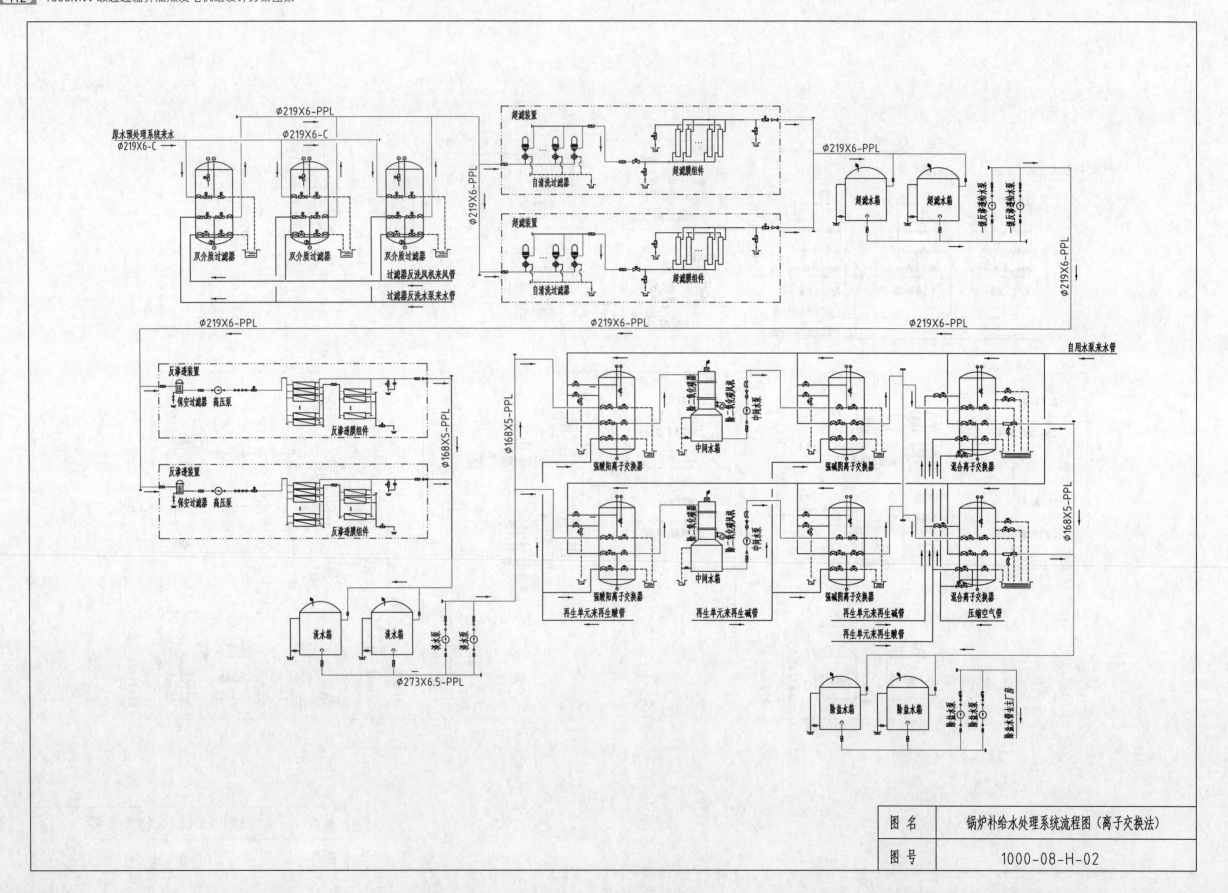

图 名	锅炉补给水处理系统流程图（离子交换法）
图 号	1000-08-H-02

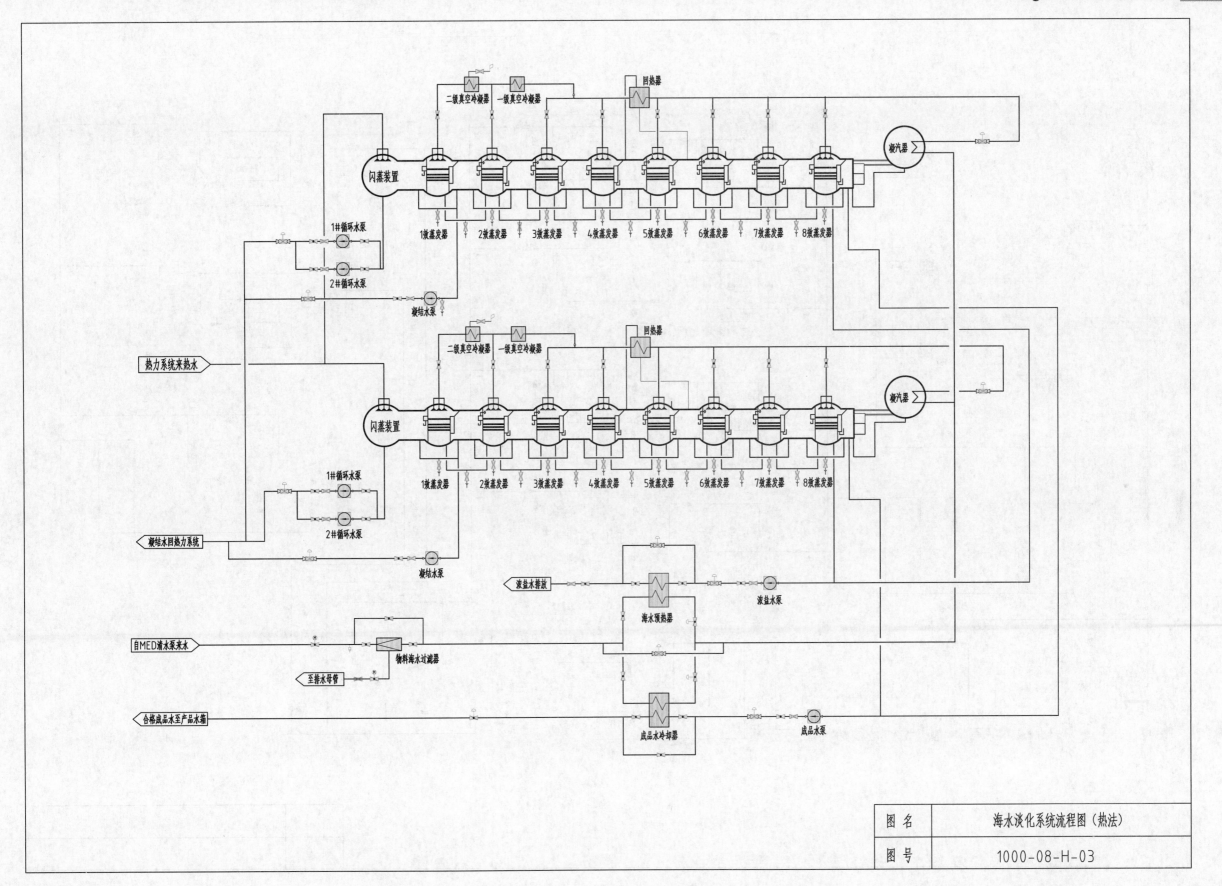

图 名	海水淡化系统流程图（热法）
图 号	1000-08-H-03

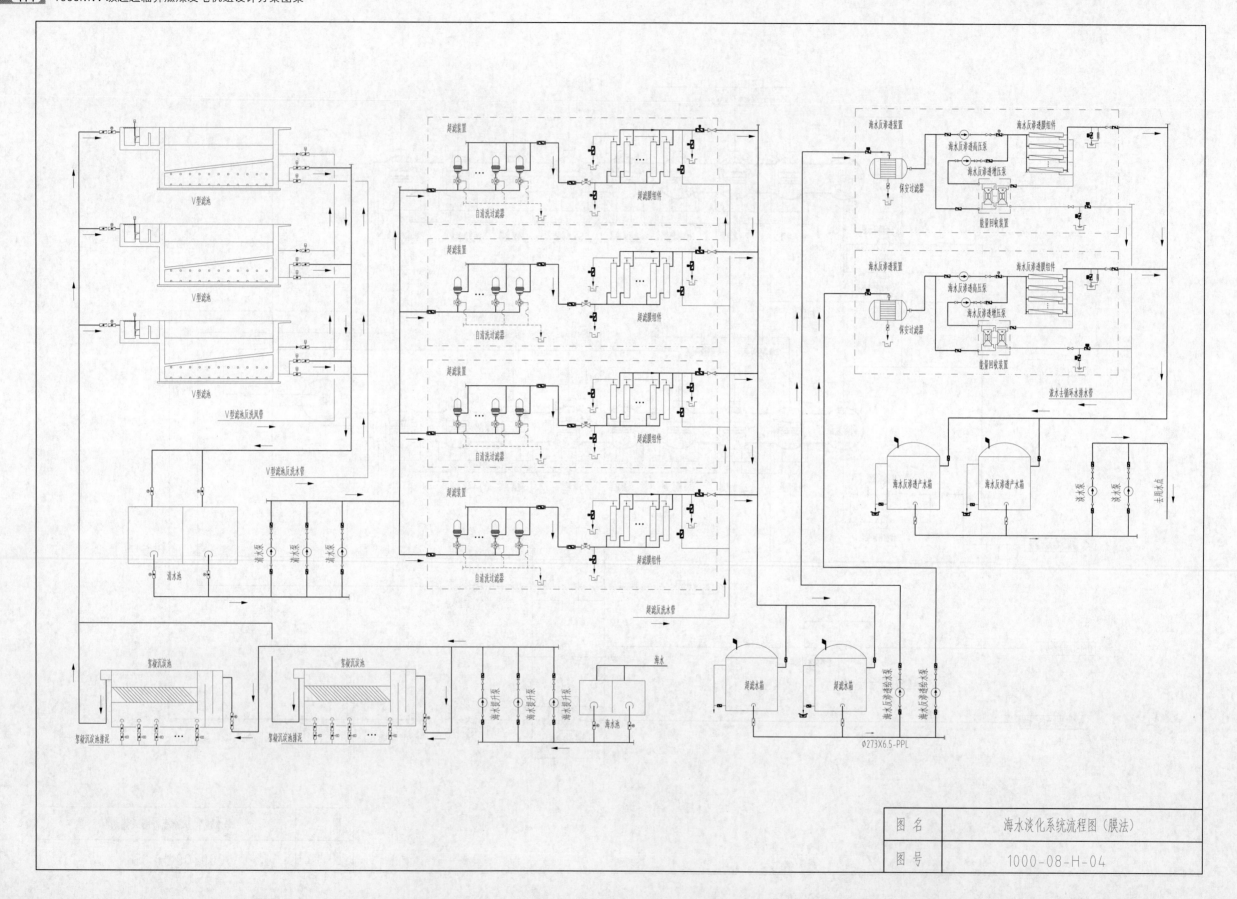

图 名	海水淡化系统流程图（膜法）
图 号	1000-08-H-04

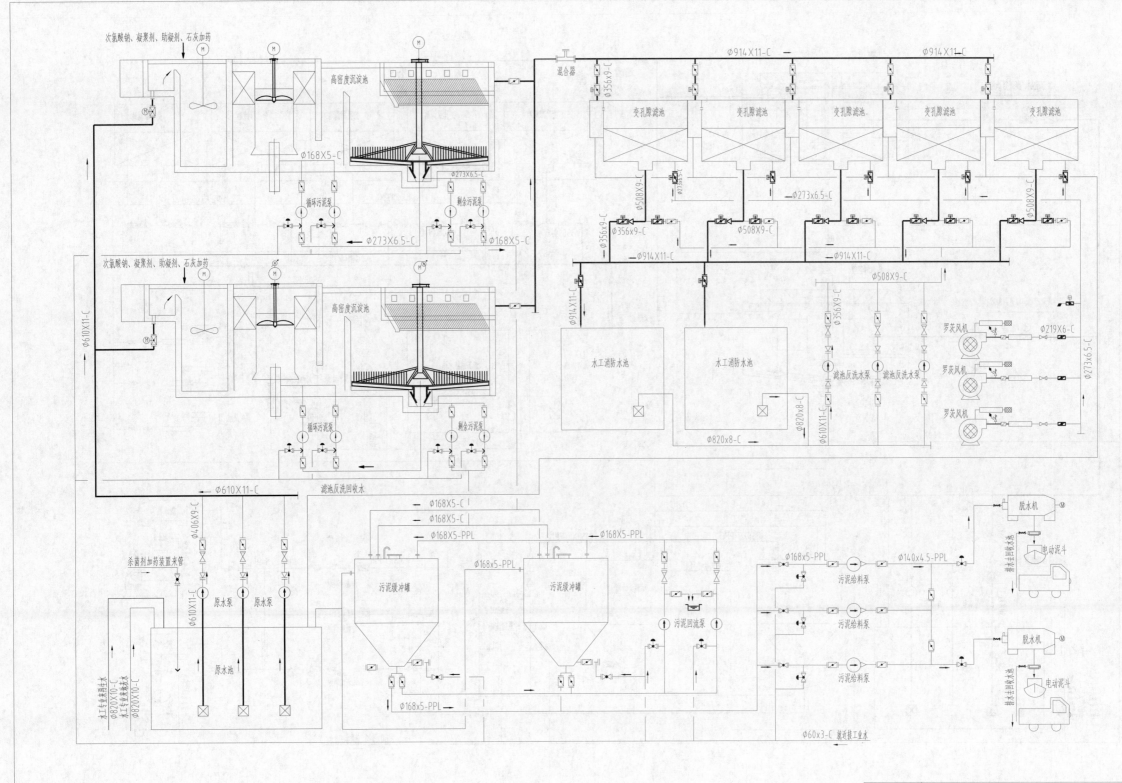

图 名	原水处理系统流程图（高密度沉淀池+变孔隙滤池）
图 号	1000-08-H-05

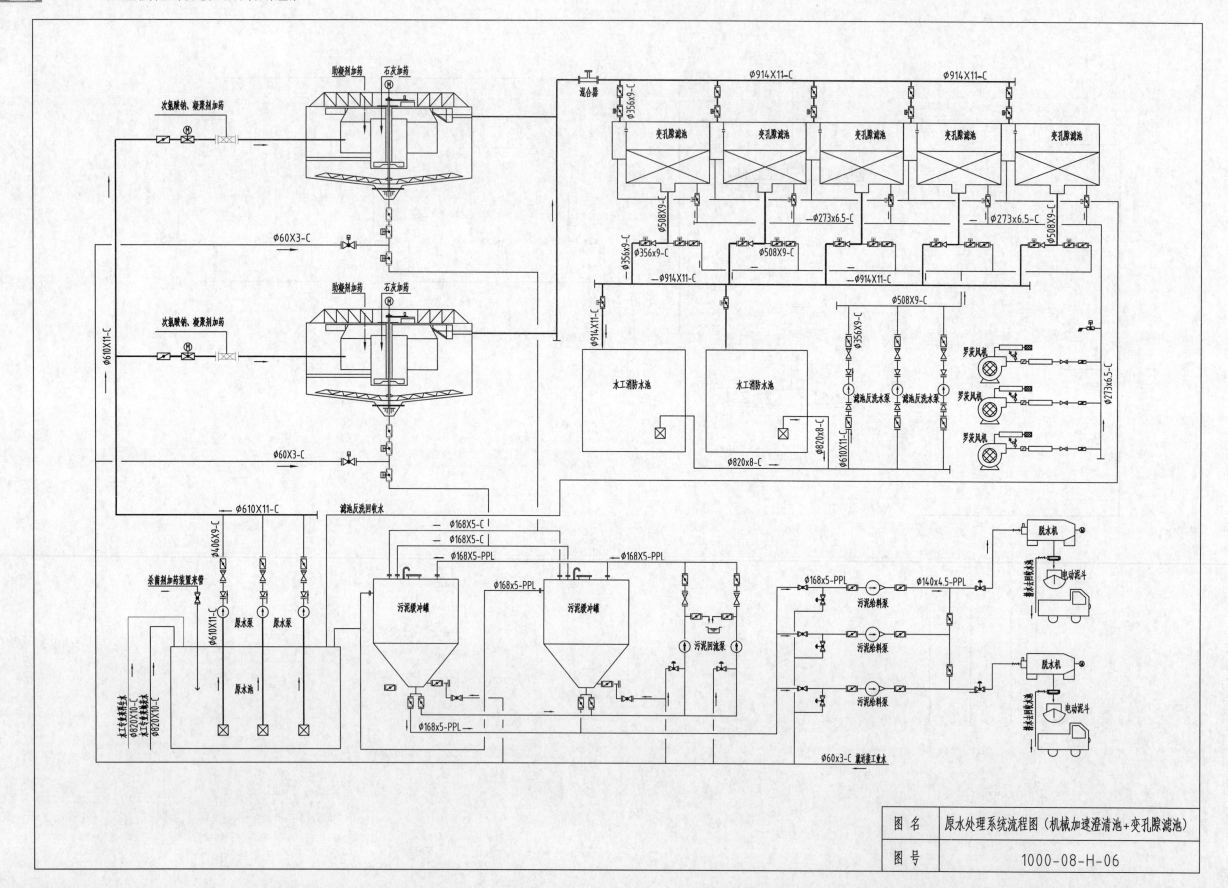

图名	原水处理系统流程图（机械加速澄清池+变孔隙滤池）
图号	1000-08-H-06

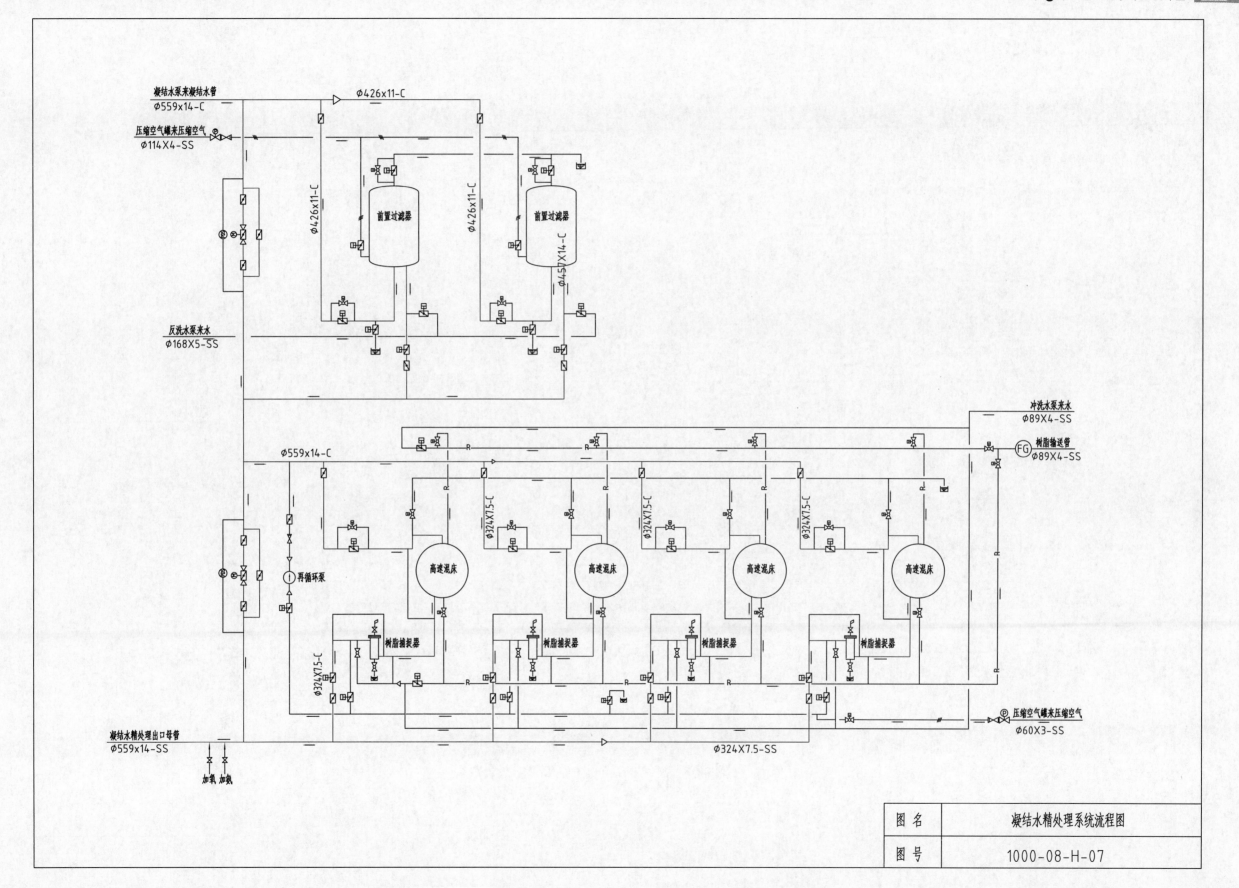

图 名	凝结水精处理系统流程图
图 号	1000-08-H-07

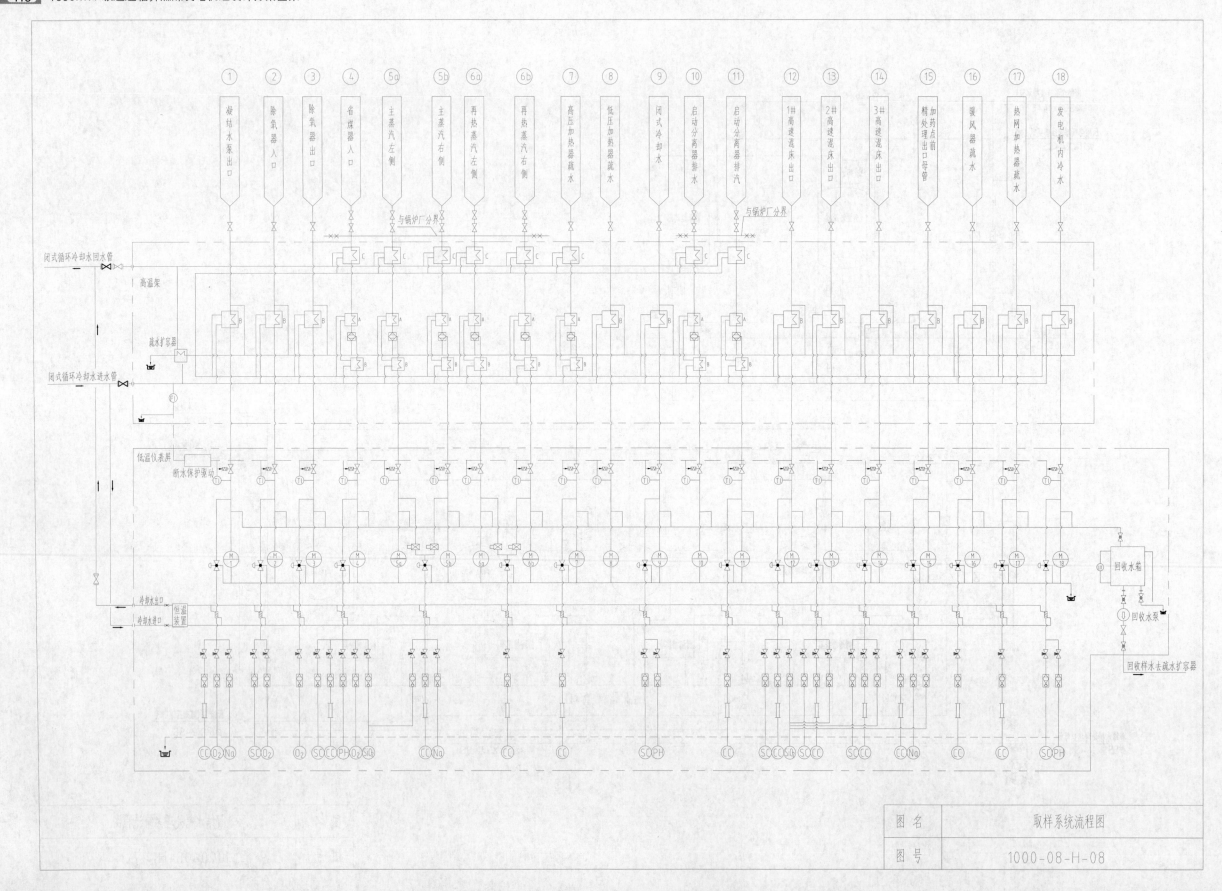

图 名	取样系统流程图
图 号	1000-08-H-08

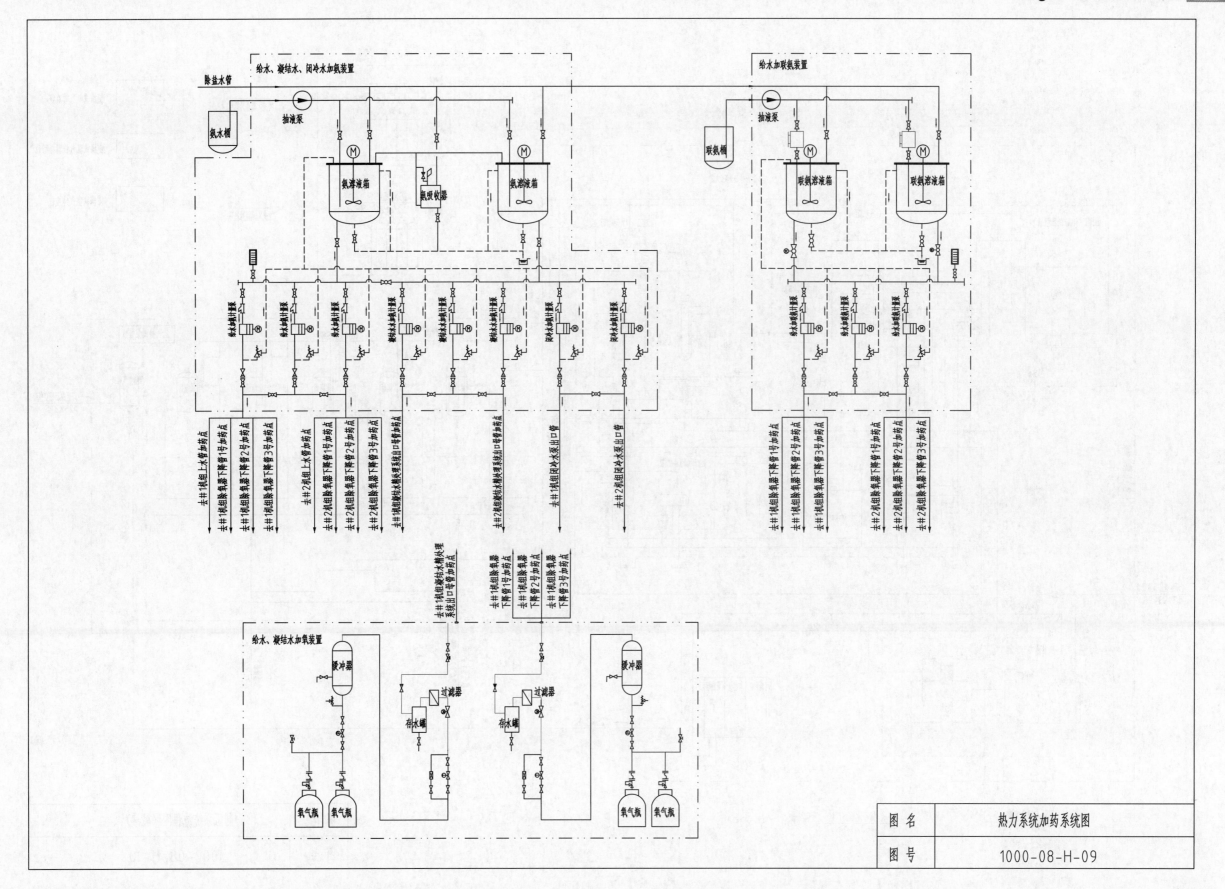

图 名	热力系统加药系统图
图 号	1000-08-H-09

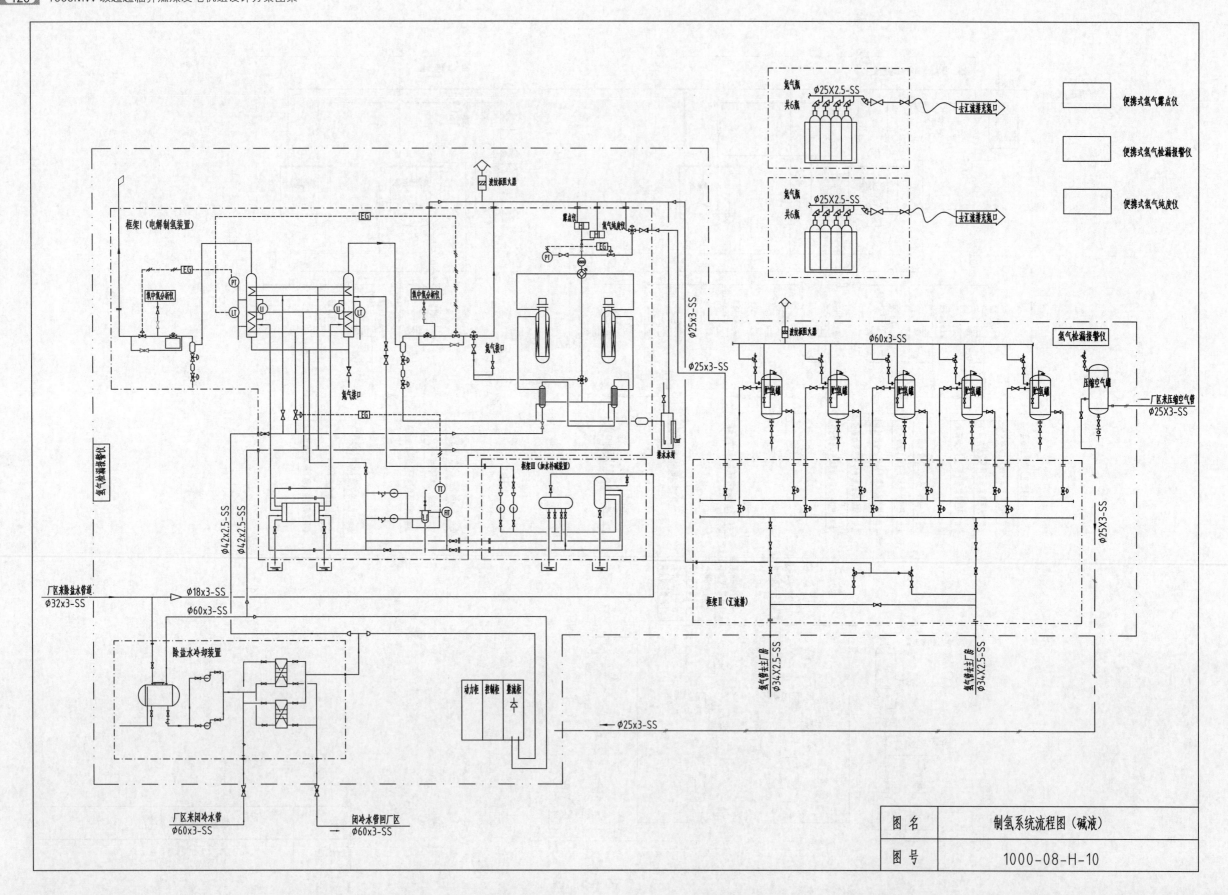

便携式氢气露点仪

便携式氢气检漏报警仪

便携式氢气纯度仪

图 名	制氢系统流程图（碱液）
图 号	1000-08-H-10

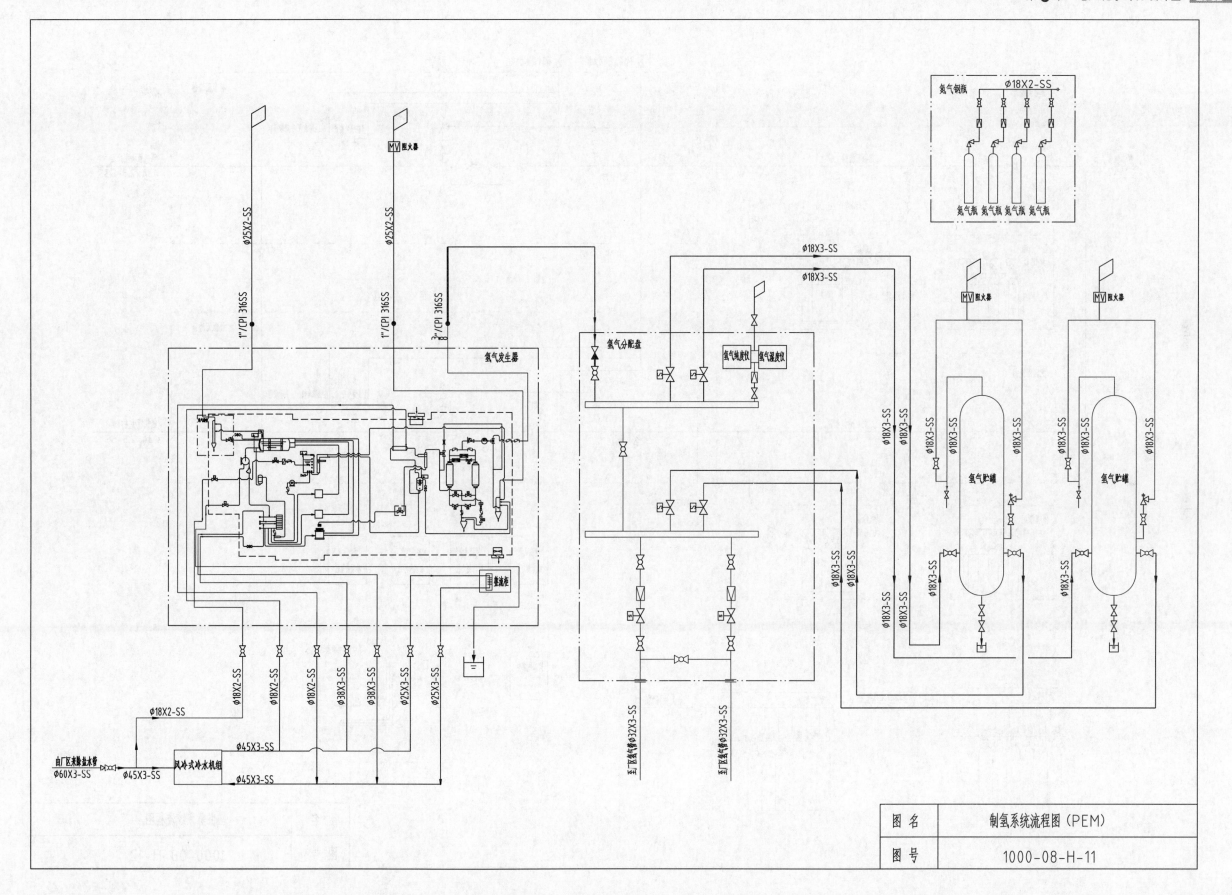

图 名	制氢系统流程图（PEM）
图 号	1000-08-H-11

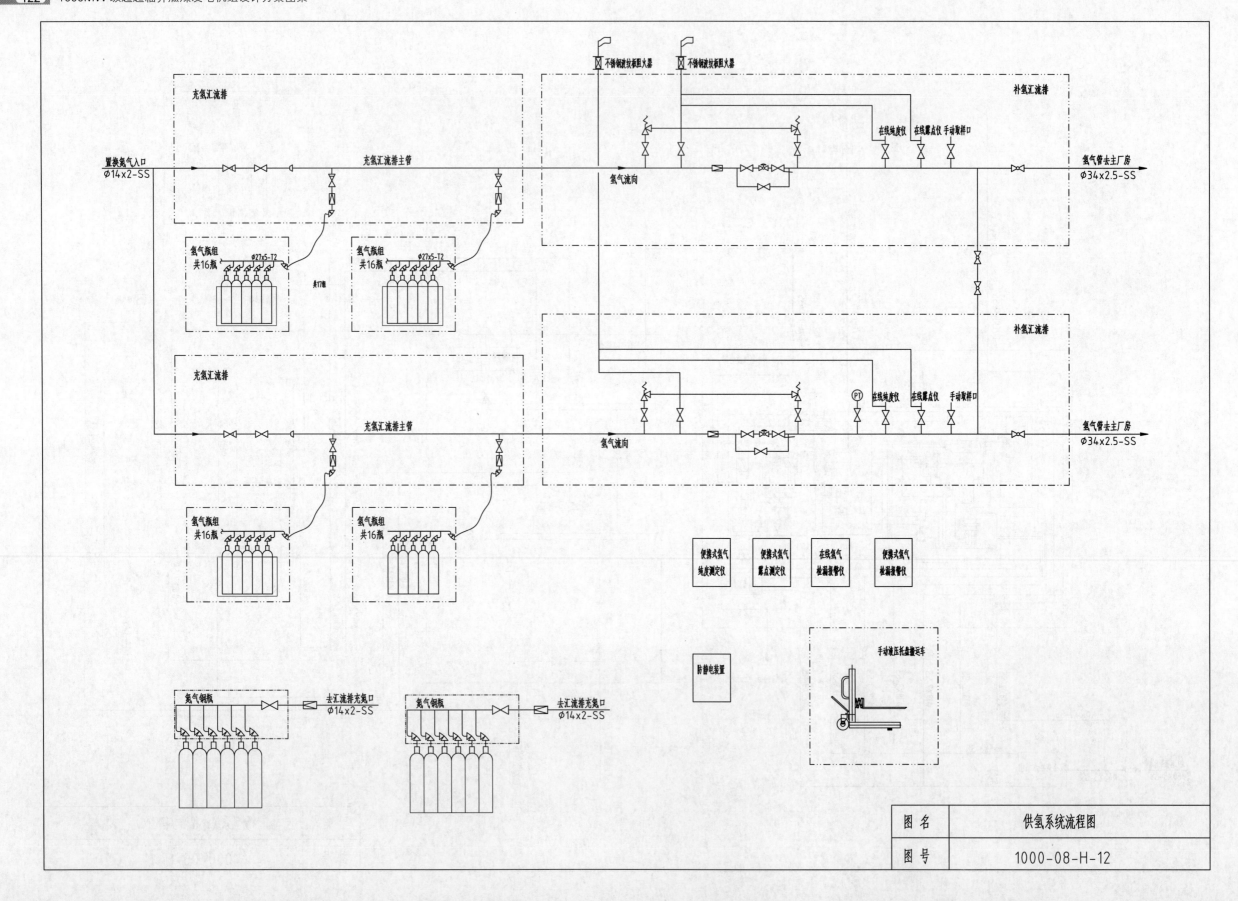

图 名	供氢系统流程图
图 号	1000-08-H-12

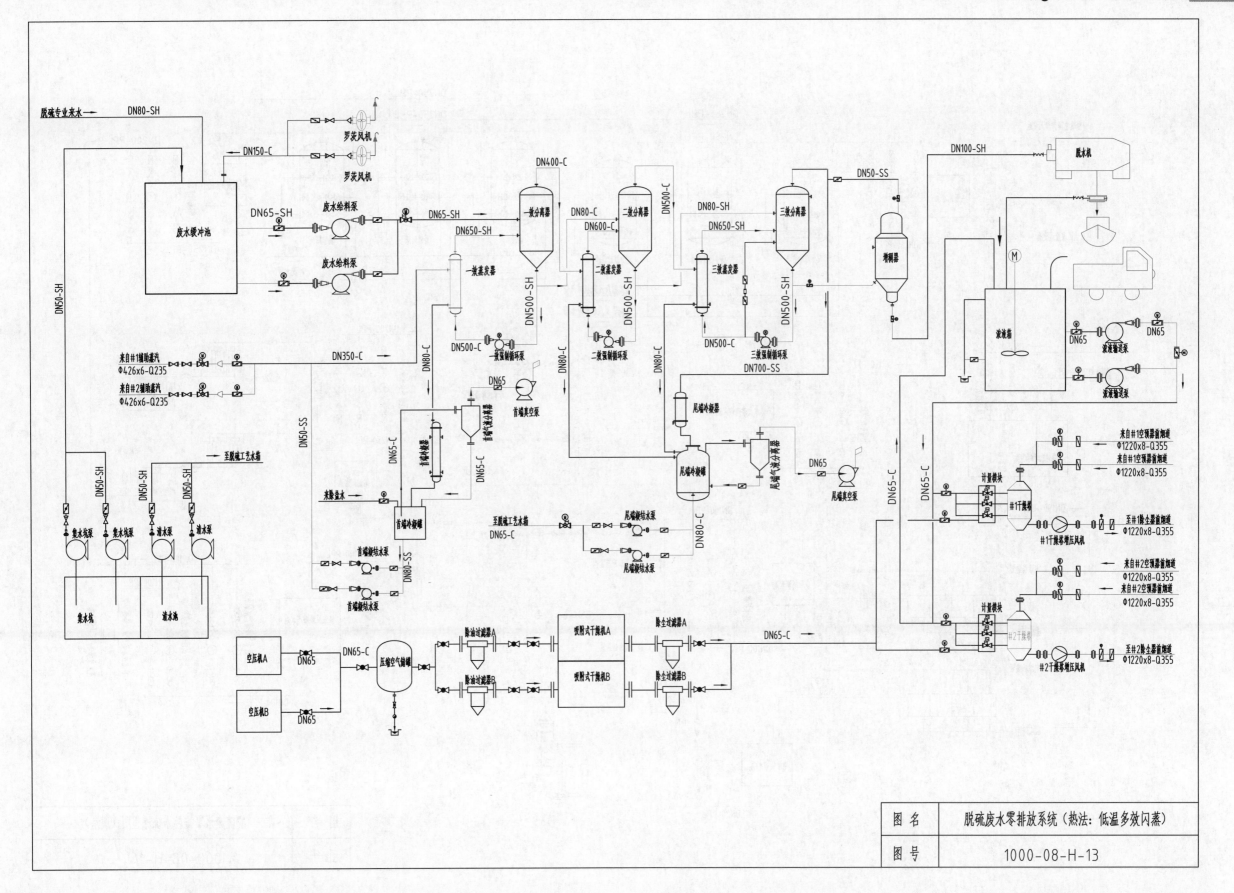

图 名	脱硫废水零排放系统（热法：低温多效闪蒸）
图 号	1000-08-H-13

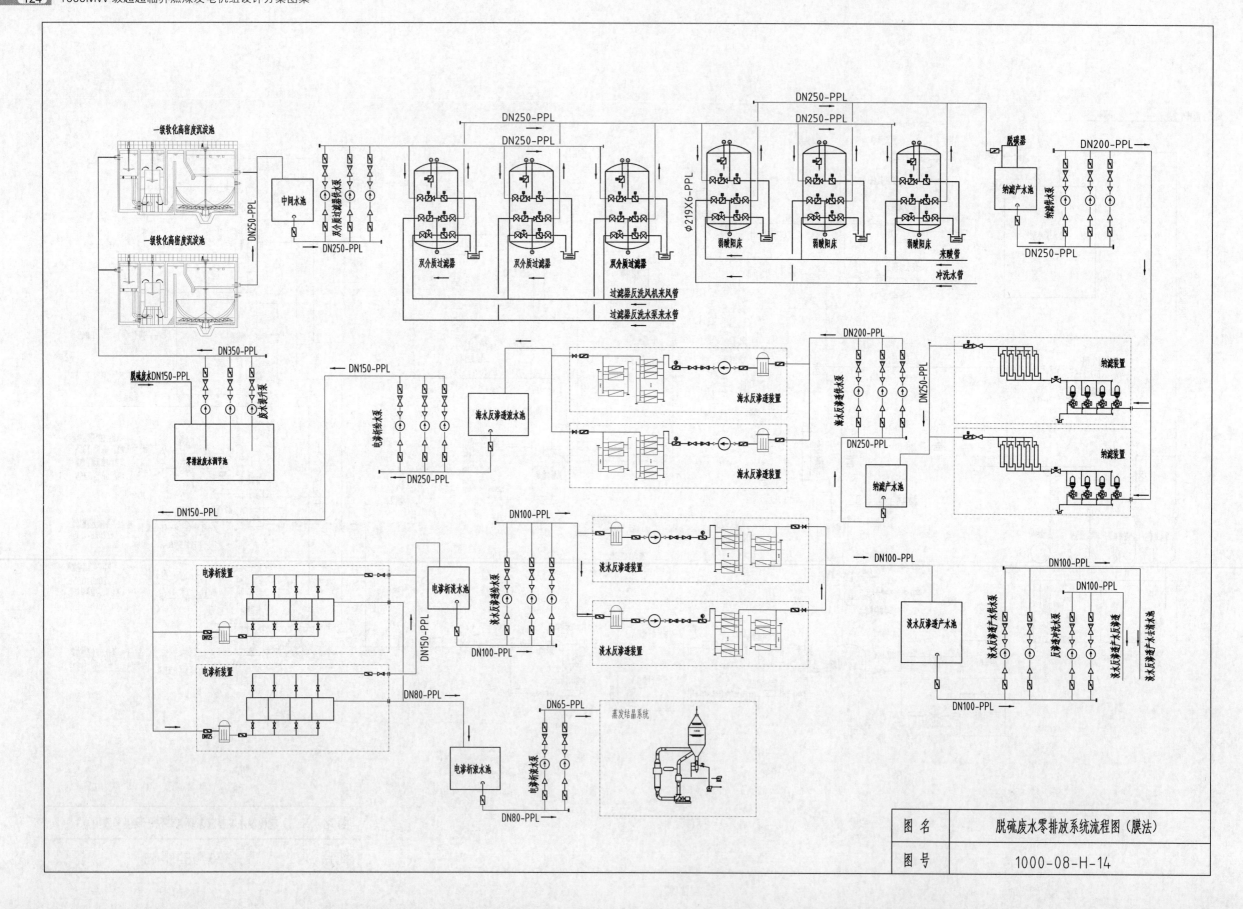

图 名	脱硫废水零排放系统流程图（膜法）
图 号	1000-08-H-14

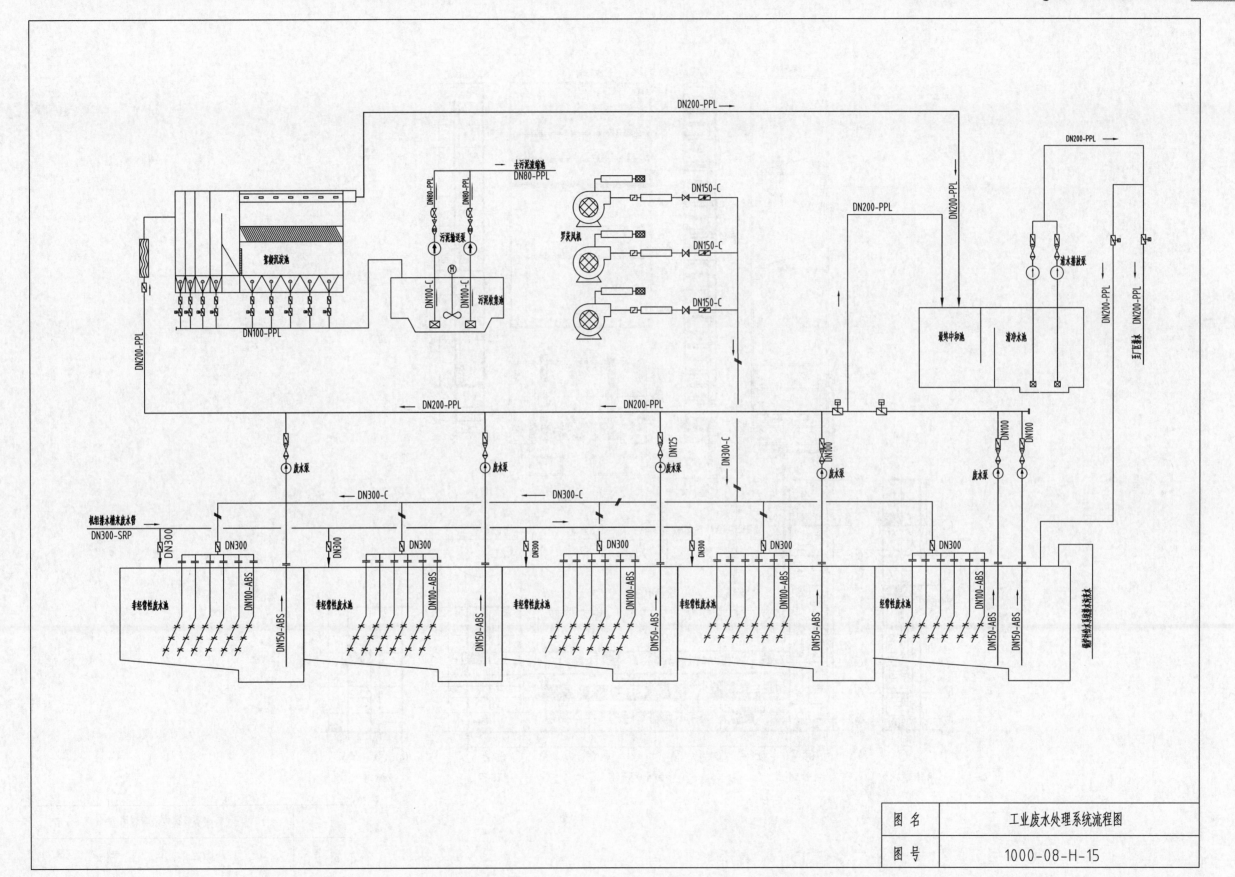

图 名	工业废水处理系统流程图
图 号	1000-08-H-15

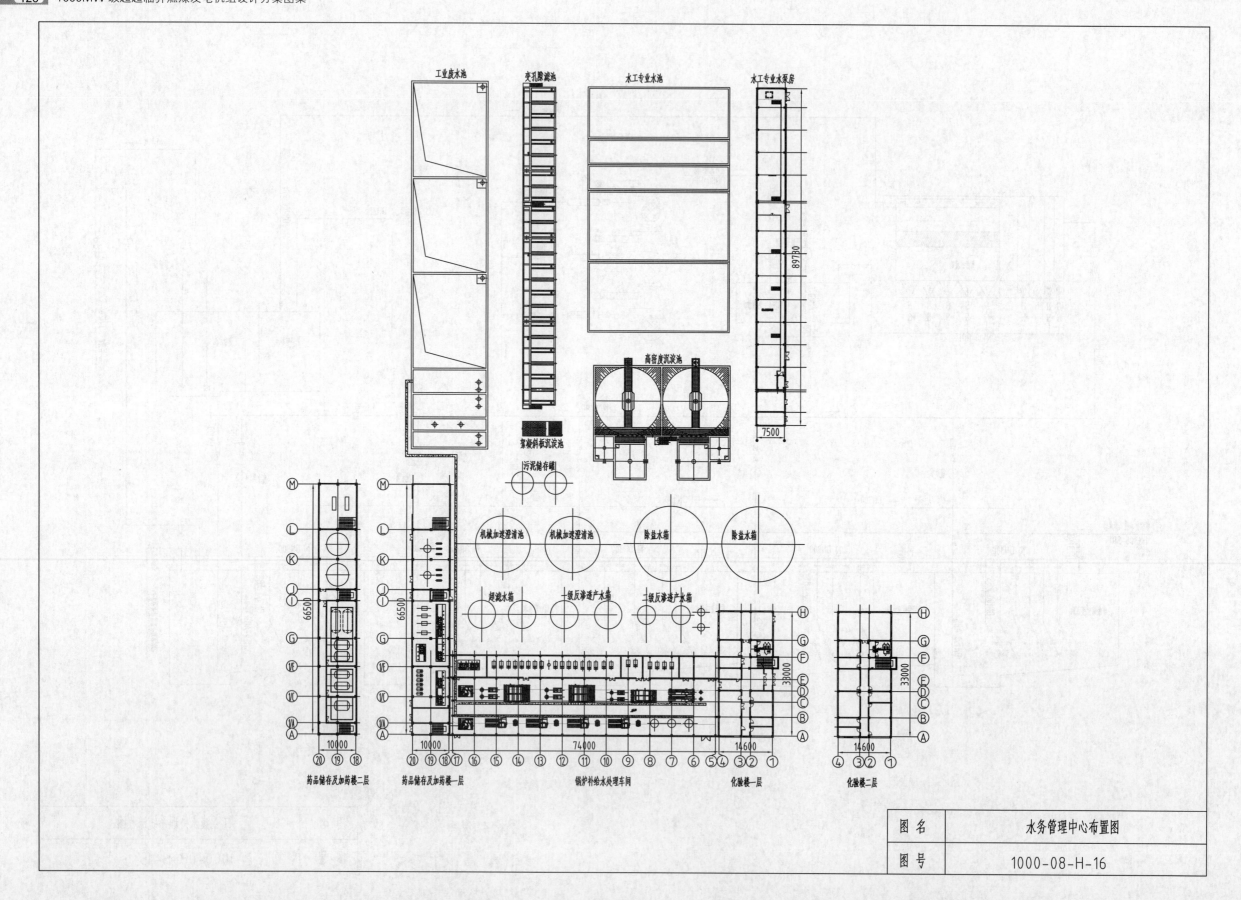

工业废水池

变孔照滤池

水工专业水池

水工专业水泵房

高密度沉淀池

絮凝斜板沉淀池

污泥储存罐

机械加速澄清池

机械加速澄清池

除盐水箱

除盐水箱

超滤水箱

一级反渗透产水箱

二级反渗透产水箱

药品储存及加药楼二层

药品储存及加药楼一层

锅炉补给水处理车间

化验楼一层

化验楼二层

图 名	水务管理中心布置图
图 号	1000-08-H-16

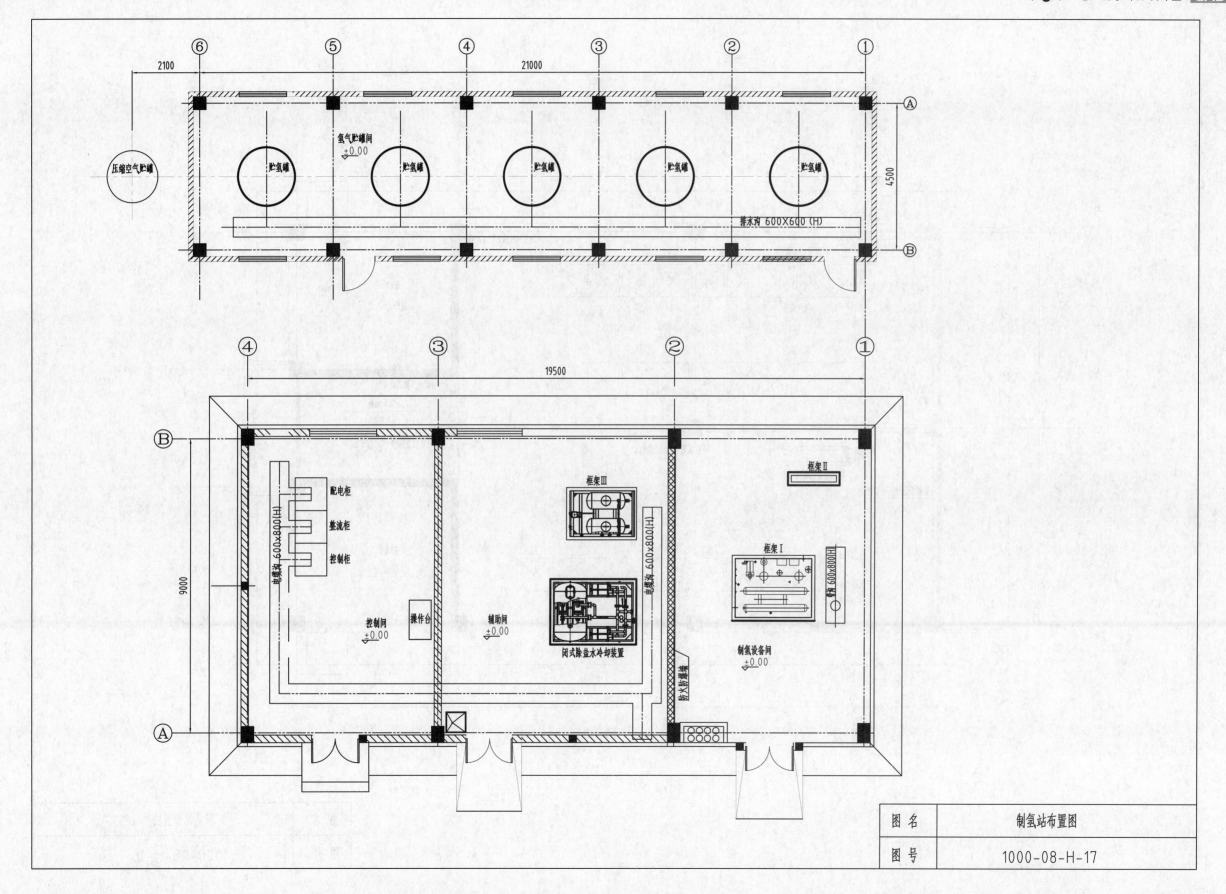

图 名	制氢站布置图
图 号	1000-08-H-17

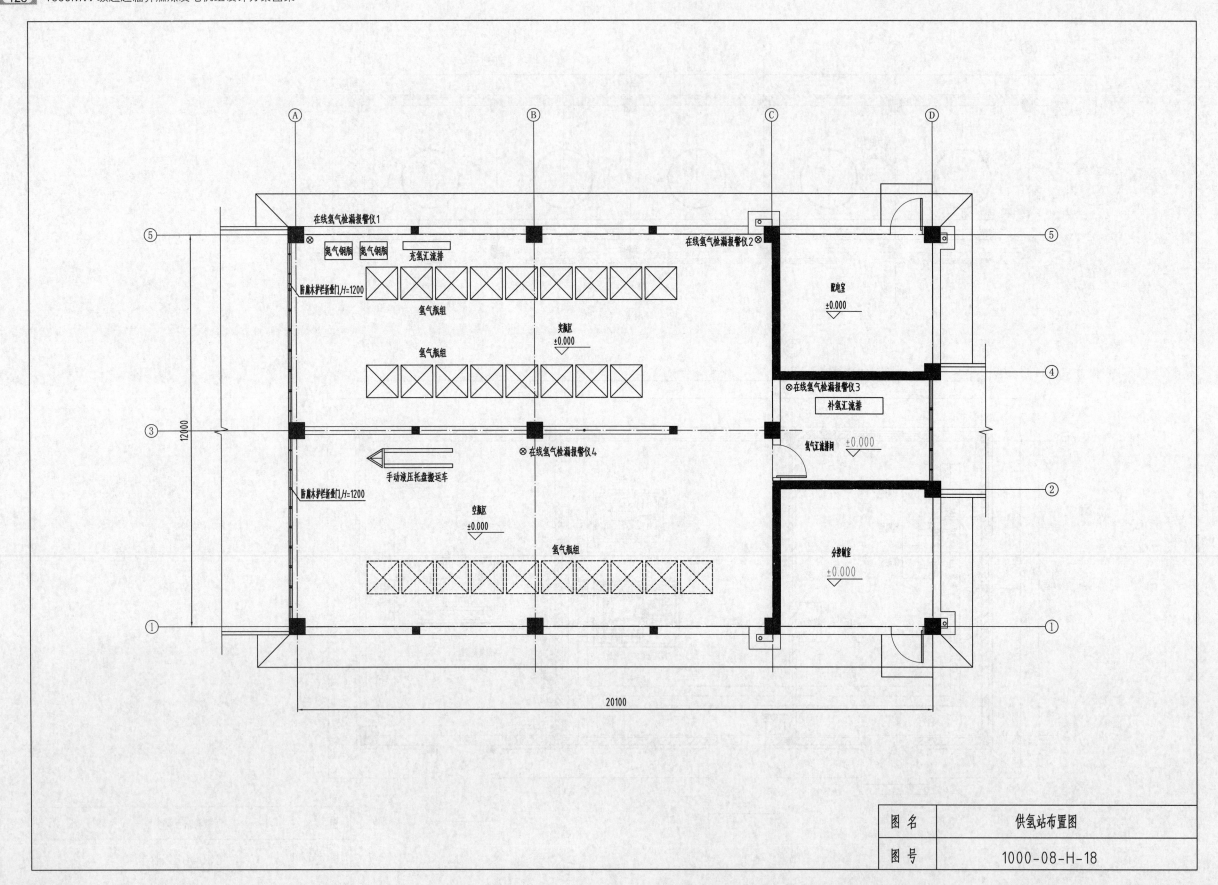

图 名	供氢站布置图
图 号	1000-08-H-18

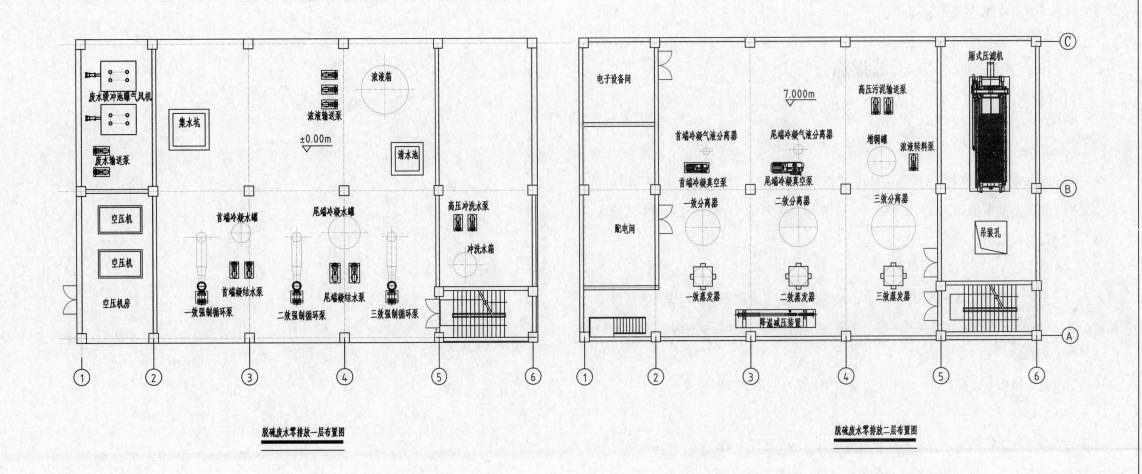

脱硫废水零排放一层布置图

脱硫废水零排放二层布置图

图 名	脱硫废水零排放布置图
图 号	1000-08-H-19

第 9 章　物料输送部分设计图

物料输送部分分为运煤系统和除灰系统。

9.1　运煤部分

9.1.1　说明

9.1.1.1　卸煤系统

1000MW 机组运煤系统来煤方式以铁路来煤和水路来煤为主，当采用铁路来煤方式时，卸煤系统采用 1 台双车翻车机或 2 台单车翻车机。当采用水路来煤时，从码头采用带式输送机或管状带式输送机运输进厂。

9.1.1.2　储煤系统

储煤系统根据环评和储量要求采用全封闭煤场较多，大部分采用条形封闭煤场和圆形煤场，储量一般按照 15 ～ 20 天机组耗煤量考虑。本图集分别以条形封闭煤场和圆形煤场为例。

9.1.1.3　筛碎系统

筛碎系统设置一级筛分破碎设备，本图集以滚轴筛和坏锤式碎煤机为例。

9.1.1.4　输送系统

厂内输送以带式输送机为主，上煤系统带式输送机双路布置，一用一备，并满足同时运行条件。当采用前煤仓时，煤仓间布置 2 路带式输送机，当采用侧煤场时，煤仓间以布置 3 路带式输送机为主。

9.1.2　运煤部分系统设计图

9.1.2.1　设计图目录

序号	图号	名称	数量
1	1000-09-M-01	运煤系统工艺流程图 铁路来煤、条形煤场、前煤仓	1
2	1000-09-M-02	运煤系统工艺流程图 码头/坑口皮带机来煤、圆形煤场、侧煤仓	1

9.1.2.2　附图

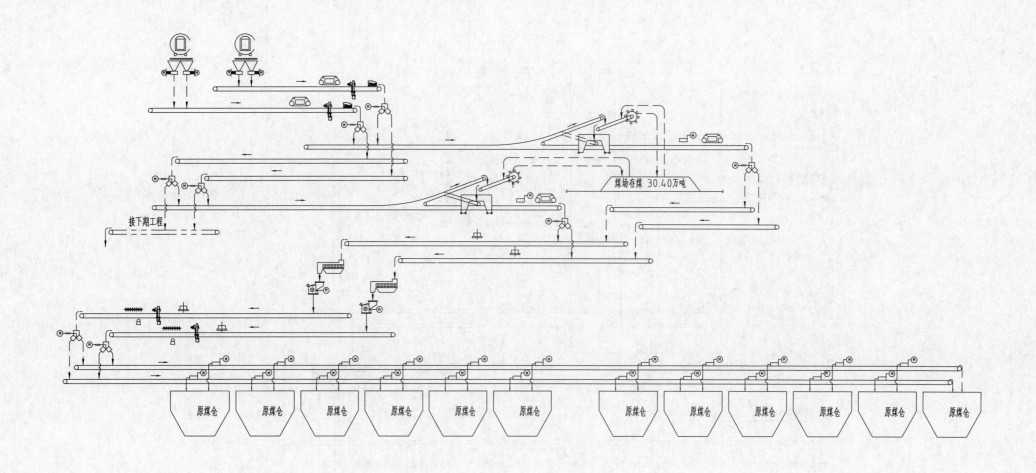

煤场存煤 30.40万吨

接下期工程

原煤仓 原煤仓 原煤仓 原煤仓 原煤仓 原煤仓 原煤仓 原煤仓 原煤仓 原煤仓 原煤仓 原煤仓

图 名	运煤系统工艺流程图 铁路来煤、条形煤场、前煤仓
图 号	1000-09-M-01

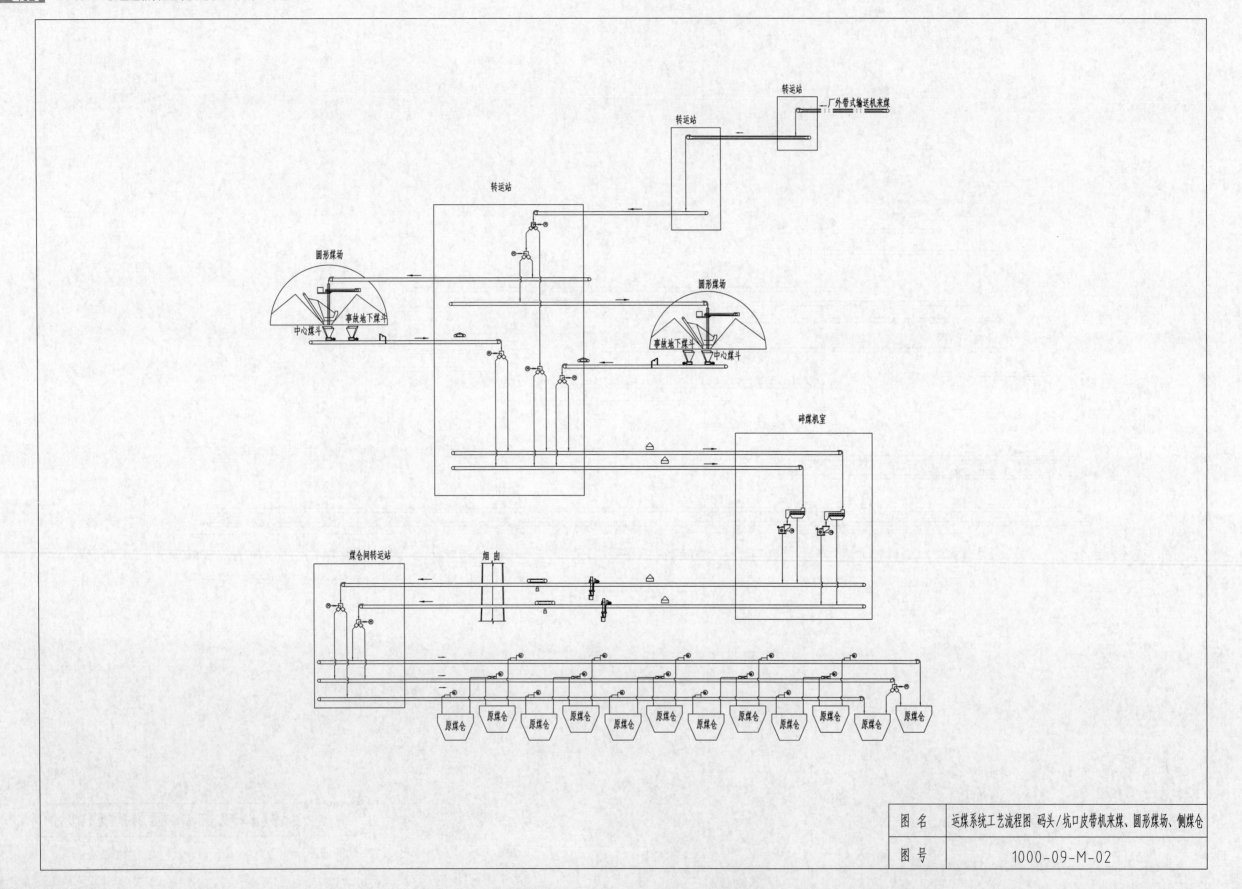

图 名	运煤系统工艺流程图 码头/坑口皮带机来煤、圆形煤场、侧煤仓
图 号	1000-09-M-02

9.1.3 运煤部分布置设计图

本图集选用卸煤系统、储煤系统、筛碎系统及输送系统典型布置。

9.1.3.1 设计图目录

序号	图号	名称	数量
1	1000-09-M-03	双车翻车机室剖面布置图	1
2	1000-09-M-04	单车翻车机剖面布置图	1
3	1000-09-M-05	圆形煤场剖面布置图	1
4	1000-09-M-06	条形煤场剖面布置图	1
5	1000-09-M-07	碎煤机室剖面布置图 顺进顺出	1
6	1000-09-M-08	碎煤机室剖面布置图 垂直进出	1
7	1000-09-M-09	前煤仓煤仓间转运站剖面布置图	1
8	1000-09-M-10	侧煤仓煤仓间转运站剖面布置图	1

9.1.3.2 附图

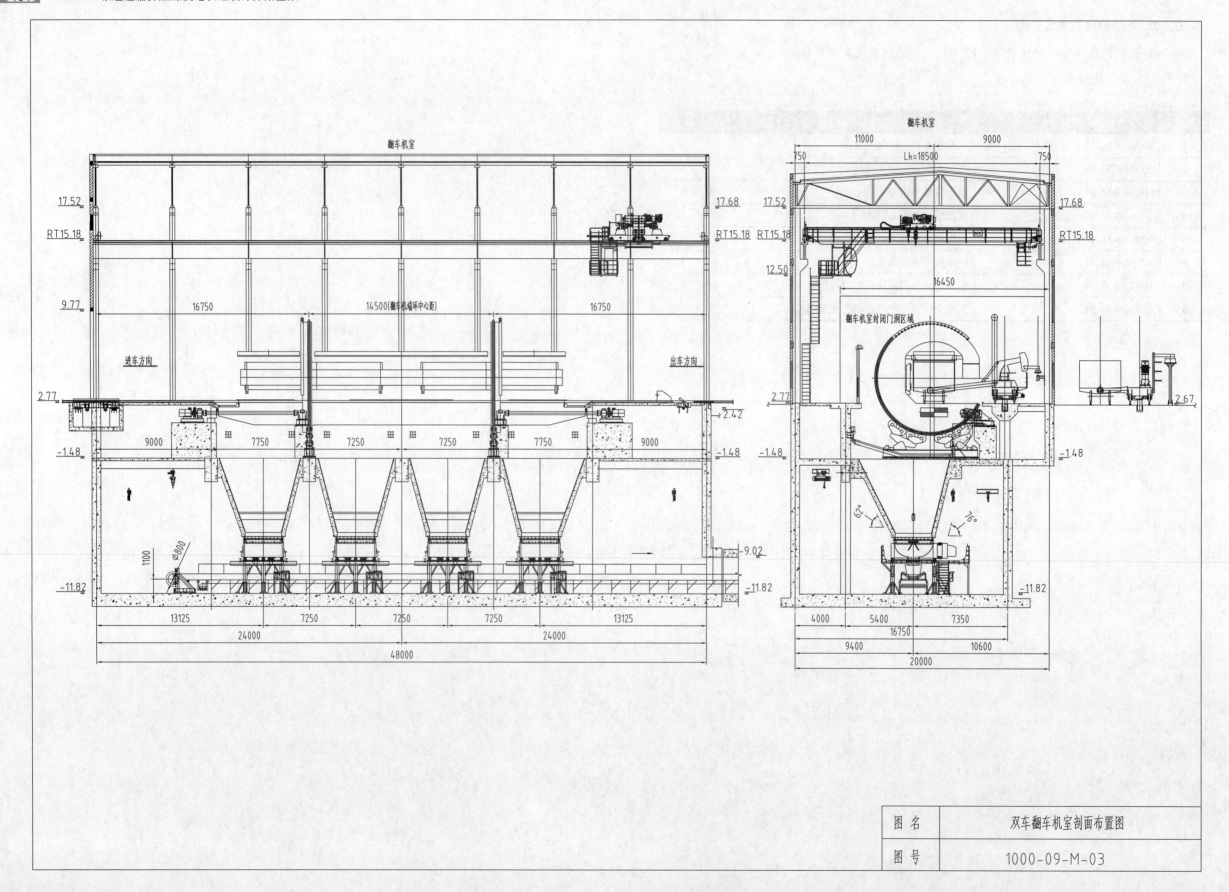

图 名	双车翻车机室剖面布置图
图 号	1000-09-M-03

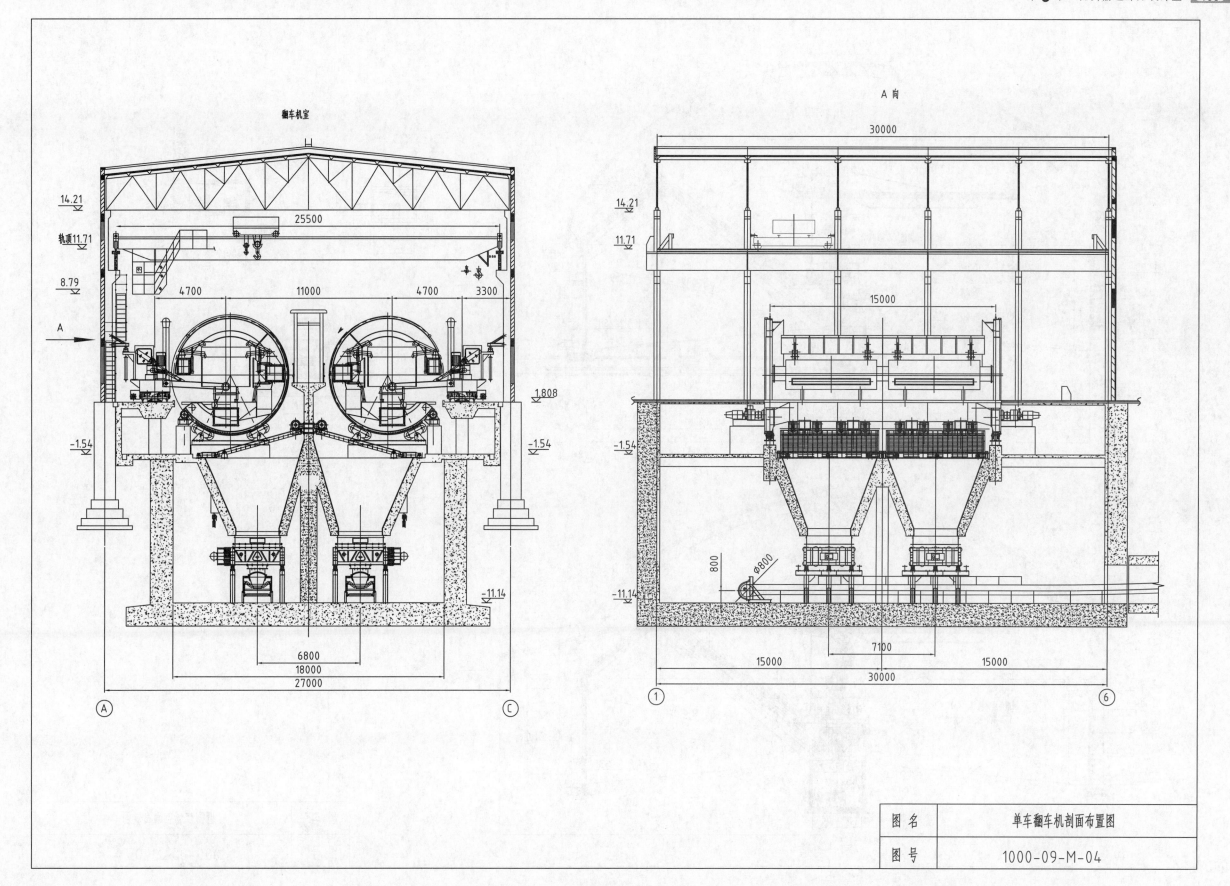

图 名	单车翻车机剖面布置图
图 号	1000-09-M-04

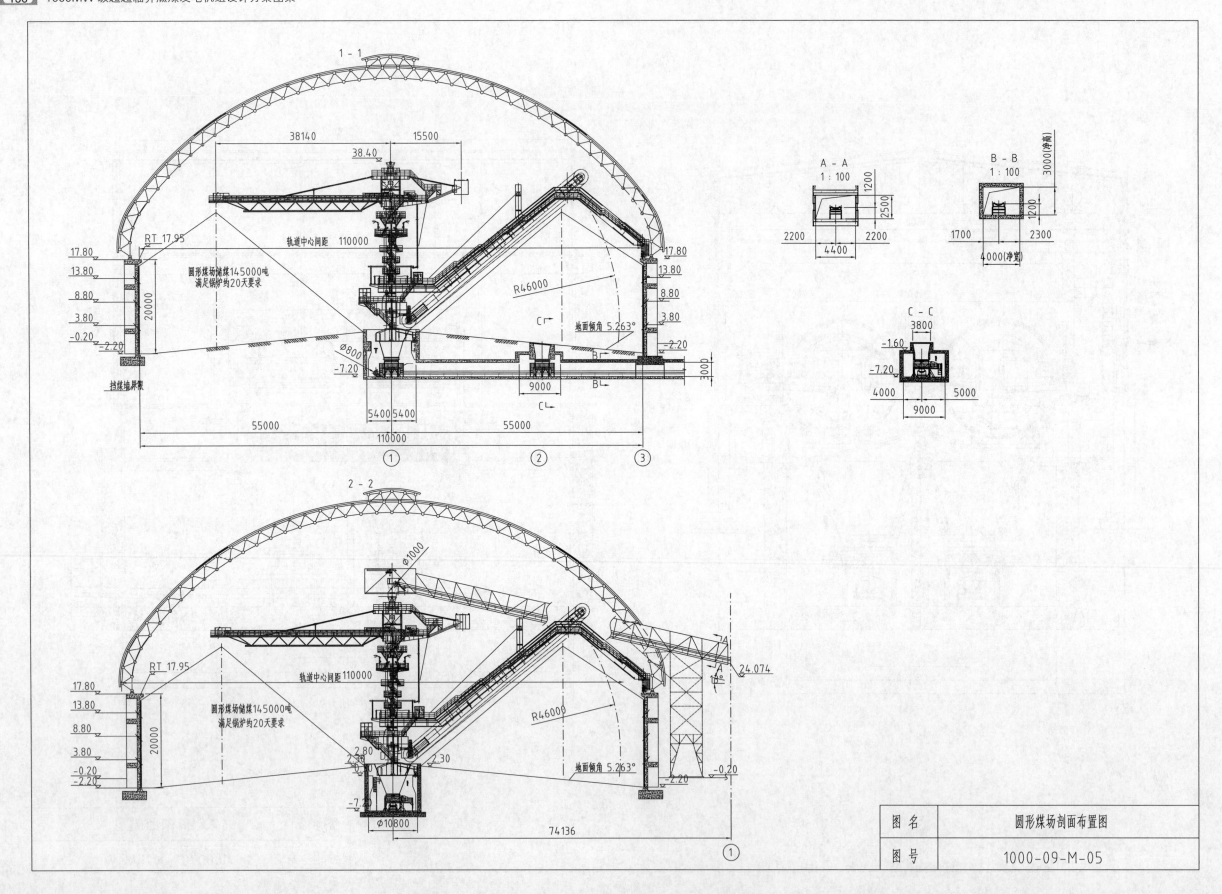

1 - 1

38140   15500

38.40

A - A
1 : 100

B - B
1 : 100

3000(净高)

1200

2500

1200

2200   4400   2200

1700   4000(净宽)   2300

RT 17.95

轨道中心间距 110000

圆形煤场储煤145000吨
满足锅炉约20天要求

R46000

17.80

13.80

8.80

3.80

-0.20
-2.20

C - C

3800

-1.60

-7.20

4000   9000   5000

17.80

13.80

8.80

3.80

20000

地面倾角 5.263°

C

B

B

-2.20

3000

Φ800

-7.20

5400 5400

挡煤墙界限

9000

C

55000   55000

110000

①   ②   ③

2 - 2

Φ1000

RT 17.95

轨道中心间距110000

圆形煤场储煤145000吨
满足锅炉约20天要求

R46000

24.074

15°

17.80

13.80

8.80

3.80

-0.20
-2.20

20000

地面倾角 5.263°

2.80

2.30   2.30

-0.20

-2.20

-7.20

Φ1000800

74136

①

图 名	圆形煤场剖面布置图
图 号	1000-09-M-05

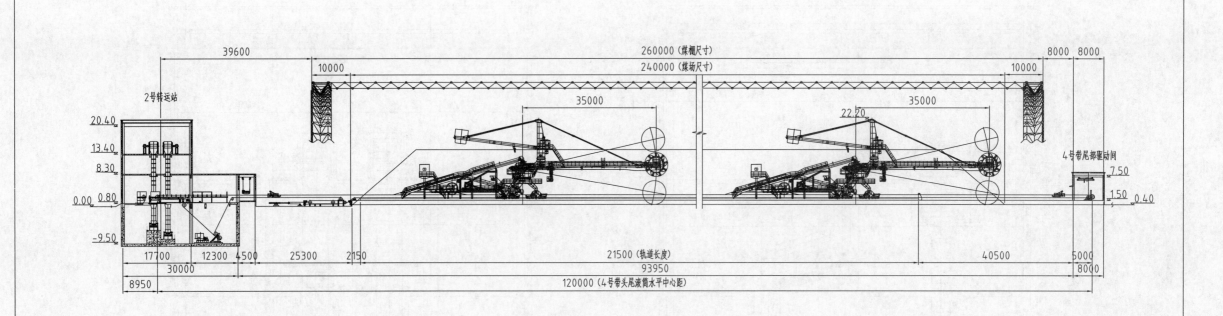

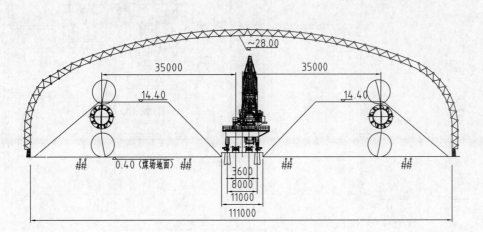

图 名	条形煤场剖面布置图
图 号	1000-09-M-06

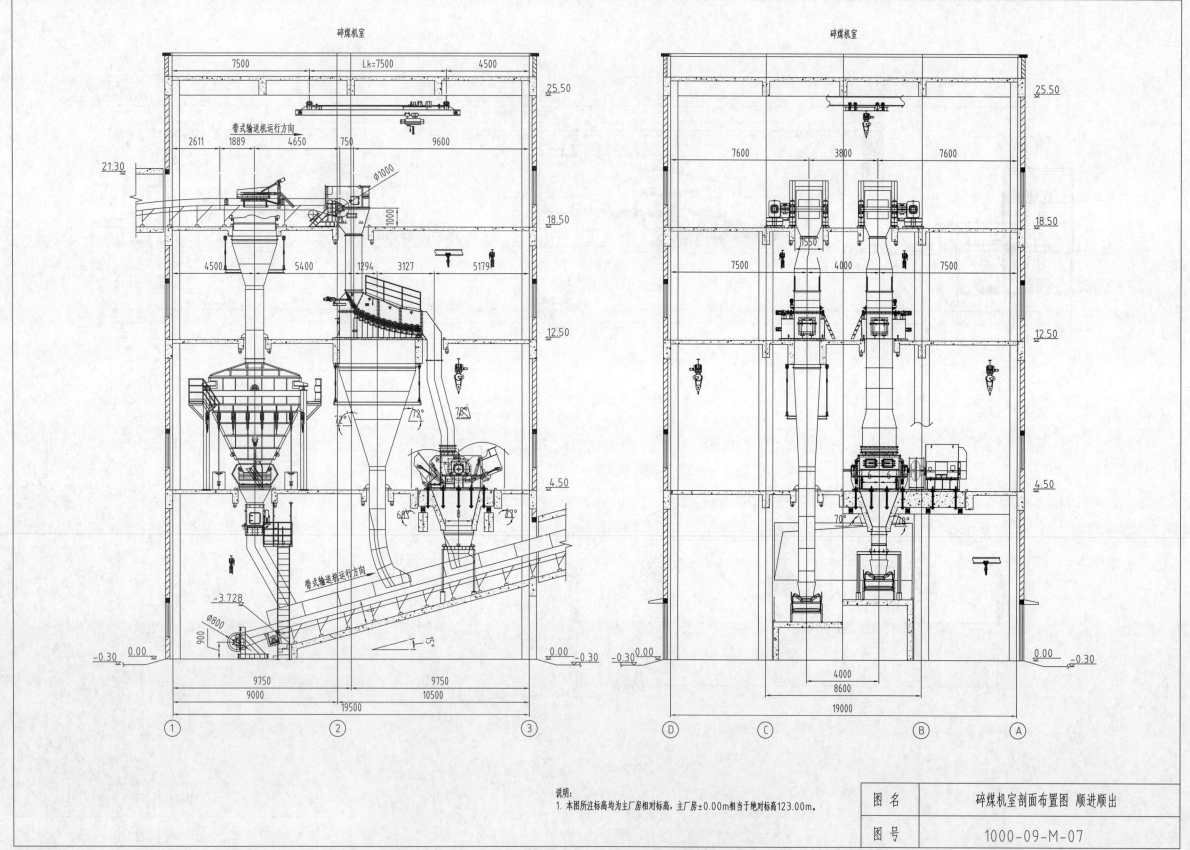

碎煤机室

碎煤机室

带式输送机运行方向

带式输送机运行方向

说明:
1. 本图所注标高均为主厂房相对标高,主厂房±0.00m相当于绝对标高123.00m。

图 名	碎煤机室剖面布置图 顺进顺出
图 号	1000-09-M-07

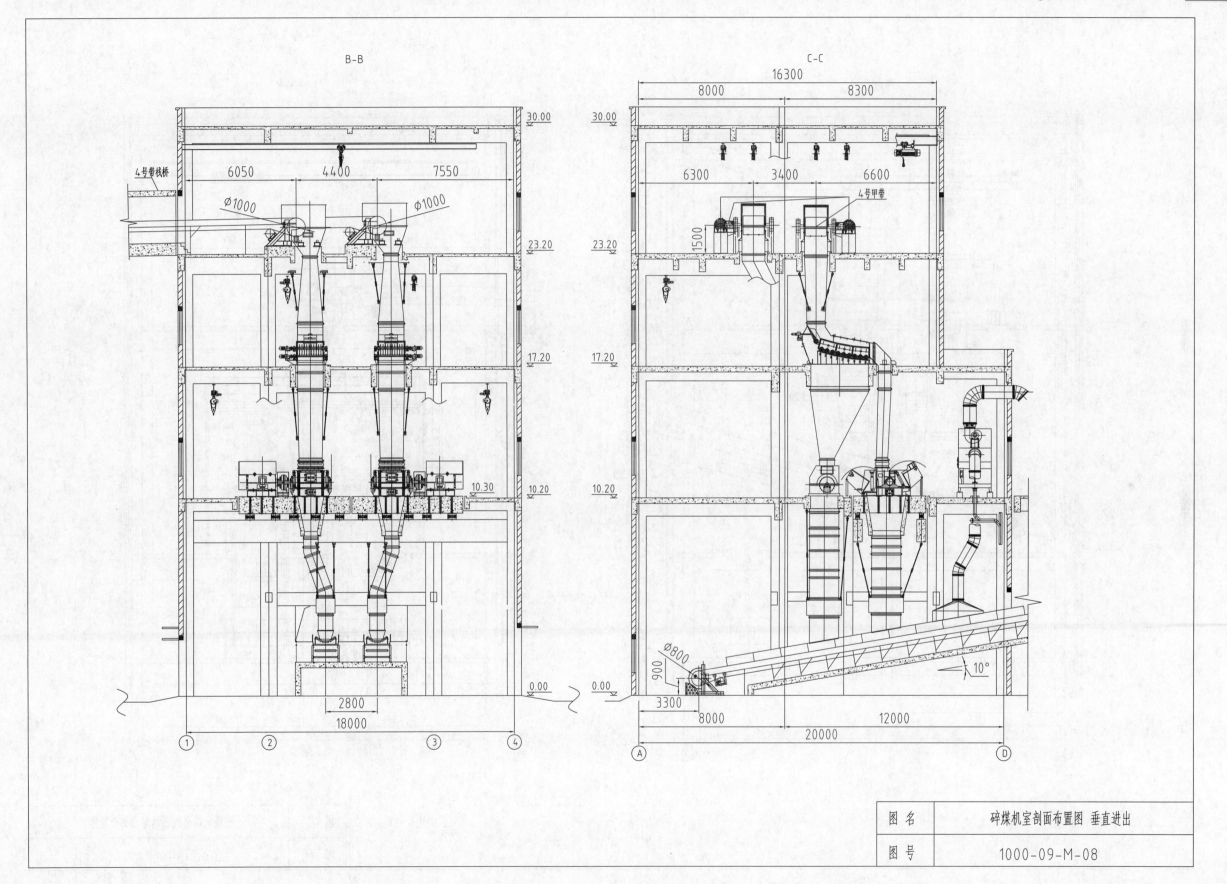

B-B

C-C

4号带栈桥

Ø1000　Ø1000

6050　4400　7550

30.00

23.20

17.20

10.30　10.20

2800

18000

① ② ③ ④

16300

8000　8300

30.00

6300　3400　6600

4号甲带

1500

23.20

17.20

10.20

Ø800

900

3300

8000

10°

12000

20000

Ⓐ Ⓓ

0.00

0.00

图 名	碎煤机室剖面布置图　垂直进出
图 号	1000-09-M-08

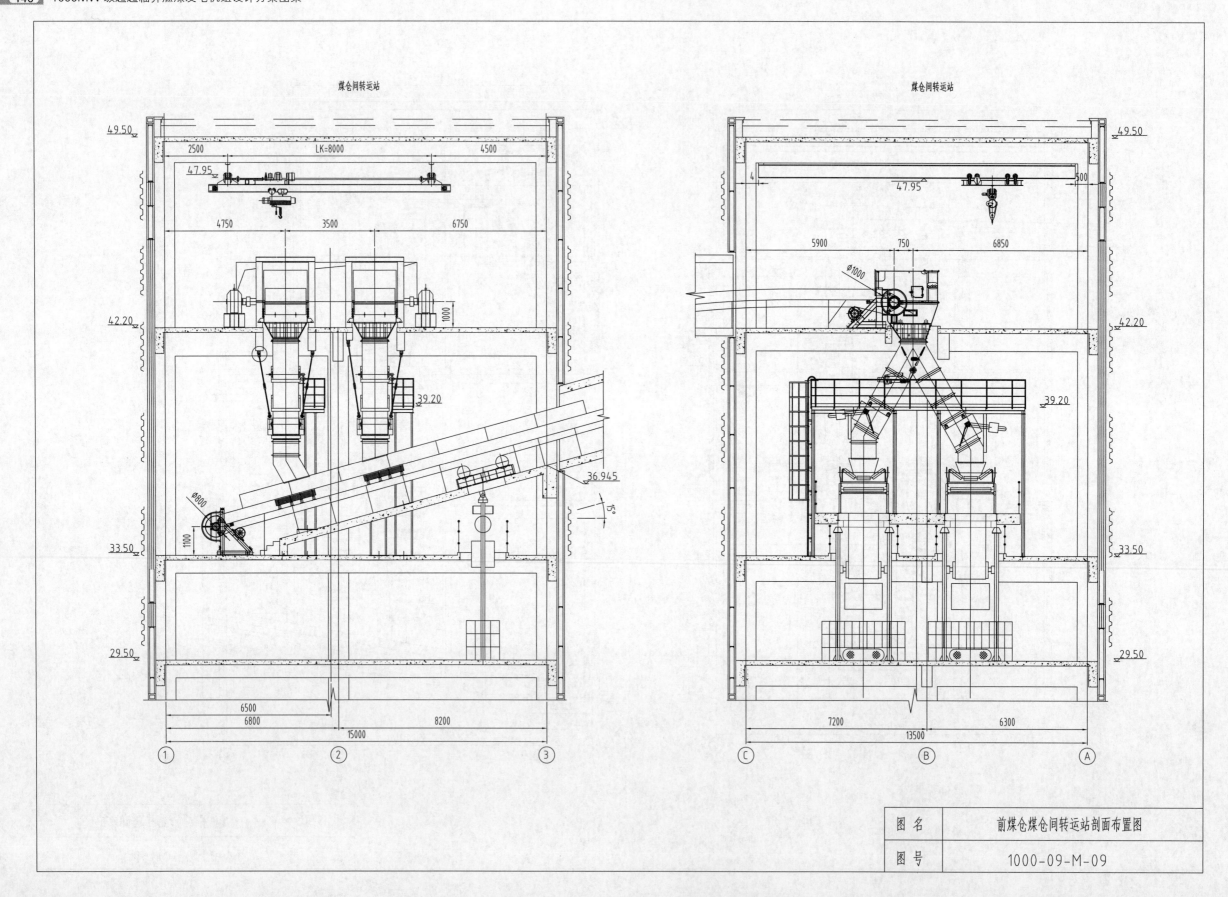

煤仓间转运站

煤仓间转运站

图 名	前煤仓煤仓间转运站剖面布置图
图 号	1000-09-M-09

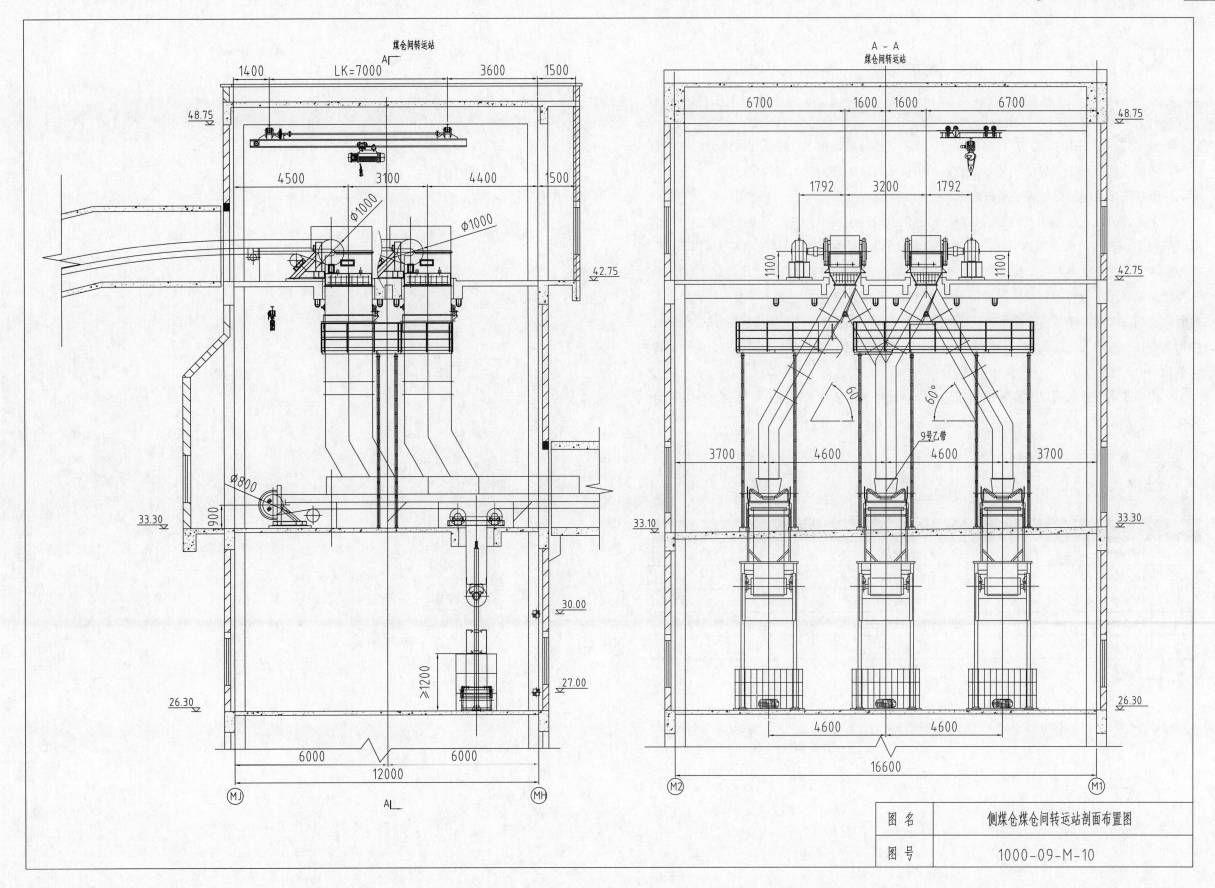

图 名	侧煤仓煤仓间转运站剖面布置图
图 号	1000-09-M-10

9.2　除灰部分

9.2.1　说明

除渣系统一般采用水浸式刮板捞渣机或风冷干式排渣机，由于风冷干式排渣机应用更为广泛，本图集以风冷干式排渣机一步上渣仓的机械式除渣系统为例，每台机组为一个设计单元。除渣系统布置图见锅炉房平面布置图。

除灰系统采用正压浓相气力输送系统，两台机组设三座灰库。灰库一般采用钢结构灰库或钢筋混凝土灰库，由于国内电厂主要为钢筋混凝土灰库，本图集以钢筋混凝土灰库为例。气力除灰系统每台机组为一个设计单元，灰库系统以两台机组为一个设计单元。

机组输灰用、检修用和仪表控制用压缩空气统一设置，布置在一座公用空压机房内，系统间设置联络阀门，提高系统可靠性。压缩空气系统一般采用离心式空压机或螺杆式空压机，由于离心式空压机在电厂应用业绩较少，本图集以螺杆式空压机为例，以两台机组为一个设计单元。

厂内储灰系统设置两座大型钢板仓库，可以满足干灰的厂内长期储存，储灰系统以两台机组为一个设计单元。

9.2.2　除灰部分系统设计图

9.2.2.1　设计图目录

序号	图号	名称	数量
1	1000-09-C-01	除渣系统流程图	1
2	1000-09-C-02	除灰系统流程图	1
3	1000-09-C-03	灰库系统流程图	1
4	1000-09-C-04	压缩空气系统流程图	1
5	1000-09-C-05	储灰系统流程图	1

9.2.2.2　附图

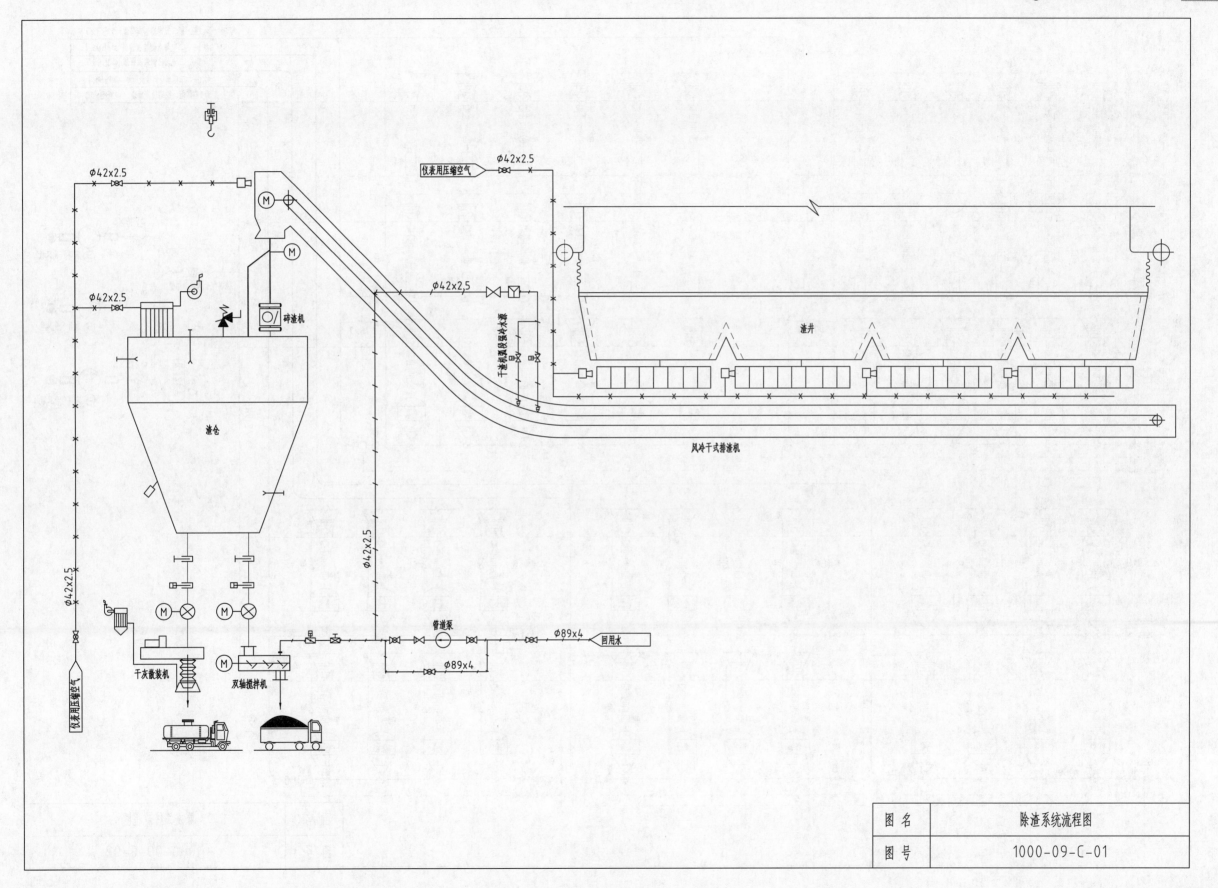

图 名	除渣系统流程图
图 号	1000-09-C-01

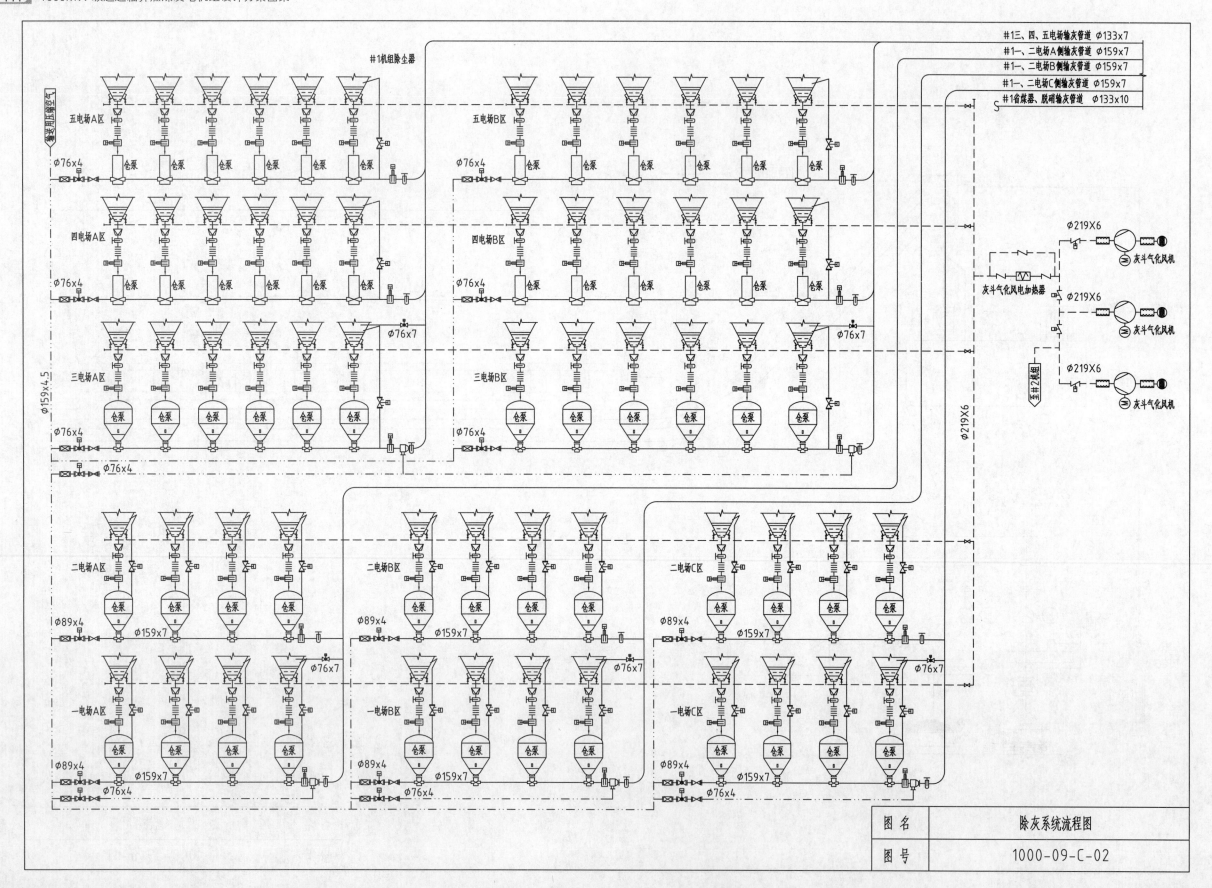

图名	除灰系统流程图
图号	1000-09-C-02

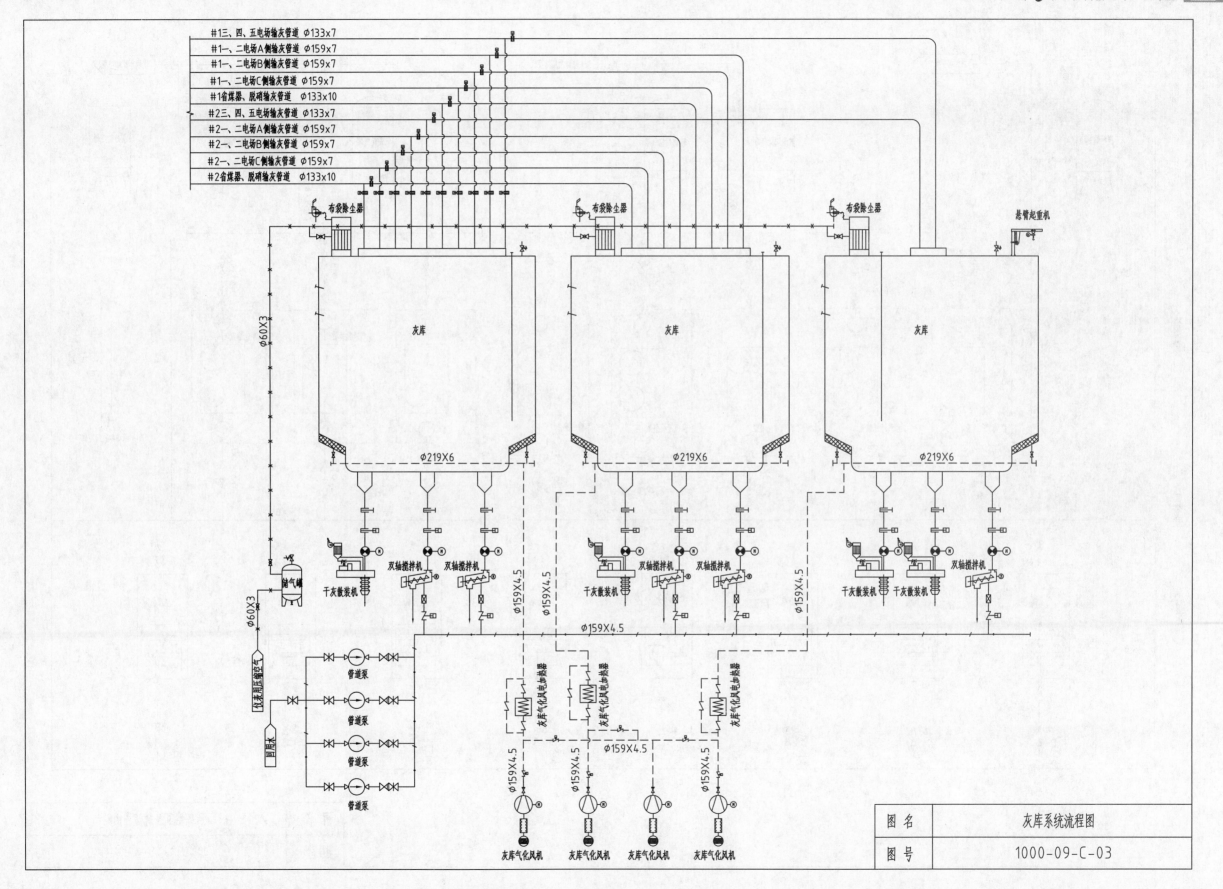

图 名	灰库系统流程图
图 号	1000-09-C-03

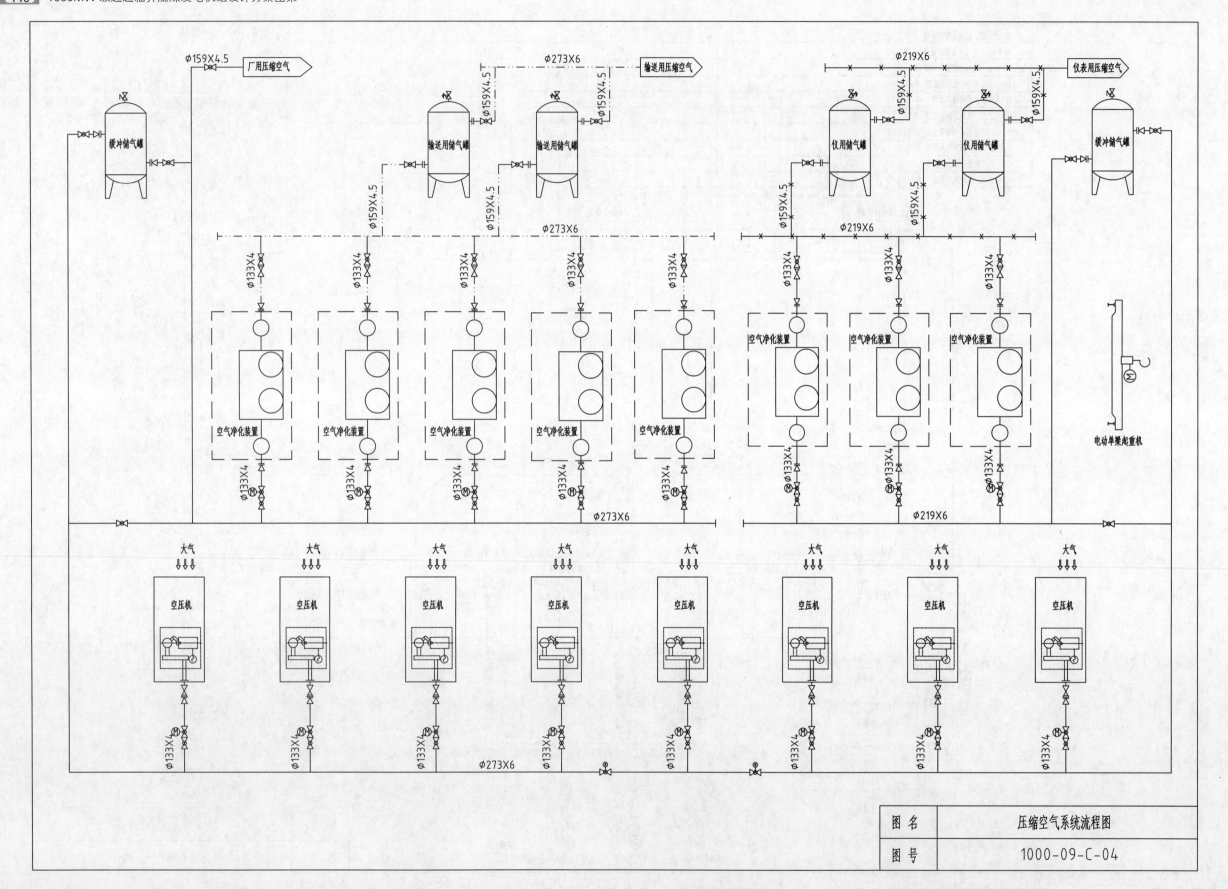

图 名	压缩空气系统流程图
图 号	1000-09-C-04

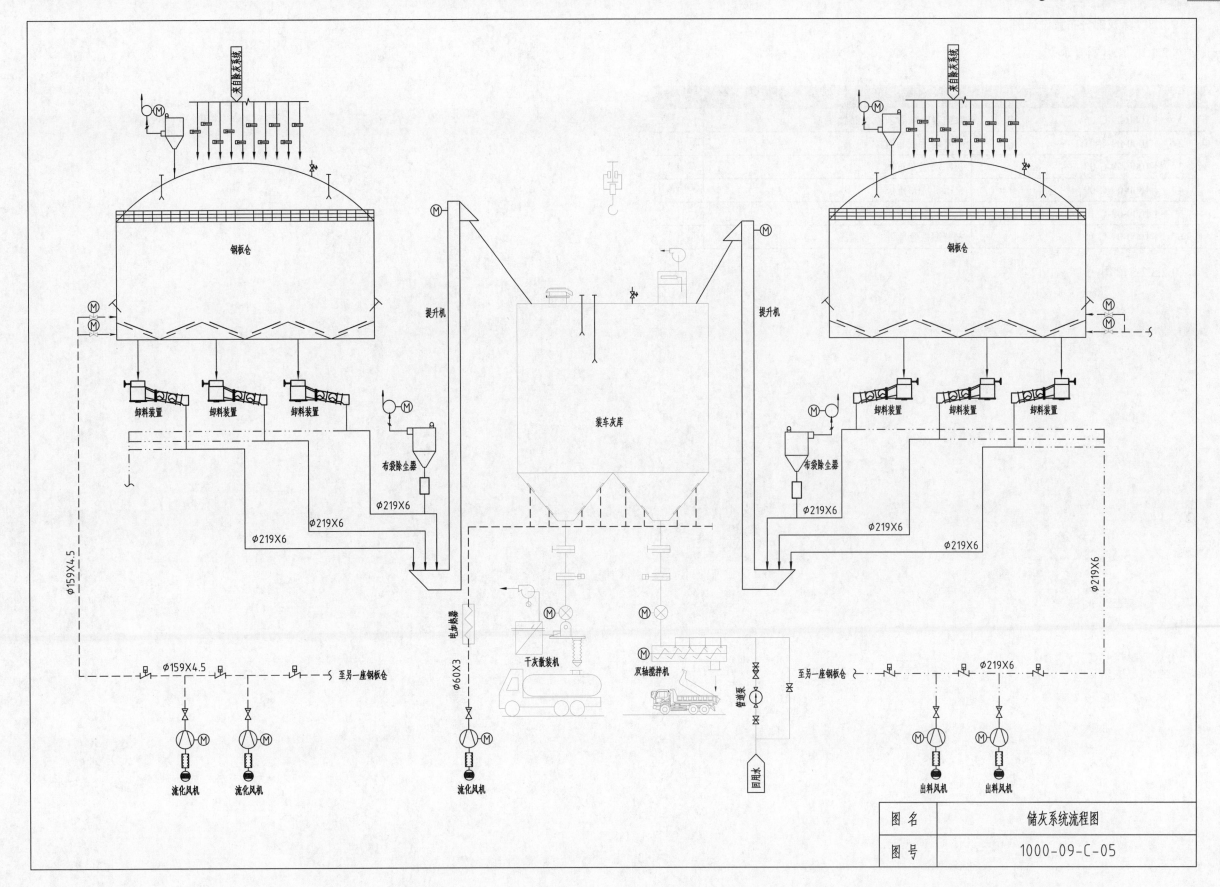

图 名	储灰系统流程图
图 号	1000-09-C-05

9.2.3　除灰部分布置设计图

9.2.3.1　设计图目录

序号	图号	名称	数量
1	1000-09-C-06	除尘器区域除灰系统布置图	1
2	1000-09-C-07	灰库运转层布置图	1
3	1000-09-C-08	灰库顶层布置图	1
4	1000-09-C-09	空压机房布置图	1
5	1000-09-C-10	大型钢板仓库平面布置图	1
6	1000-09-C-11	大型钢板仓库断面布置图	1

9.2.3.2　附图

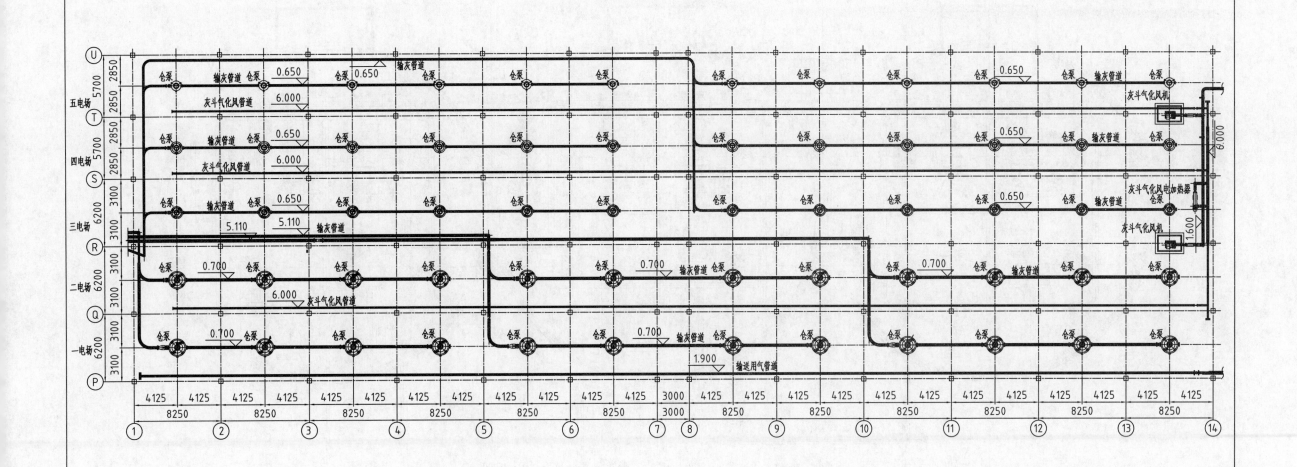

图 名	除尘器区域除灰系统布置图
图 号	1000-09-C-06

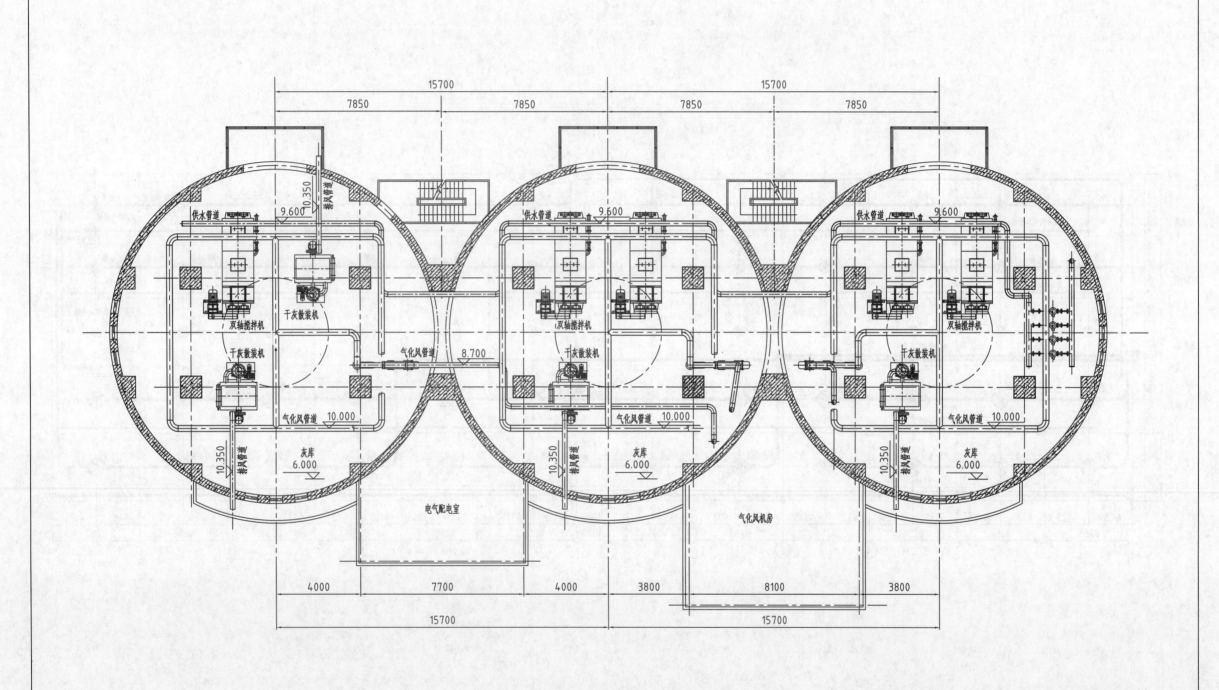

图 名	灰库运转层布置图
图 号	1000-09-C-07

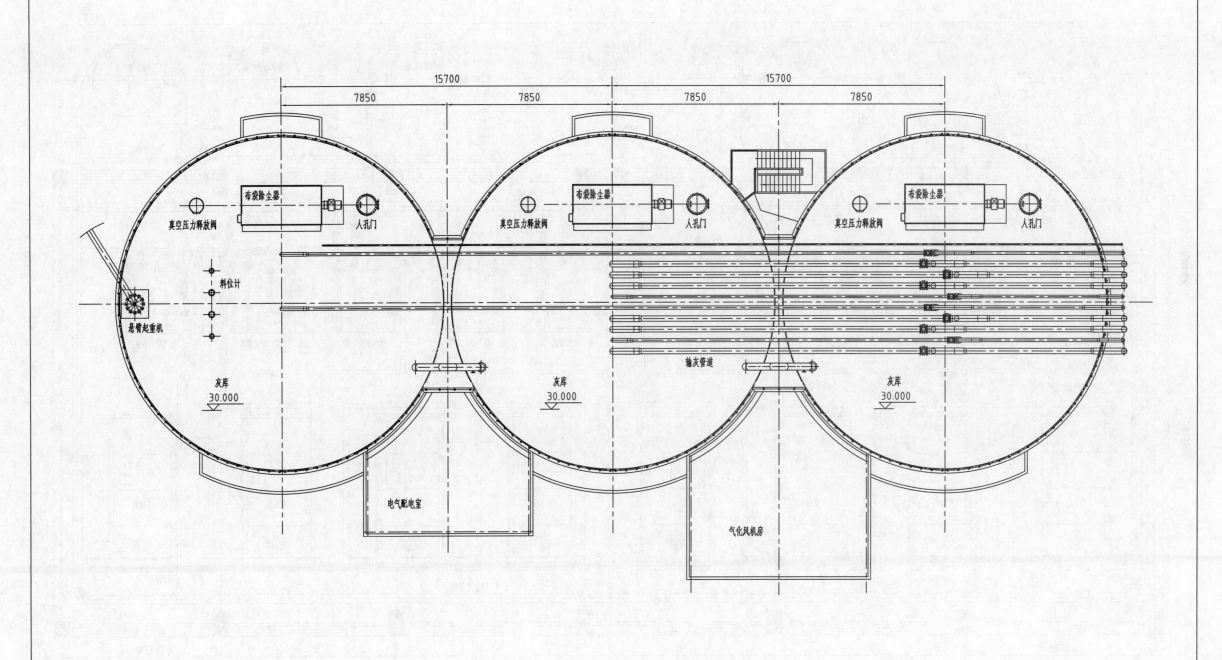

图 名	灰库顶层布置图
图 号	1000-09-C-08

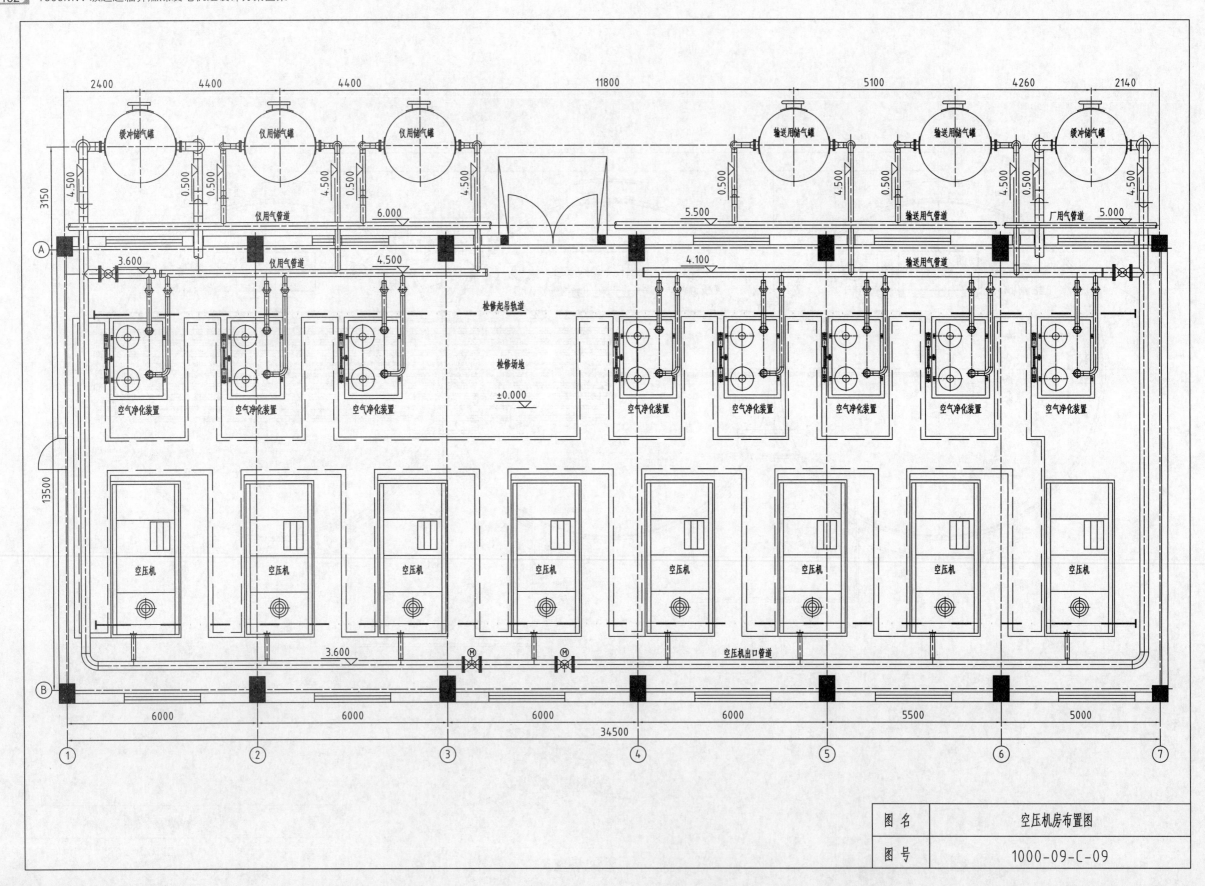

图 名	空压机房布置图
图 号	1000-09-C-09

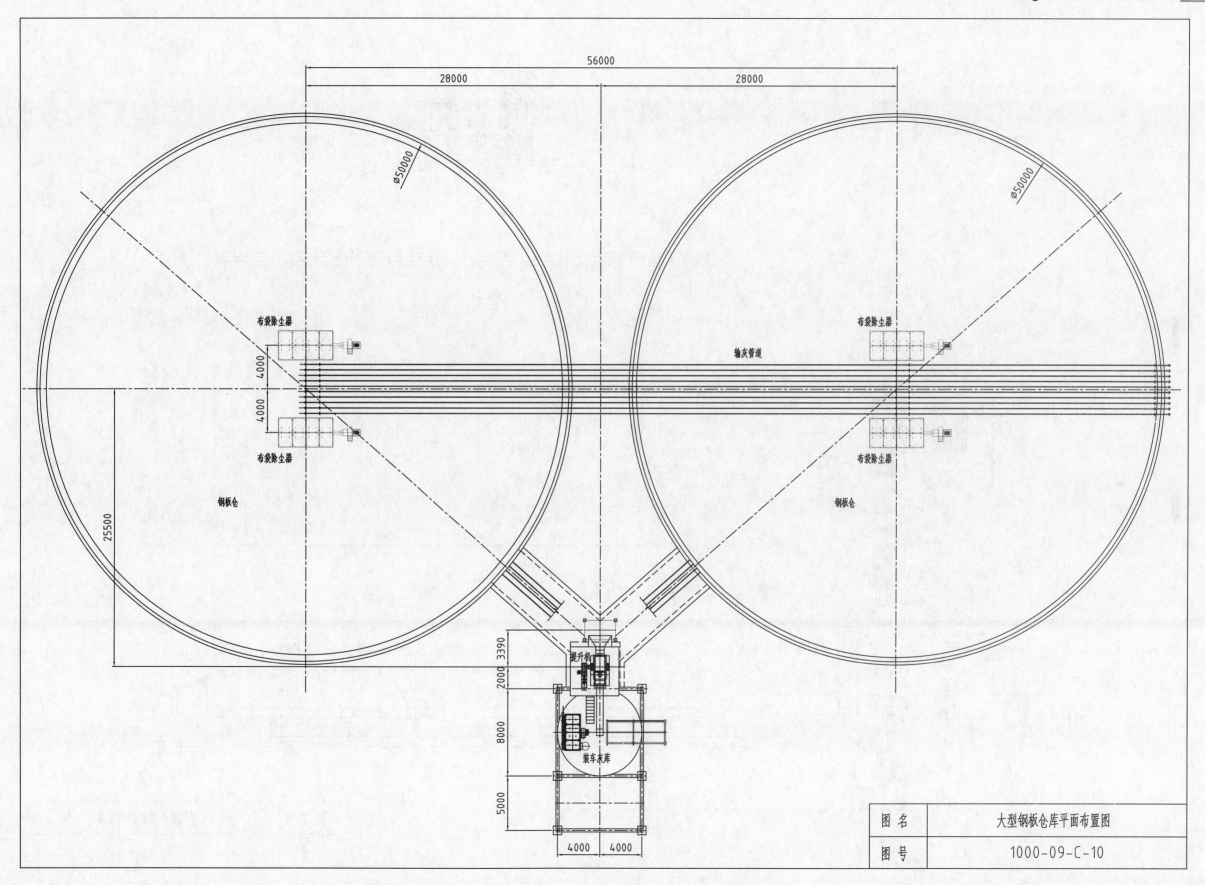

图 名	大型钢板仓库平面布置图
图 号	1000-09-C-10

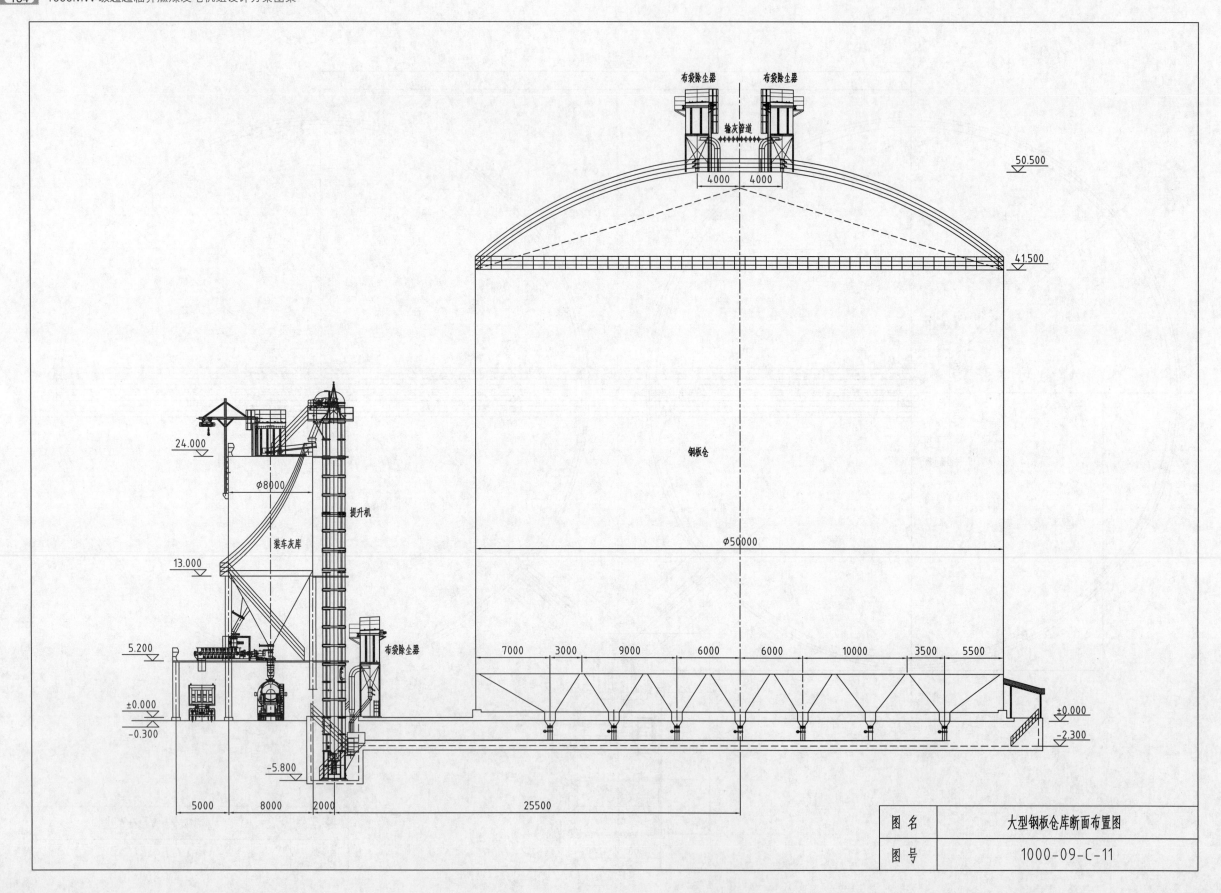

布袋除尘器   布袋除尘器

输灰管道

50.500

4000 4000

41.500

钢板仓

Φ8000

提升机

装车灰库

Φ50000

24.000

13.000

5.200

布袋除尘器

±0.000
−0.300

−5.800

7000 3000 9000 6000 6000 10000 3500 5500

±0.000
−2.300

5000   8000   2000   25500

图 名	大型钢板仓库断面布置图
图 号	1000-09-C-11

第 10 章 脱硫部分设计图

10.1 说明

根据《全面实施燃煤电厂超低排放和节能改造工作方案》（环发〔2015〕164 号）要求："全国所有具备改造条件的燃煤电厂力争实现超低排放（即在基准氧含量 6% 条件下，烟尘、二氧化硫、氮氧化物排放浓度分别不高于 10mg/Nm³、35mg/Nm³、50mg/Nm³）。全国有条件的新建燃煤发电机组达到超低排放水平。"脱硫系统设计排放标准按超低排放标准执行，一般烟尘、二氧化硫、氮氧化物排放浓度分别不高于 5mg/Nm³、35mg/Nm³、50mg/Nm³，并应满足当地环境影响评价的要求。

按照烟气系统和 SO₂ 吸收氧化系统的不同，拟定 4 个常见设计方案。

方案一：吸收塔按一炉一塔配置，吸收塔后净烟气直接通过烟囱排放。

方案二：吸收塔按一炉一塔配置，吸收塔后设置湿式静电除尘器，净烟气通过烟囱排放。

方案三：烟塔合一。

方案四：吸收塔按单塔双循环配置，吸收塔后净烟气直接通过烟囱排放。

脱硫辅助系统主要包括吸收剂制备系统和石膏脱水系统两个部分：吸收剂制备系统分为石灰石粉调浆和石灰石磨制两个可选模块；石膏脱水系统分为石膏堆料间和石膏筒仓两个可选模块。以上辅助系统方案根据工程实际情况选用，并与上述 4 个常见设计方案交叉组合。

脱硫系统常用布置分为吸收塔区域和辅助车间区域两个部分，此两个部分结合系统常见方案及场地条件优化组合。

10.2 系统说明

10.2.1 方案一

烟气系统不设置 GGH 和增压风机，脱硫系统阻力由引风机克服，不设旁路烟道，FGD 与锅炉同步运行。吸收塔入口烟道设两级事故喷淋冷却系统，供水来自设置保安电源的脱硫工艺水泵，确保在故障工况下脱硫系统的安全。

吸收塔按单元机组配置，采用单塔脱硫除尘一体化方案。

吸收塔内设置脱硫增效装置＋高效喷淋＋高效除雾器，每座吸收塔设置 3～5 台循环浆液泵，每台循环浆液泵对应一层喷淋层。每座吸收塔配置 2×100% 或 3×50% 容量的离心式氧化风机。吸收塔顶部设置一级管式＋三级高效屋脊式除雾器。

10.2.2 方案二

与方案一的不同为：在吸收塔与烟囱之间（或吸收塔顶）设置湿式静电除尘器，湿式静电除尘器后净烟气通过烟囱排放。其余部分与方案一一致。

10.2.3 方案三

烟塔合一方案根据冷却塔的型式分为湿冷塔排烟方案和空冷塔排烟方案。

湿冷塔排烟方案，吸收塔按单元机组配置，脱硫吸收塔就近湿冷塔塔外布置，吸收塔出口净烟气通过玻璃钢烟道送至本机组冷却塔内，净烟道出口与冷却塔中心线冲齐。

间接空冷塔排烟方案，吸收塔按单元机组配置，脱硫吸收塔布置在空冷塔内，循环浆泵及氧化风机房就近吸收塔布置。吸收塔出口采用吸收塔顶烟囱排烟的方式。

脱硫吸收塔采用单塔脱硫除尘一体化方案，方案配置同方案一。

10.2.4 方案四

吸收塔采用单塔双循环工艺，烟气处理能力为锅炉 BMCR 工况时 100% 的烟气量，吸收塔采用逆流式喷淋塔，内设收集盘和增效托盘装置。

单塔双循环将喷淋空塔中的 SO₂ 吸收氧化过程划分成两个阶段，采用两级吸收氧化串联使用，两级循环分别设有独立的循环浆池和喷淋层，根据不同的控制参数和功能，每个循环阶段具有不同的运行参数，两个阶段各自形成一个回路循环。

吸收塔一级循环配有 4 台循环浆液泵，二级循环配有 3 台循环浆液泵，采用单元制运行方式，每一台循环泵对应一层喷淋装置。塔内设有收集 AFT 循环浆液的收集盘二级吸收塔按 3 层喷淋层设计，每层喷淋层对应 1 台浆液循环泵。喷淋层下方设脱硫增效装置，吸收塔顶部设 1 级管式 +3 级高效屋脊式除雾器。

为充分、迅速氧化吸收塔浆池及 AFT 浆液箱内的亚硫酸钙，每座吸收塔设置 2×100% 或 3×50% 台离心氧化风机。吸收塔浆池及 AFT 浆液箱内分布有氧化喷枪，将氧化空气均匀分布到浆液内。

10.2.5 吸收剂制备系统

吸收剂制备系统共有 2 种模块：石灰石粉调浆模块和石灰石磨制模块，根据工程设计条件选择使用。

石灰石粉调浆模块：设置 2 座石灰石粉仓，有效容积满足两台机组锅炉在 BMCR 工况燃用设计煤种时脱硫运行 3 天（每天 24h 计）的石灰石粉耗量要求。设置 2 个石灰石浆液箱，有效容积不小于两台机组 BMCR 工况燃用设计煤质时 6h 石灰石浆液量。每座吸收塔设置 2 台石灰石浆液泵，1 运 1 备，石灰石浆液通过石灰石浆液泵输送到吸收塔。变频调节。

石灰石磨制模块：设 2 套石灰石上料系统，单套系统出力为两台机组锅炉在 BMCR 工况燃用设计煤种时 300% 石灰石耗量。设 1～2 个石灰石储仓,容量按设计工况 3 天的石灰石耗量。

设两台湿式球磨机制浆,单台出力满足两台机组锅炉在 BMCR 工况燃用设计煤种时所需吸收剂量的 2×100%,不小于 50% 校核煤种下的吸收剂需求。

石灰石浆液箱和石灰石浆液泵的设计原则同石灰石粉调浆方案。

10.2.6 石膏脱水系统

石膏脱水系统分为石膏堆料间和石膏筒仓两个模块。石膏脱水设备可选择真空皮带脱水机和圆盘脱水机两种。

石膏脱水系统按两台机组公用配置。设置 2 台真空皮带脱水机或圆盘脱水机,每台设备出力按两台机组锅炉在 BMCR 工况燃用设计煤种时石膏产量的 100% 选择,且不小于 50% 校核煤种下的石膏产量。每台脱水机配置 1 台水环式真空泵。每台机组配备 1 套石膏浆液旋流器及石膏浆液分配箱。两台机组公用 1 套废水旋流器。废水旋流系统设 2 台废水旋流泵,1 运 1 备,变频调节。废水旋流器溢流出的废水进入脱硫废水处理系统处理。系统设 1 座石膏浆液箱,设 3 台石膏浆液泵,2 运 1 备,变频调节。设 1 个滤液水池,配置 2 台滤液水泵,1 运 1 备。

石膏脱水车间模块:零米设石膏堆料间,石膏堆料间有效容积不小于两台机组燃用设计煤种 BMCR 工况下 3 天的石膏产量。

石膏筒仓模块:两台机组石膏脱水系统设 2 座石膏仓,采取全封闭形式,单座石膏仓容积能满足单台机组最大石膏产量下存放 24 小时的要求。石膏仓底部安装石膏卸料机。

10.3 脱硫部分系统设计图

10.3.1 设计图目录

序号	图号	名称	数量
1	1000-10-P10-01	FGD 工艺系统流程图(方案一)	1
2	1000-10-P10-02	FGD 工艺系统流程图(方案二)	1
3	1000-10-P10-03	FGD 工艺系统流程图(方案三)	1
4	1000-10-P10-04	FGD 工艺系统流程图(方案四)	1

10.3.2 附图

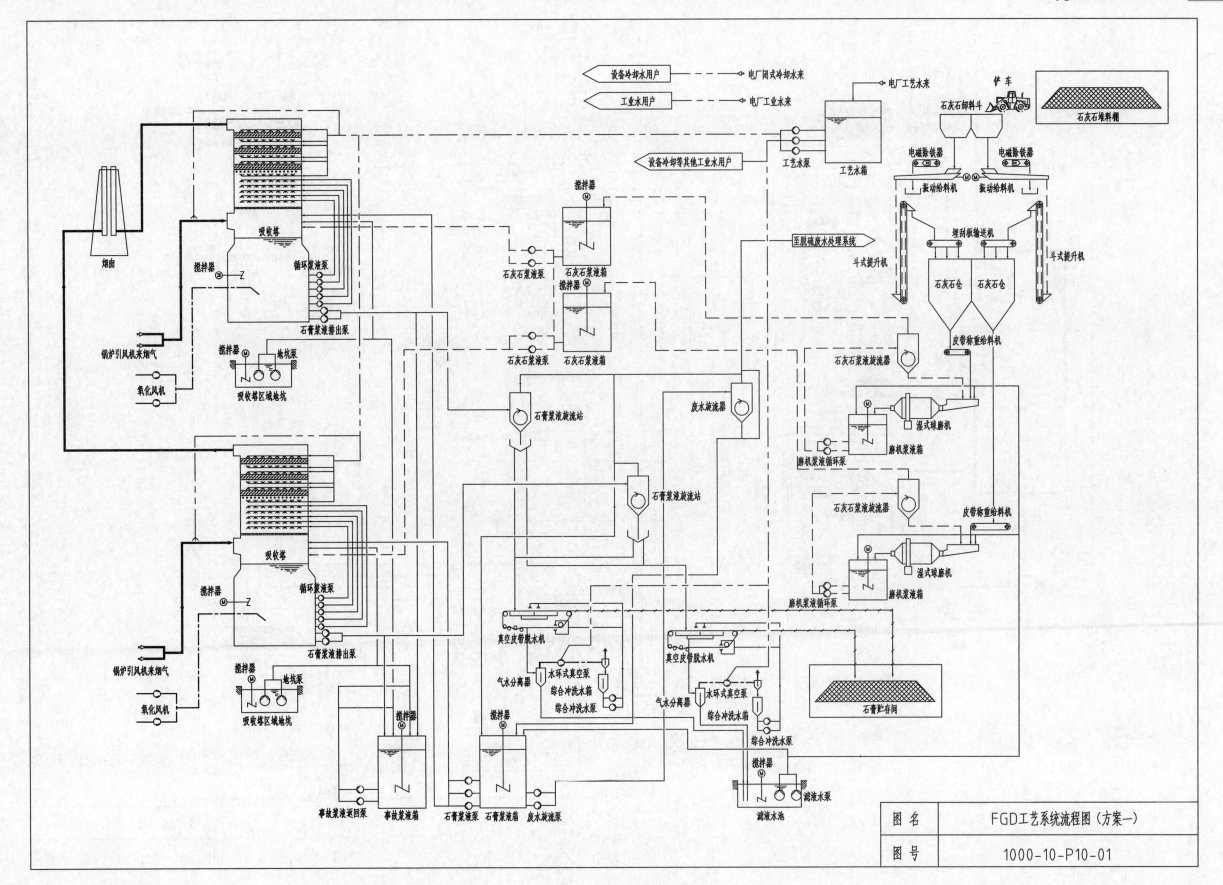

图 名	FGD工艺系统流程图（方案一）
图 号	1000-10-P10-01

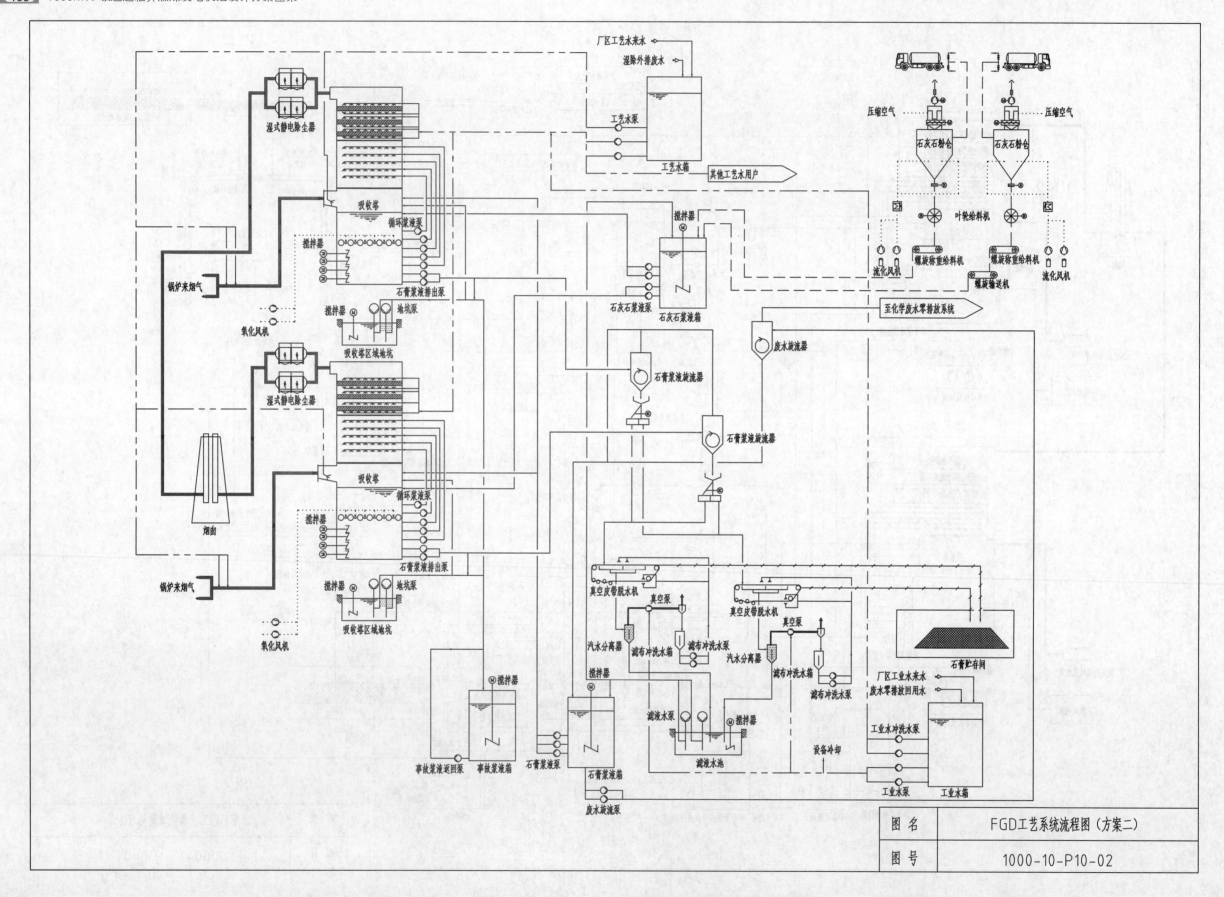

图 名	FGD工艺系统流程图（方案二）
图 号	1000-10-P10-02

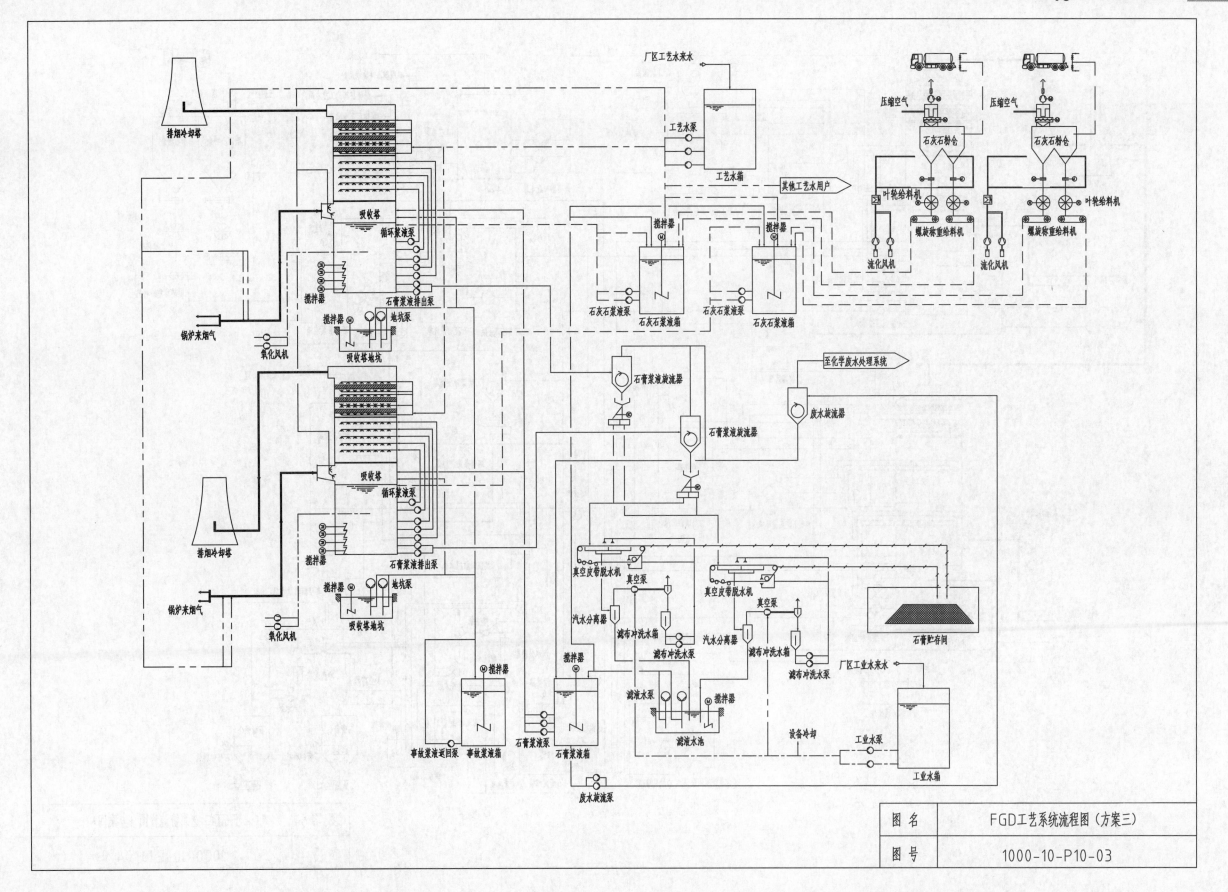

图 名	FGD工艺系统流程图（方案三）
图 号	1000-10-P10-03

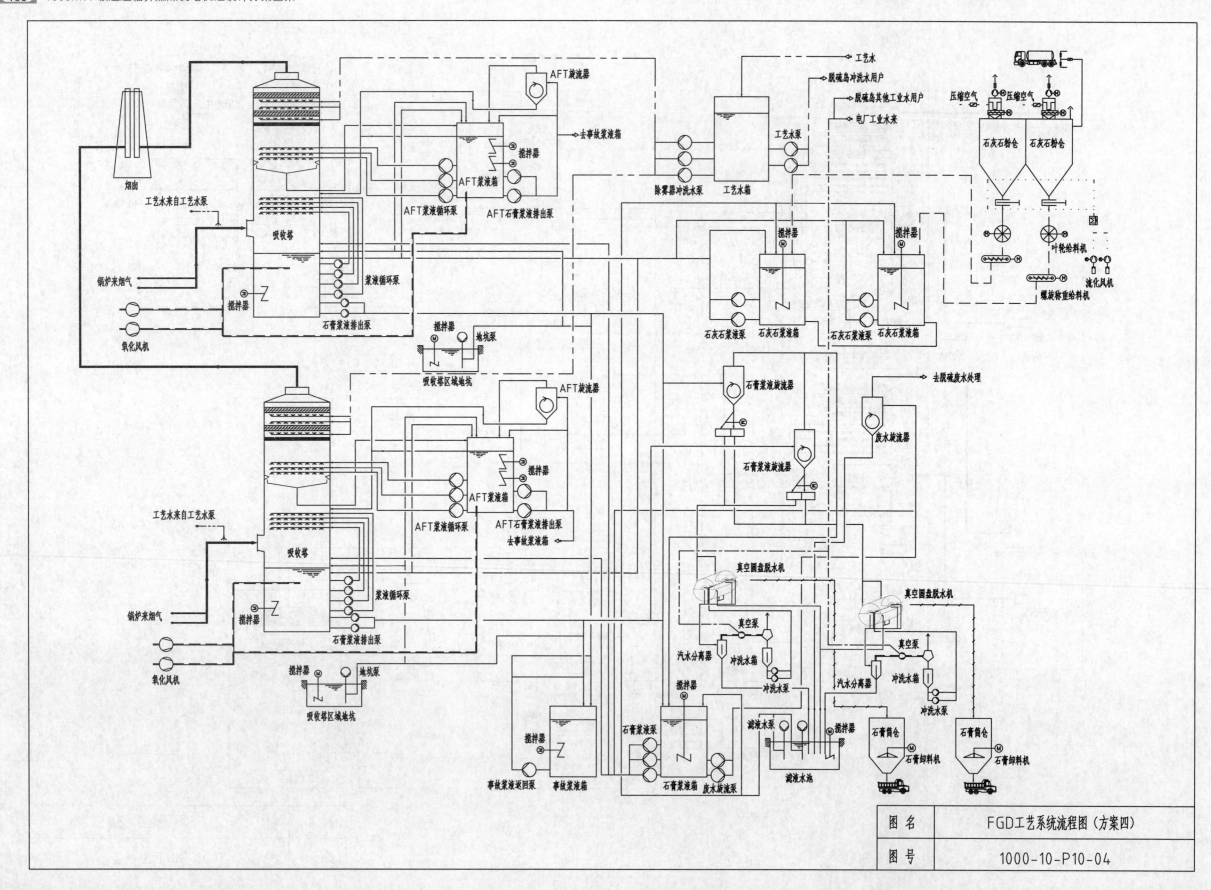

图名	FGD工艺系统流程图（方案四）
图号	1000-10-P10-04

10.4 脱硫部分布置设计图

10.4.1 设计图目录

序号	图号	名称	数量
1	1000-10-P10-05	吸收塔区域平断面布置图（方案一）	1
2	1000-10-P10-06	吸收塔区域平断面布置图（方案二）	1
3	1000-10-P10-07	湿冷塔烟塔合一方案布置图（方案三）	1
4	1000-10-P10-08	空冷塔烟塔合一方案布置图（方案三）	1
5	1000-10-P10-09	吸收塔区域平断面布置图（方案四）	1
6	1000-10-P10-10	脱硫工艺楼布置图（石灰石粉调浆＋石膏堆料间方案）	1
7	1000-10-P10-11	脱硫工艺楼布置图（石灰石磨制＋石膏堆料间方案）	1
8	1000-10-P10-12	石灰石磨制车间＋石膏脱水车间布置图（圆盘脱水机方案）	1
9	1000-10-P10-13	石膏脱水车间布置图（石膏筒仓方案）	1

10.4.2 附图

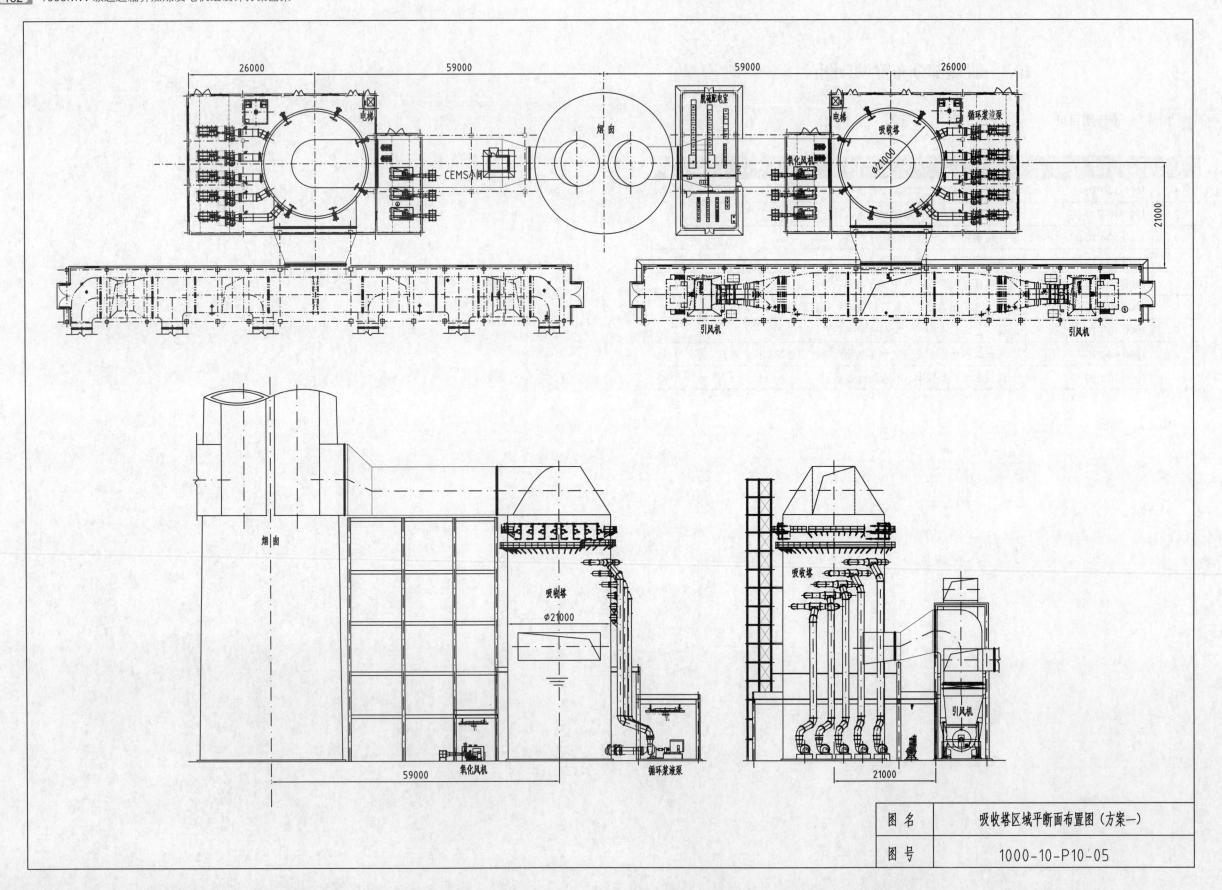

图 名	吸收塔区域平断面布置图（方案一）
图 号	1000-10-P10-05

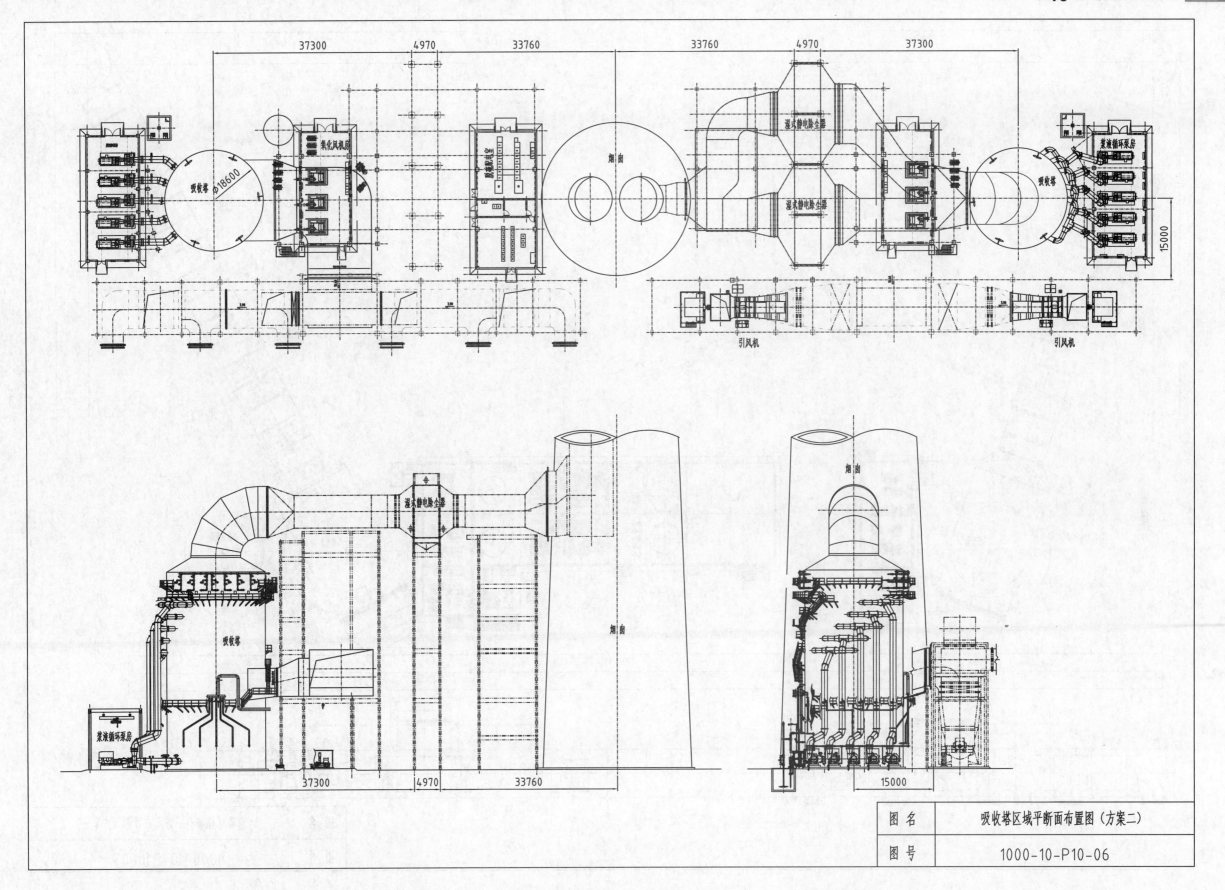

图 名	吸收塔区域平断面布置图（方案二）
图 号	1000-10-P10-06

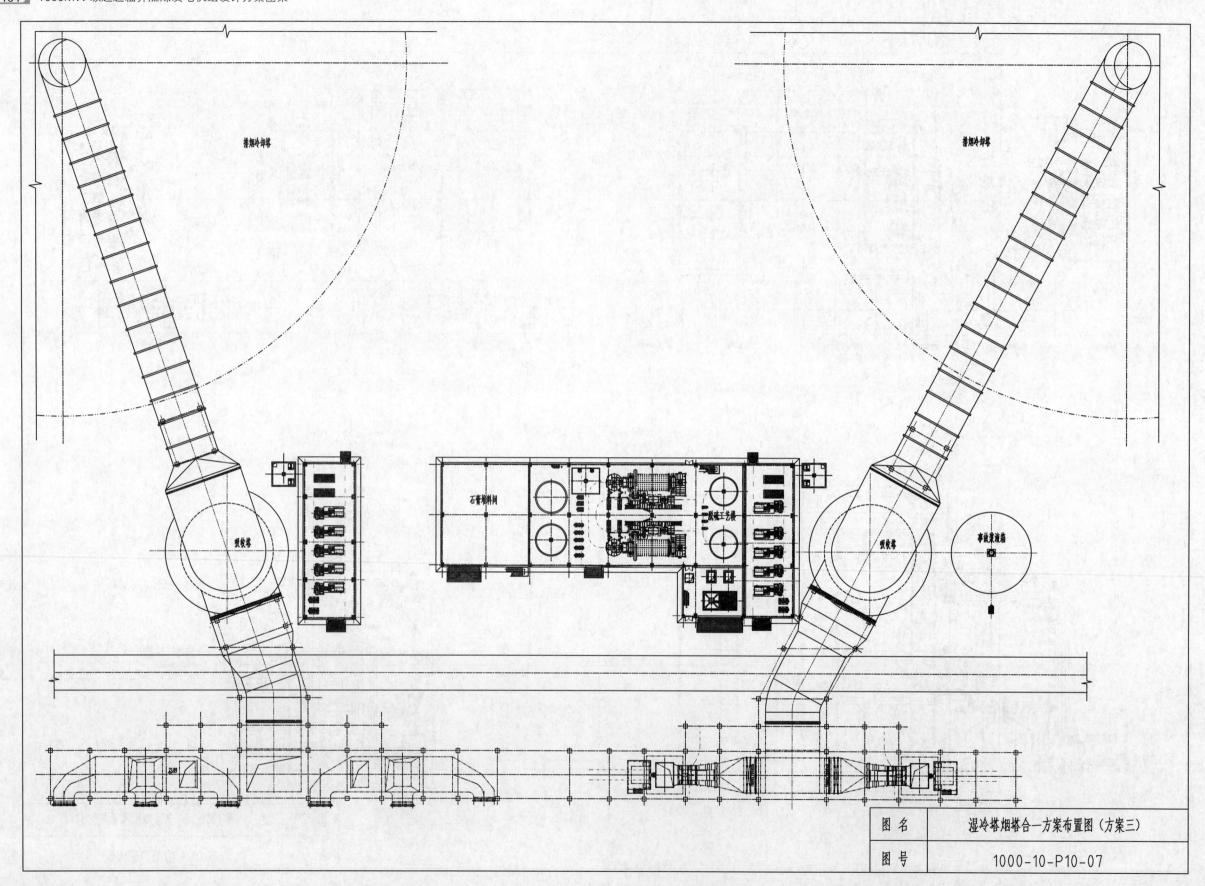

图 名	湿冷塔烟塔合一方案布置图（方案三）
图 号	1000-10-P10-07

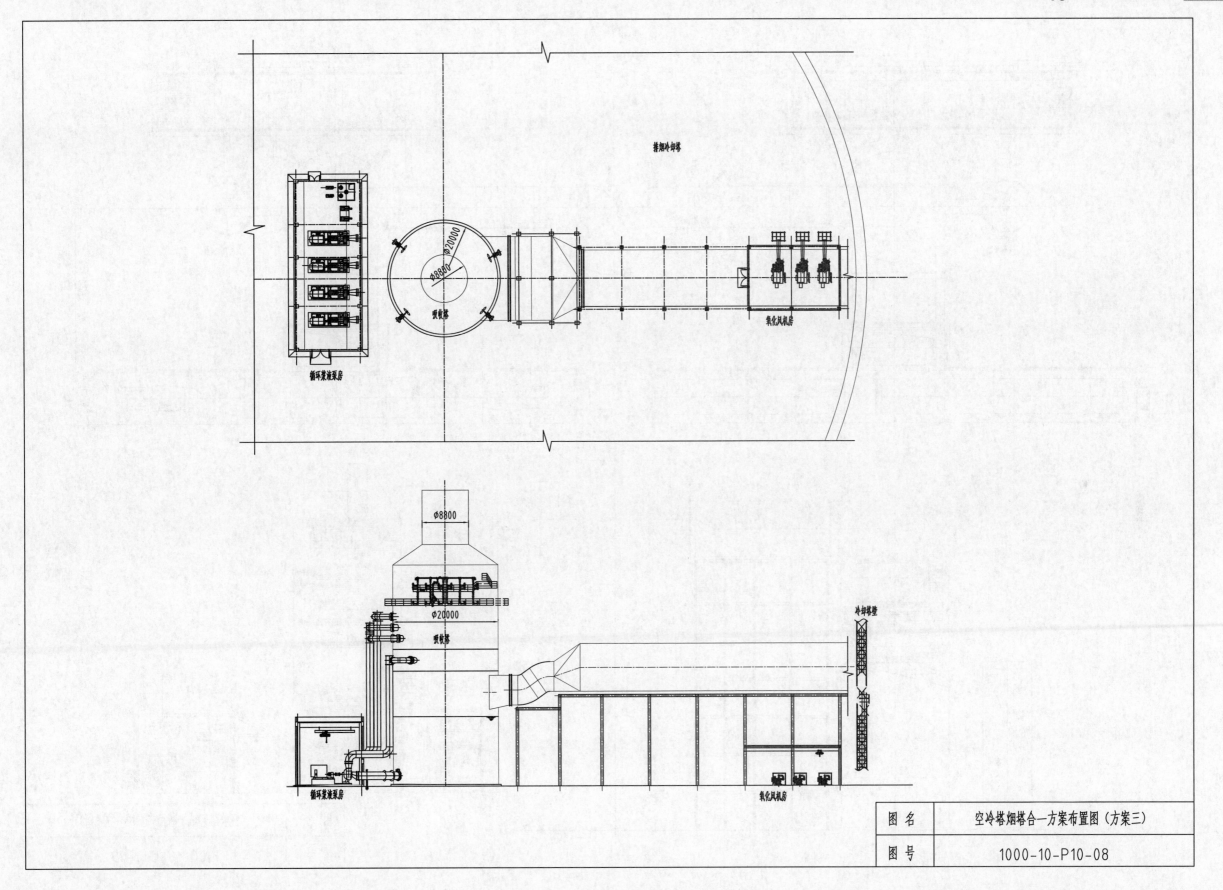

图 名	空冷塔烟塔合—方案布置图（方案三）
图 号	1000-10-P10-08

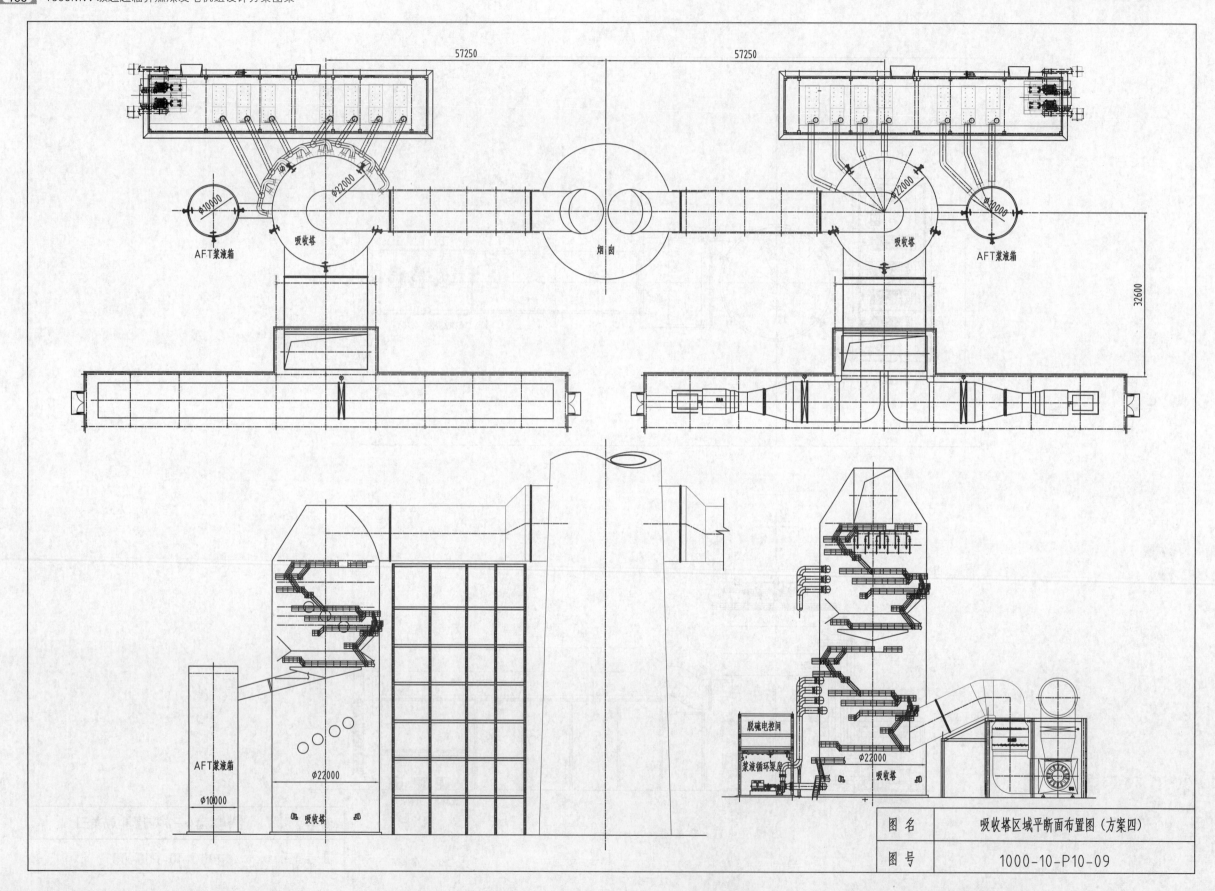

图名	吸收塔区域平断面布置图（方案四）
图号	1000-10-P10-09

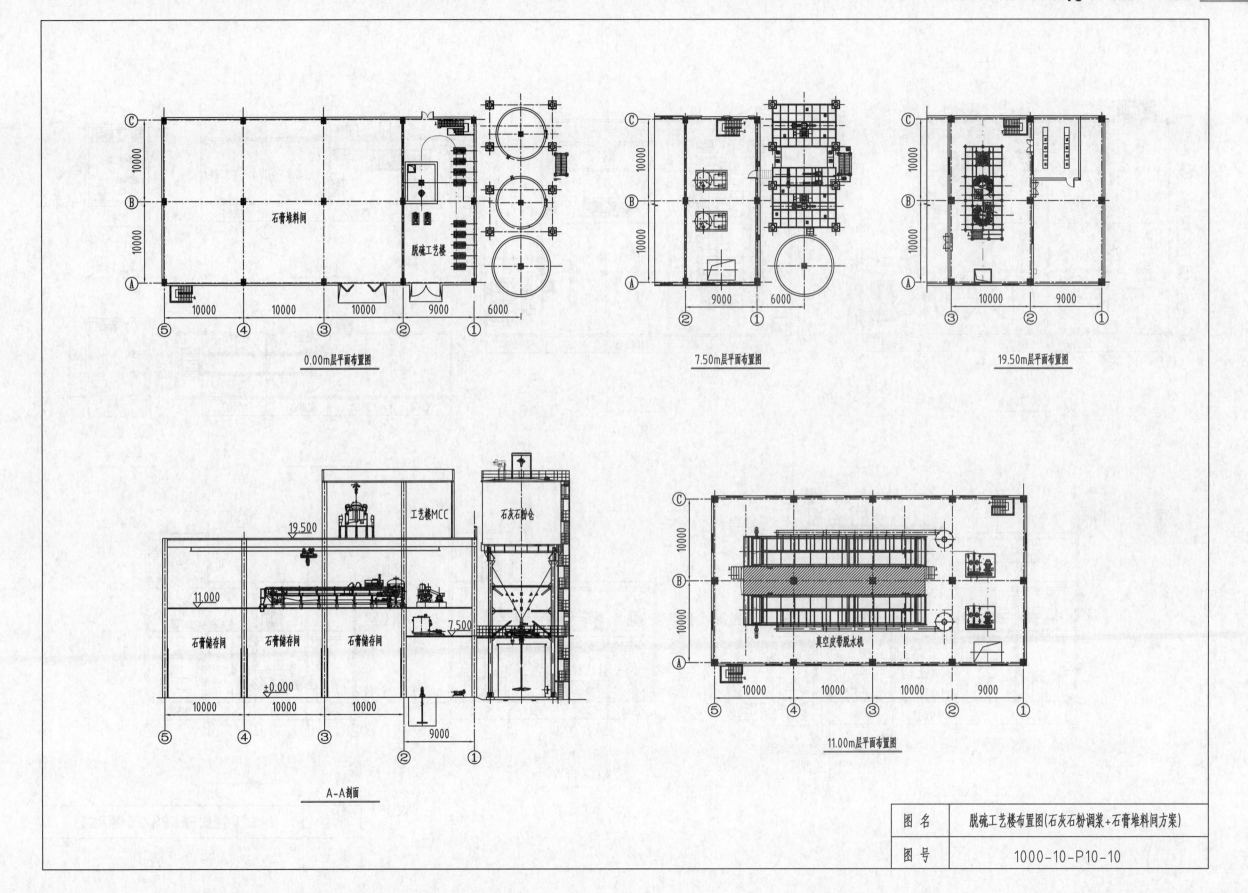

0.00m层平面布置图

7.50m层平面布置图

19.50m层平面布置图

A-A剖面

11.00m层平面布置图

图 名	脱硫工艺楼布置图(石灰石粉调浆+石膏堆料间方案)
图 号	1000-10-P10-10

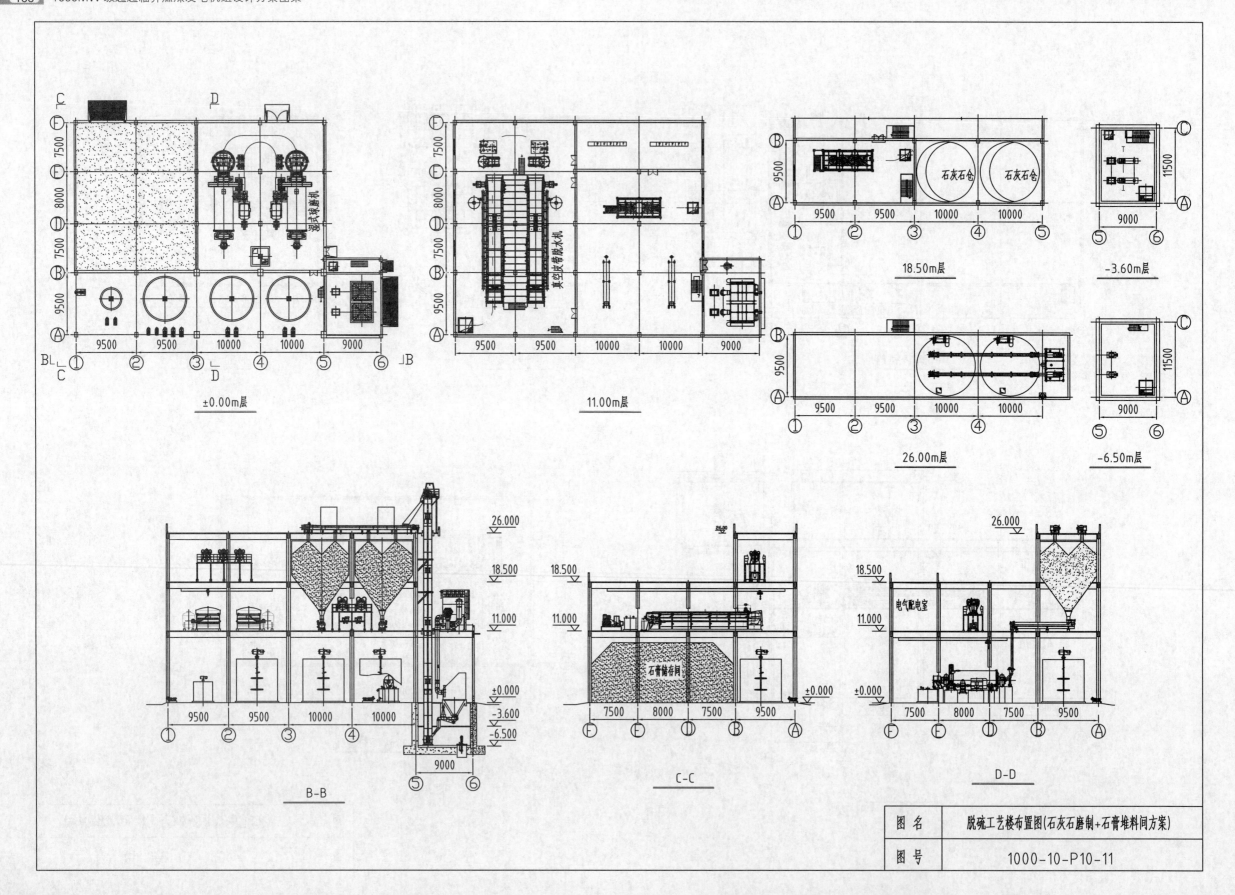

±0.00m层

11.00m层

18.50m层

-3.60m层

26.00m层

-6.50m层

湿式球磨机

真空皮带脱水机

石灰石仓　石灰石仓

B-B

石膏储存间

C-C

电气配电室

D-D

图 名	脱硫工艺楼布置图(石灰石磨制+石膏堆料间方案)
图 号	1000-10-P10-11

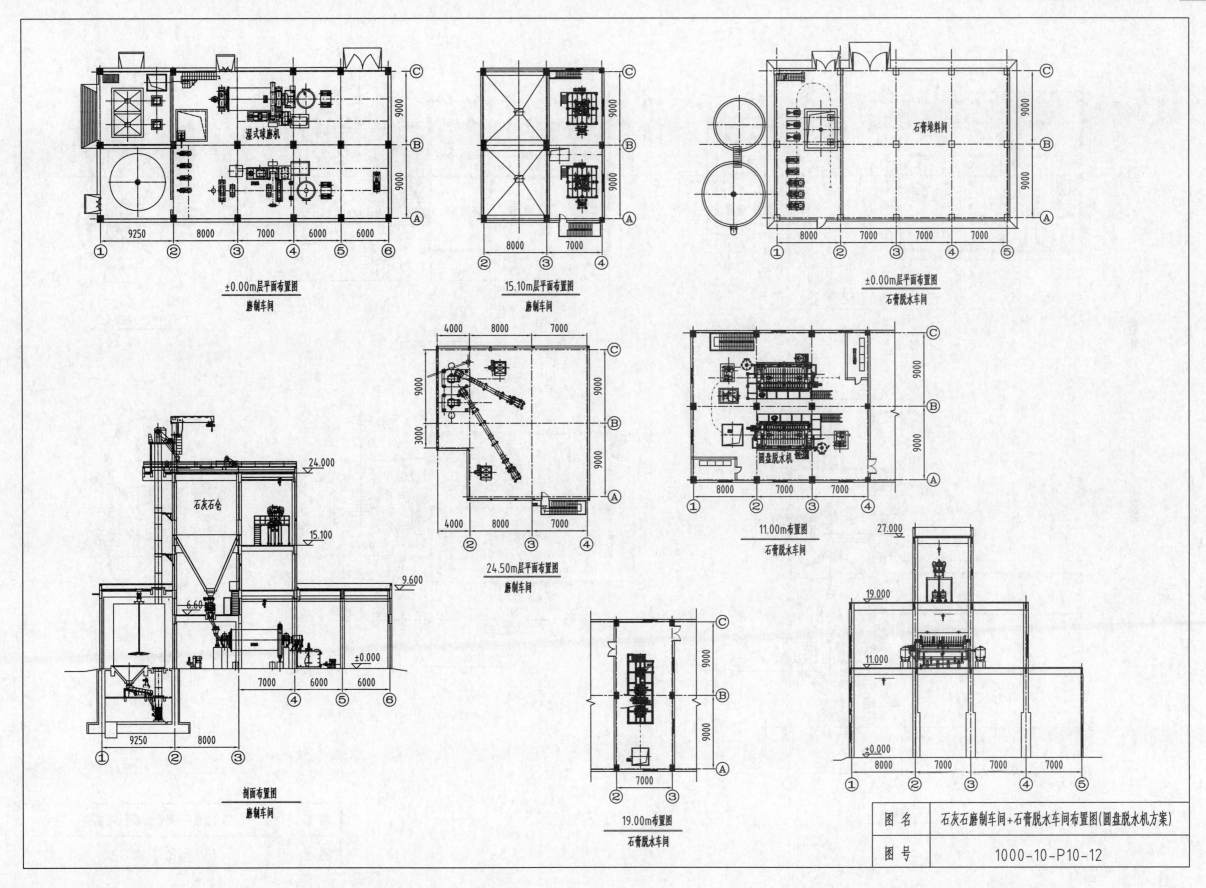

±0.00m层平面布置图
磨制车间

15.10m层平面布置图
磨制车间

±0.00m层平面布置图
石膏脱水车间

湿式球磨机

石膏堆料间

石灰石仓

24.000

15.100

9.600

6.60

±0.000

剖面布置图
磨制车间

24.50m层平面布置图
磨制车间

圆盘脱水机

11.00m布置图
石膏脱水车间

19.00m布置图
石膏脱水车间

27.000

19.000

11.000

±0.000

图 名	石灰石磨制车间+石膏脱水车间布置图(圆盘脱水机方案)
图 号	1000-10-P10-12

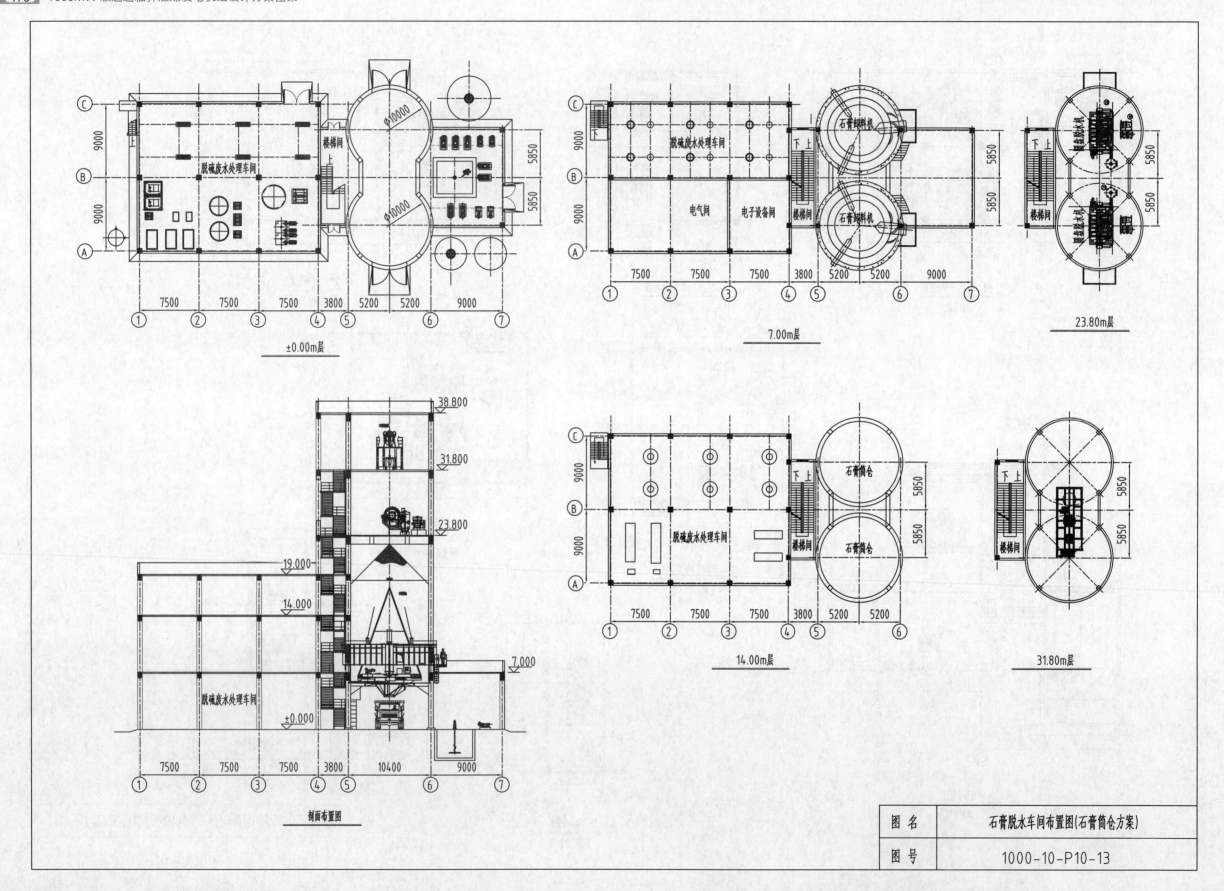

±0.00m层

7.00m层

23.80m层

剖面布置图

14.00m层

31.80m层

图 名	石膏脱水车间布置图(石膏筒仓方案)
图 号	1000-10-P10-13

第 11 章　供暖通风空调部分设计图

11.1　说明

11.1.1　概述

火力发电厂工程设计供暖、通风、除尘、空调的目的是满足生产工艺系统安全运行和电厂生产管理人员的健康工作环境，要实现上述目标并同时满足系统的高效、节能、环保要求，设计需充分依据工程所在地的自然条件，合理利用当地自然资源，选择合适的供暖、通风、空调系统，以最小资源消耗达到环境控制的最佳结果。

11.1.2　供暖加热站

对建设在严寒和寒冷地区的火力发电厂，全厂应设计集中供暖系统。统一考虑供暖热源的选择，设置供暖加热站、供热管网及相应的控制调节系统。供暖加热站布置形式多样，既可在主厂房内布置，也可设置独立厂区供暖加热站建筑或厂区制冷加热站建筑，还可以与厂前区加热站或与对外供热的供热首站合并布置，设计者需根据工程实际情况决定供暖加热站布置形式。

通常情况下，主厂房区域汽机房、锅炉房及集中控制楼是供暖热负荷较大且集中的建筑，供暖加热站布置在这些建筑内可以缩小供暖管道的管径，缩短热负荷大的建筑供暖管道输送距离，减少供暖管道的输送热损失，所以供暖加热站设置在主厂房区域是比较常见的布置形式。

某 1000MW 级超超临界燃煤发电机组工程厂区供暖加热站设计方案见图 1000-11-N-01、图 1000-11-N-02。该工程供暖加热站采用主厂房内布置方案，设计供回水温度 110/70℃，加热站系统由组合式汽水换热器、循环水泵、补水定压装置、补充水箱及全自动除污器等组成。

11.1.3　集中制冷站

集中制冷站是专门为某建筑物或某一特定区域内多个建筑物的空调系统、降温通风系统制备冷水的设备站房，制冷站通过冷水输送管网向某建筑物或多个建筑物集中供冷。近年来越来越多的发电厂，尤其是位于夏季较热的南方地区电厂，采用制冷站集中供冷方案。

当空调和降温通风所需冷量较高时，应考虑设置集中供冷系统。集中制冷站的冷源应根据发电厂类型、建设地点气候条件、建筑规模及冷负荷分布等多个因素综合确定，并符合国家节能减排和环保等相关政策，设计时充分利用废热、余热和可再生能源。集中制冷站布置应靠近冷负荷中心，且宜与厂区供暖加热站合并布置。

某 1000MW 级超超临界燃煤发电机组工程集中制冷站设计方案见图 1000-11-N-03、图 1000-11-N-04。该工程集中制冷站采用集控楼内布置方案，设计供回水温度 7/12℃，共选用 4 台水冷螺杆冷水机组、4 台冷却塔、4 台冷水循环泵，4 台冷却水循环泵，均为 3 用 1 备设计，循环水泵与水冷螺杆冷水机组均采用一对一连接方式。

11.1.4　主厂房通风

主厂房通风方案主要分为四种：

（1）自然进风、自然排风方案。

（2）自然进风、机械排风方案。

（3）机械进风、自然排风方案。

（4）机械进风、机械排风方案。

主厂房通风方案应根据工艺情况及外部自然条件确定，对于湿冷机组和间接空冷机组汽机房宜采用自然通风，当自然通风不能满足卫生要求时，可采用机械通风或自然与机械相结合的通风方式；直接空冷机组汽机房宜采用自然进风、机械排风；当锅炉送风机夏季不由室内吸风时，紧身封闭锅炉房应采用自然通风；当锅炉送风机夏季由室内吸风时，应采用自然进风，机械排风。

某 1000MW 级超超临界燃煤发电机组工程汽机房通风设计方案见图 1000-11-N-05。该工程汽机房通风采用门窗自然进风、采光薄型屋顶通风器自然排风的方式。屋顶通风器布置在汽机房屋面，采用排氢风帽自然排氢方式，两台机组共布置 20 组采光薄型屋顶通风器。为消除汽机房通风死角，防止热点形成，在汽机房内设置部分诱导风机以改善通风效果。

11.1.5　主厂房区域空调

主厂房区域空调系统根据其使用目的基本上可分为两类：一是为保证工艺设备安全运行条件而设置的工艺性空调系统，主要有电子设备室、继电器室等；二是为满足电厂生产运行人员健康环境要求而设置的舒适性空调系统，主要有集控室、交接班室、会议室等。

由于这些区域控制环境空气参数的目的不同，对空调的要求也有所差异，因此，空调设计中，应根据各空调对象的性质、范围、位置等因素来确定空调系统形式、系统设计参数（包括室内外设计参数等）、系统设备配置、系统运行及控制方式等。

某 1000MW 级超超临界燃煤发电机组工程集控室空调系统设计方案见图 1000-11-N-06、图 1000-11-N-07。该工程集控室空调采用全年运行的集中式定风量单风机一次回风空调系统，室内设计参数按舒适性空调要求设计，空调设备选用 2 台组合式空气处理机组，1 台运行 1 台备用。

11.2　供暖通风空调部分系统及布置设计图

11.2.1　设计图目录

序号	图号	名称	数量
1	1000-11-N-01	厂区供暖加热站系统流程图	1
2	1000-11-N-02	厂区供暖加热站布置图	1
3	1000-11-N-03	集中制冷站系统流程图	1
4	1000-11-N-04	集中制冷站布置图	1
5	1000-11-N-05	汽机房通风布置图	1
6	1000-11-N-06	集控室空调系统流程图	1
7	1000-11-N-07	集控室空调布置图	1

11.2.2　附图

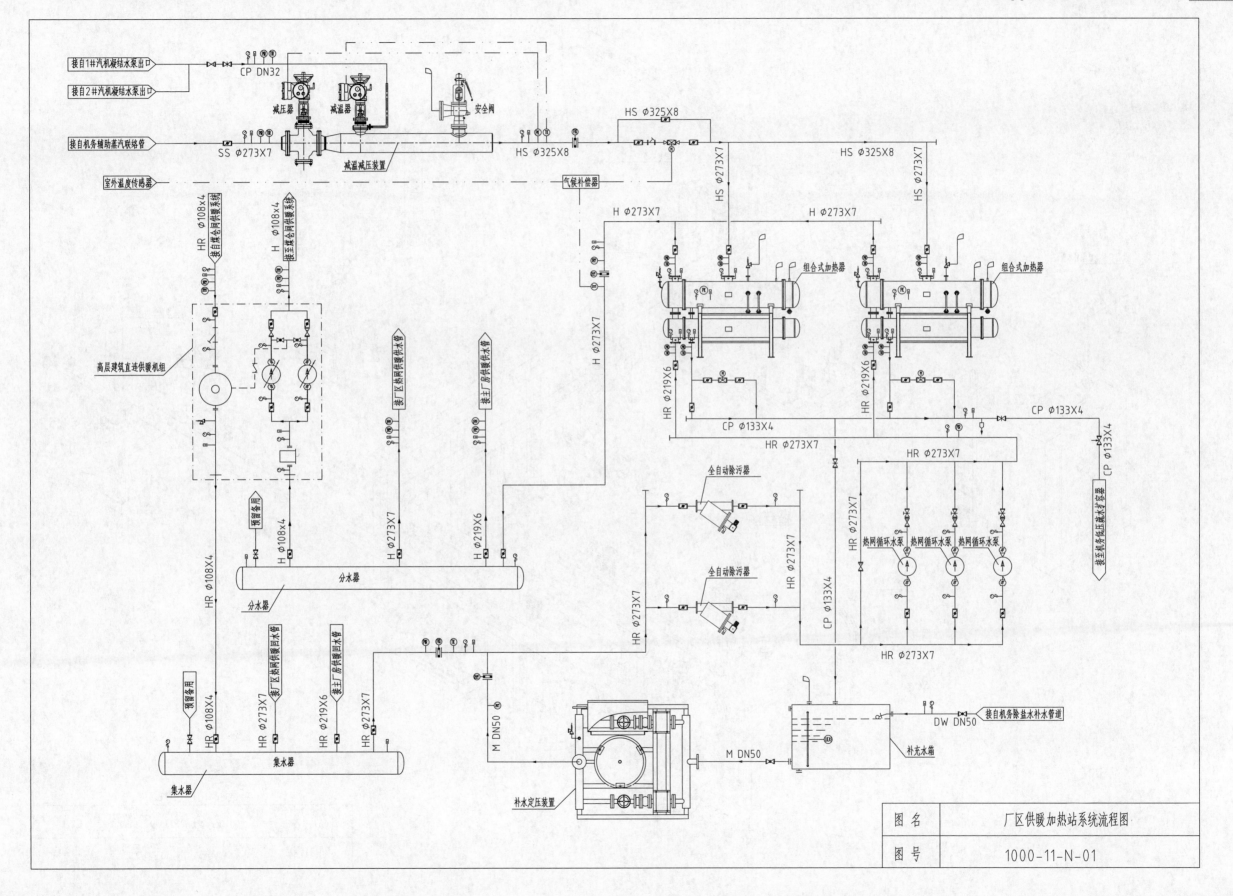

图 名	厂区供暖加热站系统流程图
图 号	1000-11-N-01

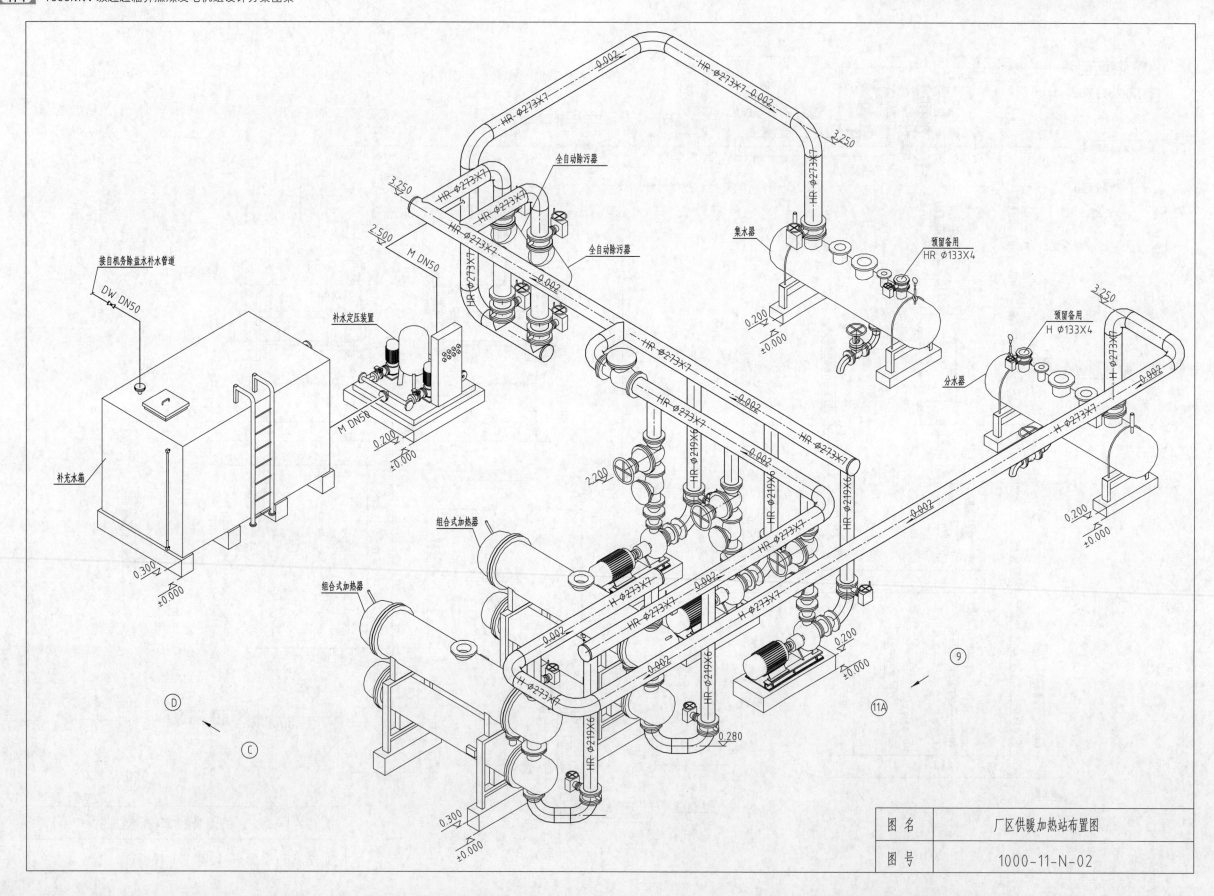

接自机务除盐水补水管道

DW DN50

全自动除污器

集水器

预留备用
HR Φ133X4

全自动除污器

M DN50

3.250

3.250

2.500

补水定压装置

M DN50

预留备用
H Φ133X4

分水器

补充水箱

组合式加热器

组合式加热器

HR Φ273X7

0.002

3.250

0.300
±0.000

0.200
±0.000

0.200
±0.000

0.200
±0.000

2.200

0.280

0.300
±0.000

图 名	厂区供暖加热站布置图
图 号	1000-11-N-02

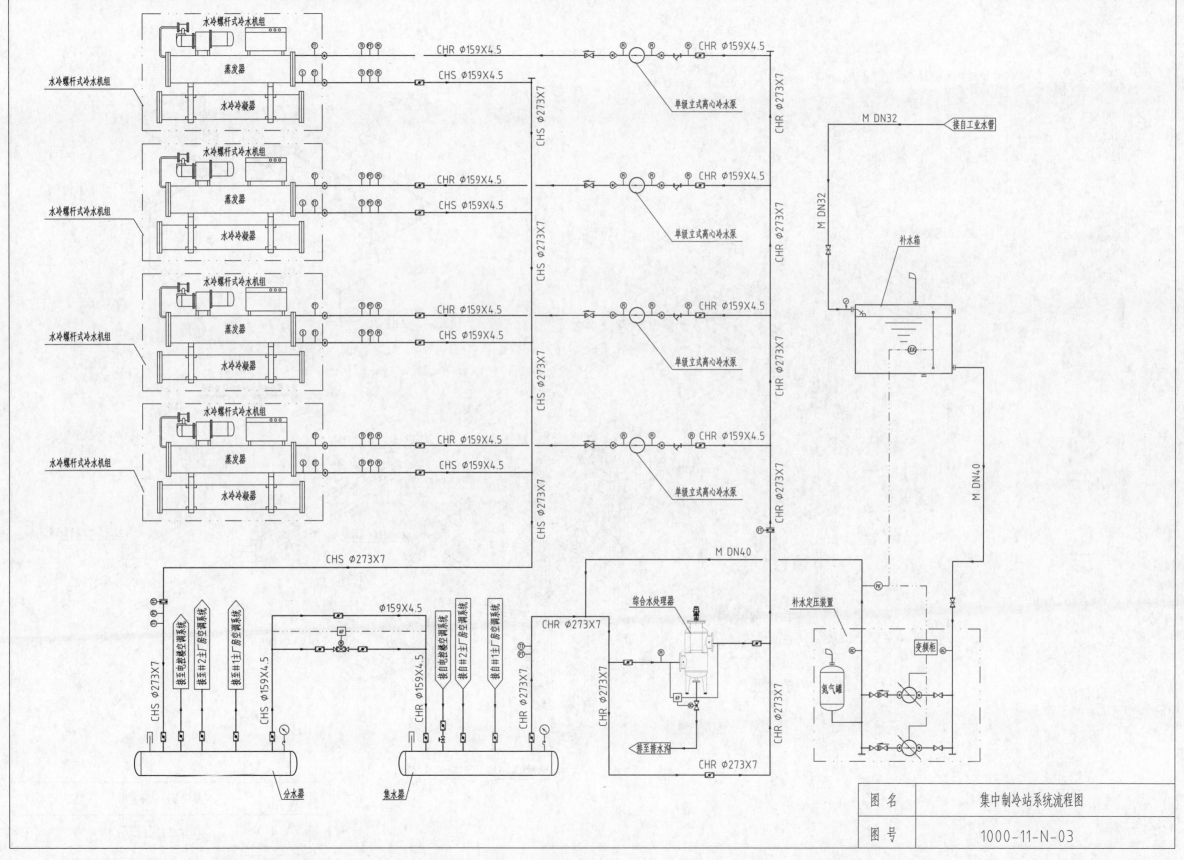

水冷螺杆式冷水机组

CHR φ159X4.5
CHS φ159X4.5

水冷螺杆式冷水机组

蒸发器

水冷冷凝器

单级立式离心冷水泵

M DN32　　接自工业水管

M DN32

补水箱

M DN40

CHS φ273X7

CHR φ273X7

综合水处理器

补水定压装置

变频柜

氮气罐

排至排水沟

CHR φ273X7

接至电控楼空调系统
接至井2主厂房空调系统
接至井1主厂房空调系统
接自电控楼空调系统
接自井2主厂房空调系统
接自井1主厂房空调系统

φ159X4.5

分水器

集水器

图 名	集中制冷站系统流程图
图 号	1000-11-N-03

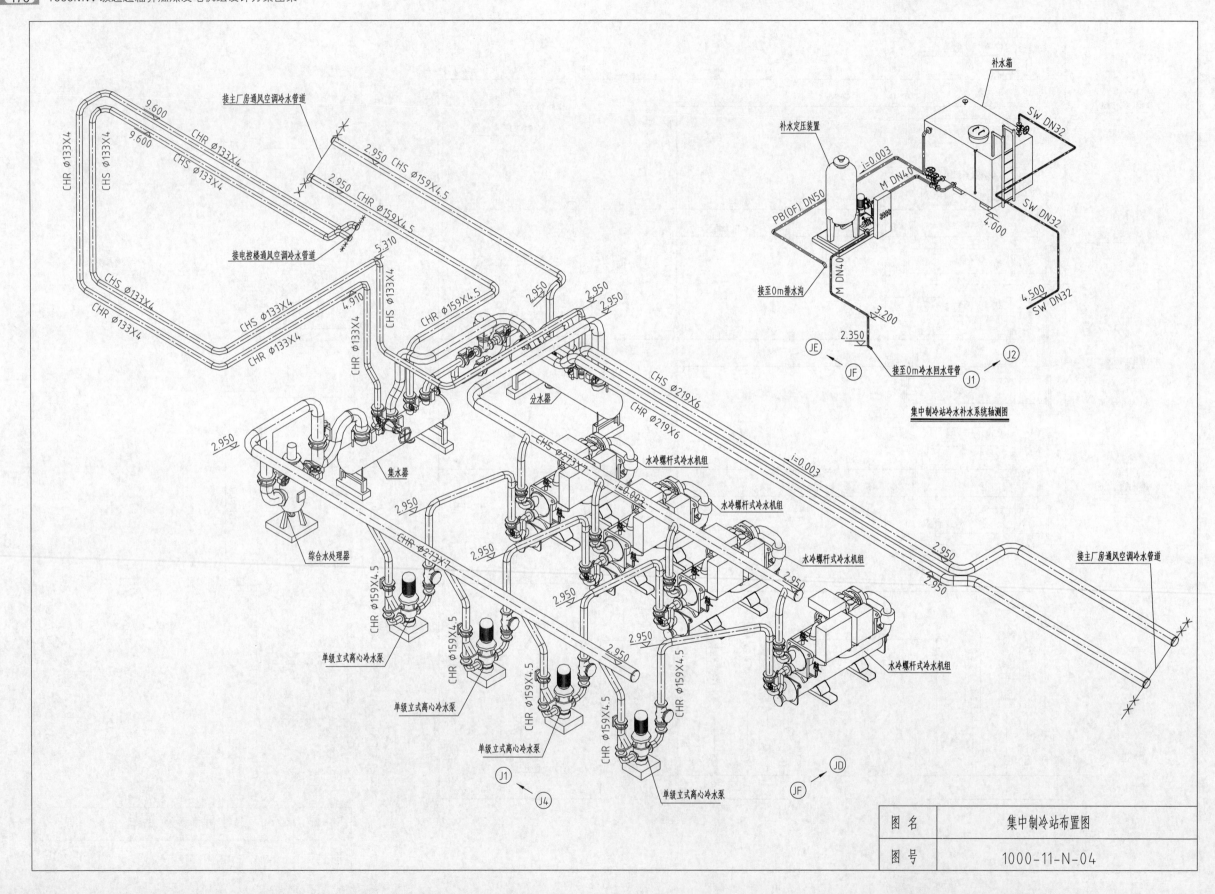

接主厂房通风空调冷水管道
接电控楼通风空调冷水管道

9.600
CHR φ133X4
CHS φ133X4
9.600
CHS φ133X4
CHR φ133X4
CHS φ133X4
CHR φ133X4
CHR φ133X4
CHS φ133X4
CHR φ133X4
CHS φ133X4
CHR φ133X4
CHR φ133X4

2.950 CHS φ159X4.5
2.950 CHR φ159X4.5

5.310
4.910
CHS φ133X4
CHS φ133X4
CHR φ159X4.5

2.950
2.950
2.950

CHS φ219X6
CHR φ219X6

CHS φ273X7
CHR φ273X7

分水器
集水器
综合水处理器

2.950
2.950
2.950
2.950
2.950
2.950
2.950
2.950

i=0.003
i=0.003

水冷螺杆式冷水机组
水冷螺杆式冷水机组
水冷螺杆式冷水机组
水冷螺杆式冷水机组

CHR φ159X4.5
CHR φ159X4.5
CHR φ159X4.5
CHR φ159X4.5

单级立式离心冷水泵
单级立式离心冷水泵
单级立式离心冷水泵
单级立式离心冷水泵

J1
J4
JF
JD

补水箱
补水定压装置
SW DN32
SW DN32
SW DN32

i=0.003
M DN40
M DN40
4.000
4.500
M DN40
3.200
2.350

PB(OF) DN50

接至0m排水沟
接至0m冷水回水母管

JE
JF
J1
J2

集中制冷站冷水补水系统轴测图

接主厂房通风空调冷水管道

图 名	集中制冷站布置图
图 号	1000-11-N-04

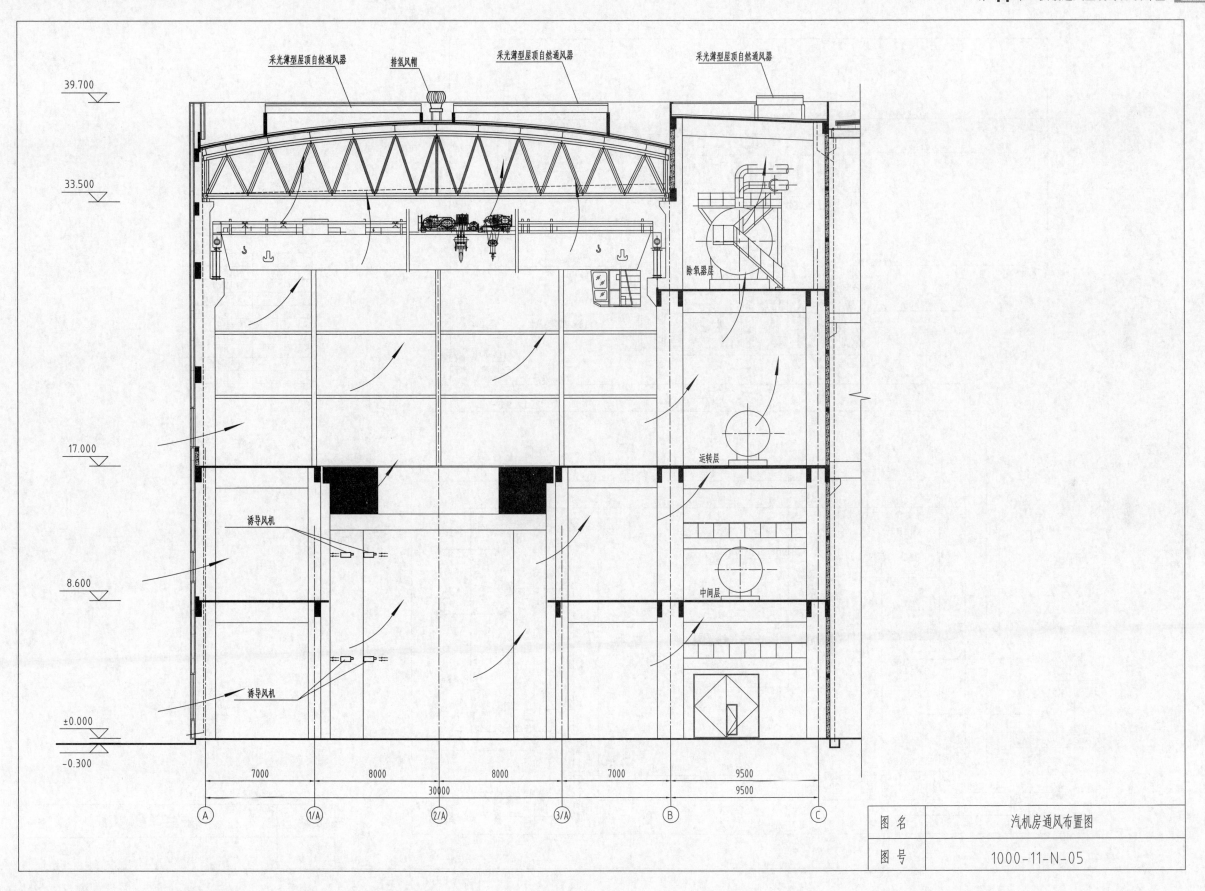

采光薄型屋顶自然通风器　　排氢风帽　　采光薄型屋顶自然通风器　　采光薄型屋顶自然通风器

39.700

33.500

除氧器层

17.000

诱导风机

运转层

8.600

中间层

诱导风机

±0.000

-0.300

7000　8000　8000　7000　9500

30000　9500

Ⓐ　①/Ⓐ　②/Ⓐ　③/Ⓐ　Ⓑ　Ⓒ

图　名	汽机房通风布置图
图　号	1000-11-N-05

新风

1250×1000
250×250
1250×1000

组合式空气处理机组

① ② ③ ④⑤⑥ ⑦ ⑧ ⑨

新风

1250×1000
250×250
1250×1000

组合式空气处理机组

① ② ③ ④⑤⑥ ⑦ ⑧ ⑨

1250×1000

1250×1000

编　号	名　称
①	回风段
②	回风消音段
③	初中效过滤段
④	表冷段
⑤	电加热段
⑥	加湿段
⑦	送风机段
⑧	送风消音段
⑨	送风段

设备功能段编号及名称

1250×1000

高温排烟风机

屋顶风机

祈祷室

320×320

就餐室

400×400

500×400

会议室

400×400

400×400

PY

PY

730×730

800×400

500×500

320×320

1#工程师站
320×320

320320

2#工程师站

400×400

1250×630

630×400

会议室

1000×500

800×500

500×400

630×400
630×400
集控室
630×400

630×400

400×400

500×400
会议室

400×400

办票室

250×250

400×400

400×400

400×400

1000×800

630×400

1000×500

1000×800

400×400

交接班室

400×400

图　名	集控室空调系统流程图
图　号	1000-11-N-06

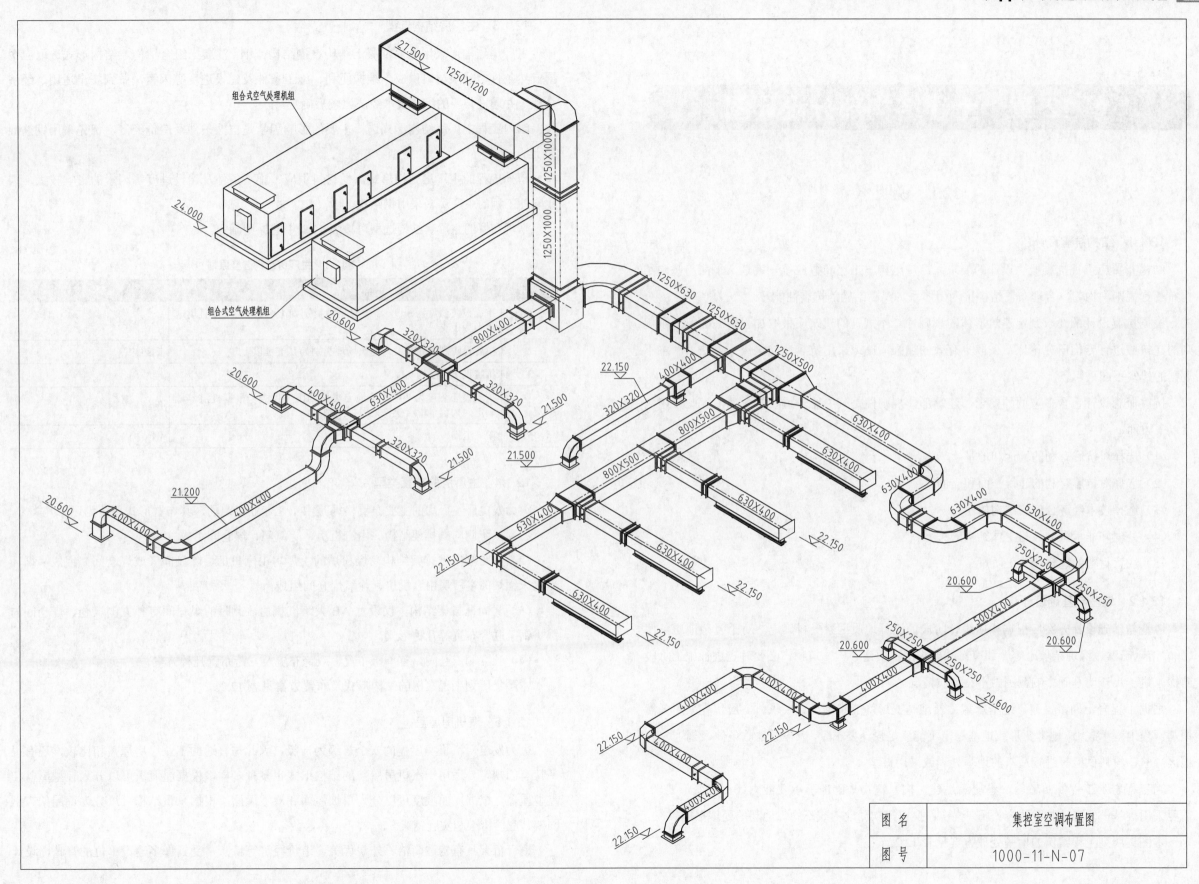

27.500
1250X1200
组合式空气处理机组
1250X1000
24.000
1250X1000
组合式空气处理机组
20.600
1250X630
1250X630
20.600
320X320
800X400
1250X500
22.150
400X400
400X400
630X400
20.600
630X400
320X320
21.500
320X320
21.500
800X500
630X400
22.150
320X320
21.500
800X500
630X400
630X400
21.200
630X400
630X400
630X400
630X400
20.600
400X400
250X250
630X400
250X250
20.600
630X400
22.150
22.150
22.150
250X250
500X400
20.600
400X400
630X400
400X400
250X250
20.600
22.150
400X400
22.150
400X400
22.150

图 名	集控室空调布置图
图 号	1000-11-N-07

第 12 章　土建结构部分设计图

12.1　说明

12.1.1　结构抗震设计

结构布置应重视抗震概念设计的要求，厂房结构与工艺布置应统一规划，平面与竖向结构布置宜规则、均匀，合理布置结构抗侧力体系，提高结构的抗震性能。

根据抗震设计的要求判定建筑形体的规则性。不规则的建筑应采取加强措施；特别不规则的建筑应进行专门研究论证，采取更有效的加强措施或采用抗震性能化设计方法；严重不规则的建筑不应采用。

抗震概念设计包含多方面的要求，建筑形体规则性是其中比较重要的一项，除此外还包括以下方面：

（1）选择对抗震有利的场地和地基。

（2）选择对抗震有利的建筑平面和立面。

（3）选择技术经济合理的结构体系。

（4）处理好非承重构件与主体结构的关系。

（5）注意材料的选择和施工质量。

12.1.2　地基与基础设计

地基与基础设计方案应根据相应设计阶段的工程地质勘察资料确定。对于复杂地质条件（如岩溶、暗浜、深埋杂填土等）和有特殊要求的重要建（构）筑物，必要时宜进行施工阶段勘探，进一步查明基础影响范围内不良地质情况。

根据工程岩土勘察资料，地基承载力及地基变形均能满足设计要求时，应优先采用天然地基。当地基承载力、地基变形或地基稳定不能满足设计要求时，应根据地质条件、结构类型、地区经验、材料供应等进行适当的地基处理或采用桩基。

当工程岩土工程性质较差，不能满足建（构）筑物基础地基承载能力或沉降变形要求，需要采用桩基、复合地基、强夯/强夯置换、换填等软弱地基或不均匀地基的处理措施。

本图集所列工程案例的地基处理方案见表 12.2。

12.1.3　主厂房结构选型

主厂房结构可采用钢筋混凝土结构、钢结构或钢-混凝土组合结构。结构形式选取应根据自然条件、建筑材料供应、维护便利、施工条件及建设进度等因素，做到安全适用、经济合理，并通过必要的综合技术经济比较后确定。

国内工程主厂房结构形式选择主要的影响因素是自然条件及造价经济，优先采用钢筋混凝土结构。

国外工程的主厂房结构形式，受材料供应、施工条件及建设进度等因素的影响较大，因此国外工程的主厂房多采用钢结构。

常规布置的主厂房结构选型可按表 12.1 中的原则确定。

表 12.1　主厂房结构选型原则

序号	设计条件	结构形式
1	抗震设防烈度为 6 度、7 度且场地类别为 I～II 类、8 度且场地类别为 I 类	钢筋混凝土
2	抗震设防烈度为 8 度，建筑场地类别为 II 类及以上时	钢结构
3	抗震设防烈度为 9 度	钢结构
4	抗震设防烈度为 7 度，场地土类别为 III～IV 类，根据机组容量确定，大容量机组建议采用钢结构	钢结构/钢筋混凝土
5	国外工程	钢结构

12.1.4　主厂房的布置类型

火力发电厂主厂房的主要布置格局是由工艺专业决定的，其布置形式可分为以下几类：

（1）双跨侧向框排架结构。由汽机房、除氧间、煤仓间组成。

（2）单跨侧向框排架结构。煤粉炉的主厂房由汽机房、除氧间（或煤仓间）组成；循环流化床锅炉的主厂房由汽机房、除氧煤仓间组成。

（3）竖向框排架结构。仅设置 AB 大跨汽机房，此时的煤仓间有独立侧煤仓、煤仓间与锅炉钢架联合布置等几种形式。

（4）独立侧煤仓间，有单跨布置、双跨布置及三跨布置几种方案。

本图集所列工程案例的结构形式及布置方案见表 12.2。

12.1.5　汽机房屋盖

火力发电厂汽机房屋盖的安全等级为一级，因此与普通的工业厂房屋盖相比较，还有很多特有的规定。适用于汽机房屋盖的结构形式也多种多样，根据屋面板可以分为轻型屋盖和重型屋盖，根据屋面坡度可以分为单坡屋面和双坡屋面，根据承重结构可以分为钢屋架、钢网架、空间桁架和实腹钢梁。

钢管桁架具有构造简洁、外观优美、造价经济等特点，受到许多建设单位的青睐，设计时可优先考虑采用。

钢屋架采用上下弦为双角钢的结构形式，但是鉴于双角钢中间的缝隙太小，一旦投入使用就很难进行后续的防腐涂装维护，长期运行会带来安全隐患，因此汽机房钢屋架宜采用圆钢管或实腹型钢来代替双角钢，如果采用双角钢，建议采用热喷涂锌＋防腐涂料来加强防腐。

汽机房屋面板宜采用压型钢板底模的现浇钢筋混凝土板，厂址气候条件适宜时（主要是屋面防水要求）可采用复合压型钢板。抗震设防烈度为 8 度及以上时，汽机房屋面宜采用轻型屋盖。

本图集所列工程案例的汽机房屋盖方案详如表 12.2 所示。

12.1.6 主厂房楼（屋）面板

主厂房为钢筋混凝土结构时，各层楼（屋）面板（汽机房屋盖除外）宜采用钢梁＋钢筋混凝土现浇板，其中工艺设备及管道较少的楼（屋）面板也可采用现浇钢筋混凝土板。主厂房为钢结构时，各层楼（屋）面板（汽机房屋盖除外）宜采用钢梁＋钢筋混凝土现浇板。考虑施工便利等因素，钢梁＋钢筋混凝土现浇板可采用压型钢板作底模。

本图集所列工程案例的主厂房楼屋面板方案详见表 12.2。

表 12.2　1000MW 级火力发电工程主厂房方案

序号	项目	工程一	工程二	工程三	工程四
1	结构形式	钢筋混凝土	钢筋混凝土	钢筋混凝土	钢筋混凝土
2	布置方式	汽机房＋除氧间＋锅炉房，独立侧煤仓	汽机房＋除氧间＋煤仓间＋锅炉房	汽机房＋锅炉房，独立侧煤仓	汽机房＋除氧间＋锅炉房，独立侧煤仓
3	汽机房屋盖	钢屋架	钢屋架	钢屋架	钢管桁架
4	楼（屋）面板	钢梁＋钢筋混凝土现浇板	钢梁＋钢筋混凝土现浇板	钢梁＋钢筋混凝土现浇板	钢梁＋钢筋混凝土现浇板
5	地基处理	天然地基	桩基	天然地基	天然地基

12.2　主厂房结构设计图

12.2.1　设计图目录

序号	图号	名称	数量
1	1000-12-T-01	主厂房横向框架外形图（工程一）	1
2	1000-12-T-02	主厂房 A 列框架外形图（工程一）	1
3	1000-12-T-03	主厂房 C 列框架外形图（工程一）	1
4	1000-12-T-04	煤仓间横向框架外形图（工程一）	1
5	1000-12-T-05	主厂房横向框架外形图（工程二）	1

续表

序号	图号	名称	数量
6	1000-12-T-06	主厂房 A 列框架外形图（工程二）	1
7	1000-12-T-07	主厂房 D 列框架外形图（工程二）	1
8	1000-12-T-08	主厂房横向框架外形图（工程三）	1
9	1000-12-T-09	主厂房 A 列框架外形图（工程三）	1
10	1000-12-T-10	主厂房 B 列框架外形图（工程三）	1
11	1000-12-T-11	煤仓间横向框架外形图（工程三）	1
12	1000-12-T-12	主厂房横向框架外形图（工程四）	1
13	1000-12-T-13	主厂房 A 列框架外形图（工程四）	1
14	1000-12-T-14	主厂房 C 列框架外形图（工程四）	1
15	1000-12-T-15	煤仓间横向框架外形图（工程四）	1

12.2.2　附图

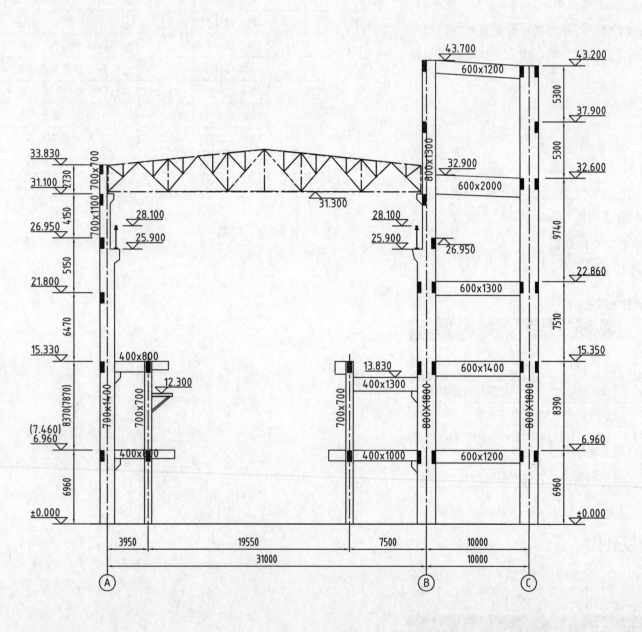

图 名	主厂房横向框架外形图 （工程一）
图 号	1000-12-T-01

图 名	主厂房A列框架外形图 （工程一）
图 号	1000-12-T-02

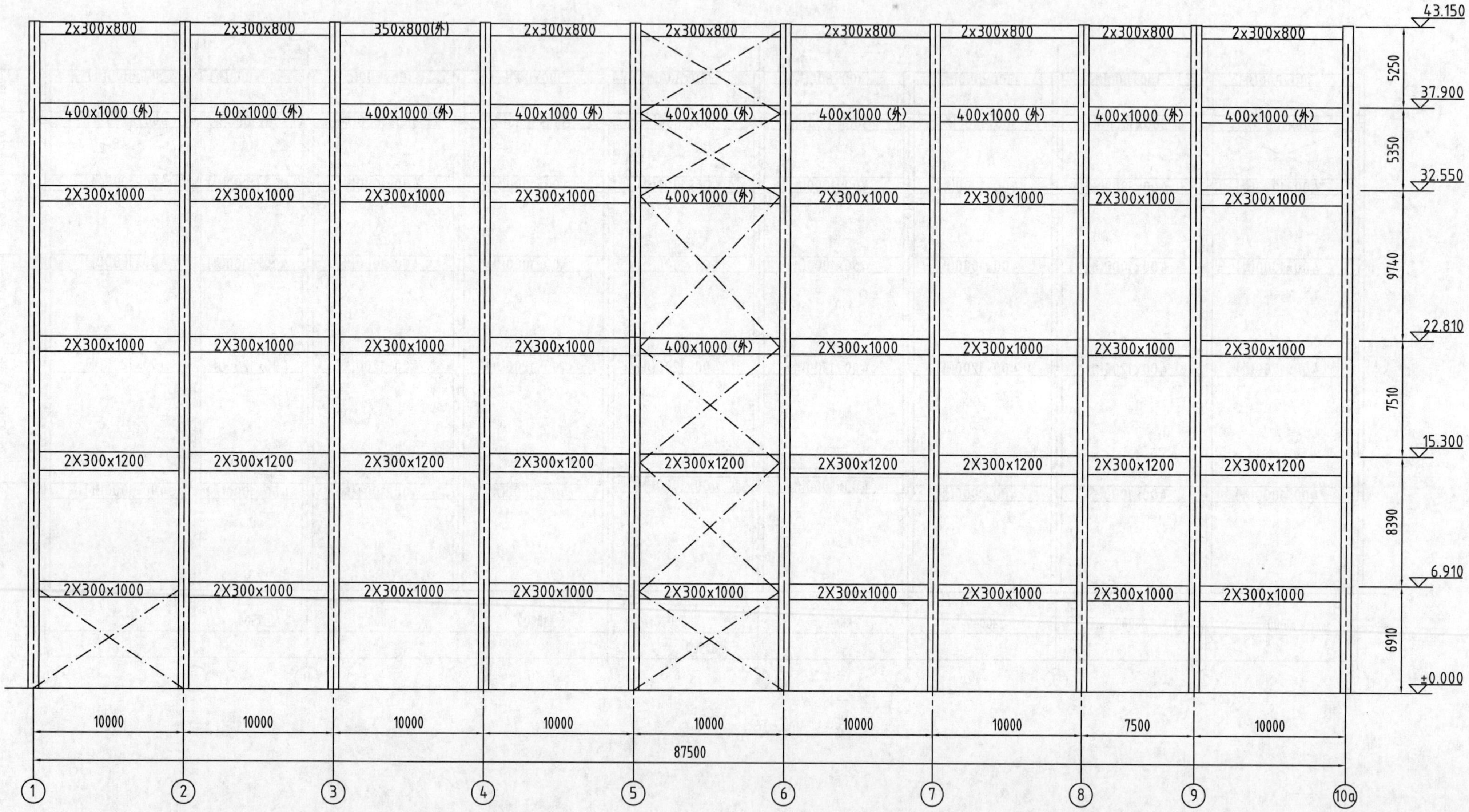
2x300x800
350x800(外)
400x1000(外)
2X300x1000
2X300x1200
43.150
37.900
32.550
22.810
15.300
6.910
±0.000
5250
5350
9740
7510
8390
6910
10000
7500
87500
1
2
3
4
5
6
7
8
9
10a

图 名	主厂房C列框架外形图 （工程一）
图 号	1000-12-T-03

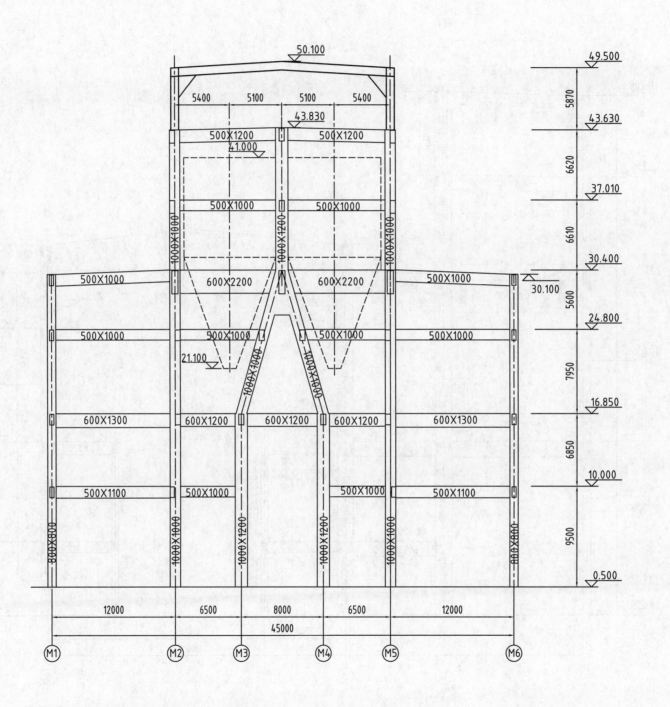

图 名	煤仓间横向框架外形图 （工程一）
图 号	1000-12-T-04

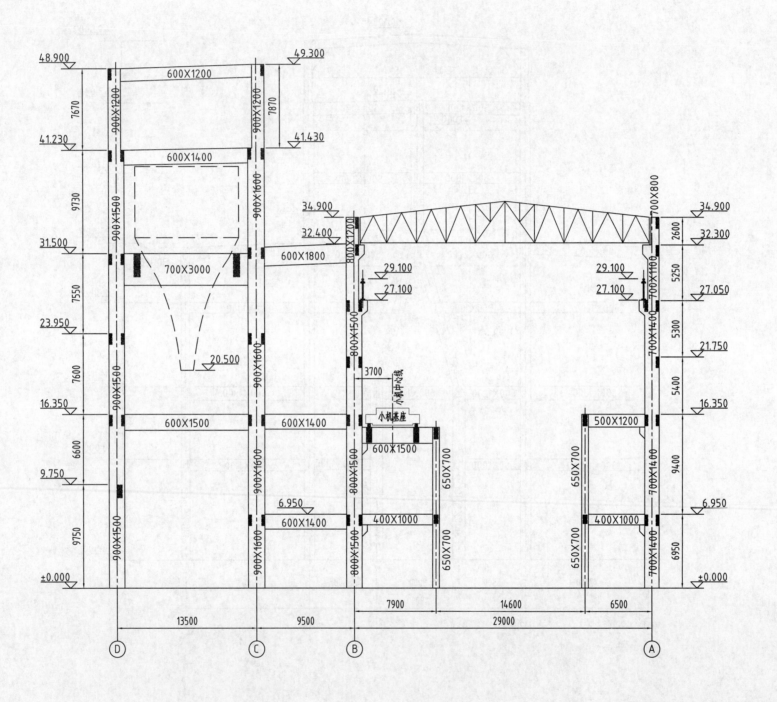

图 名	主厂房横向框架外形图 （工程二）
图 号	1000-12-T-05

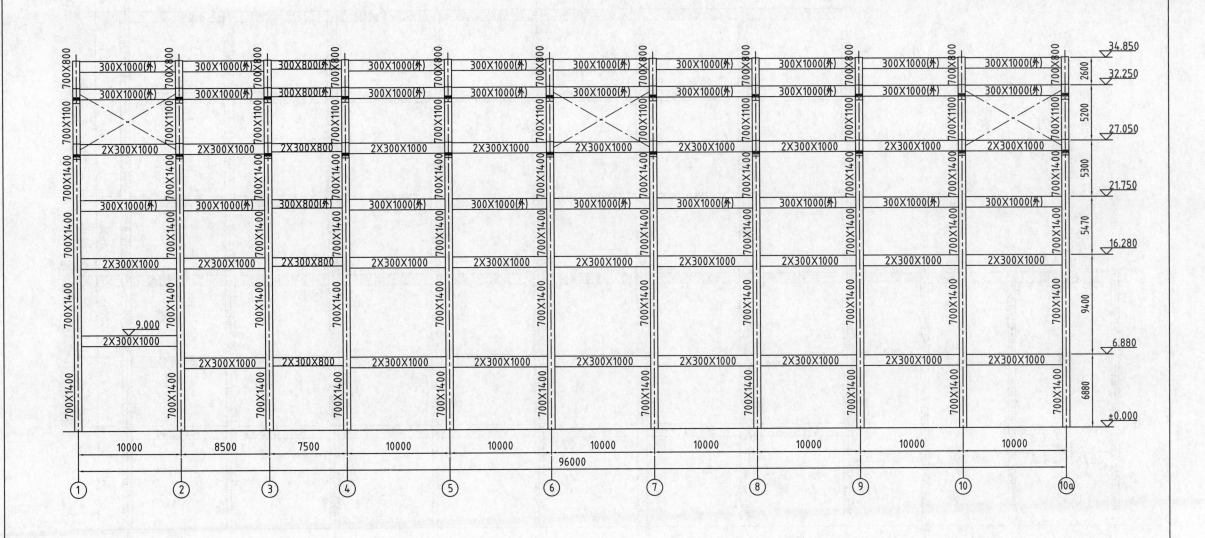

图 名	主厂房A列框架外形图 （工程二）
图 号	1000-12-T-06

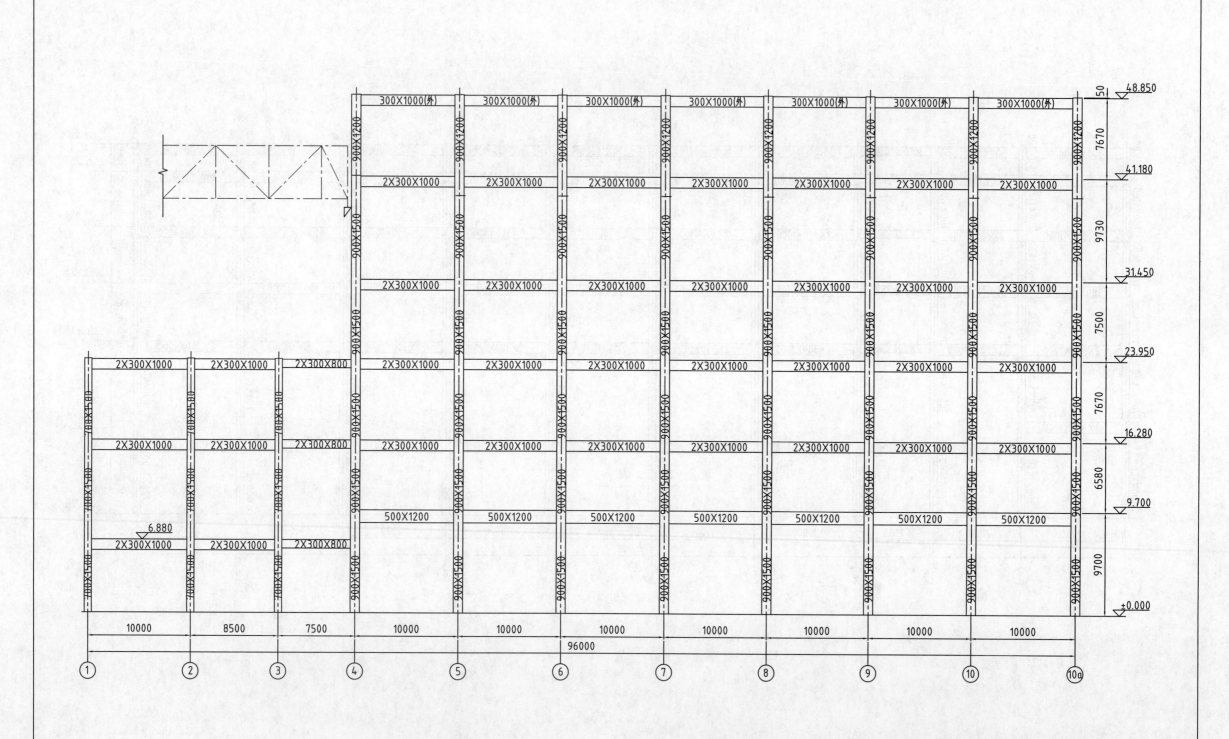

图名	主厂房D列框架外形图（工程二）
图号	1000-12-T-07

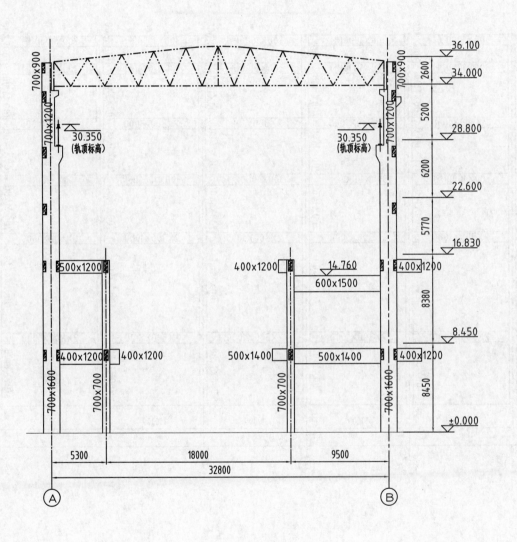

图 名	主厂房横向框架外形图 （工程三）
图 号	1000-12-T-08

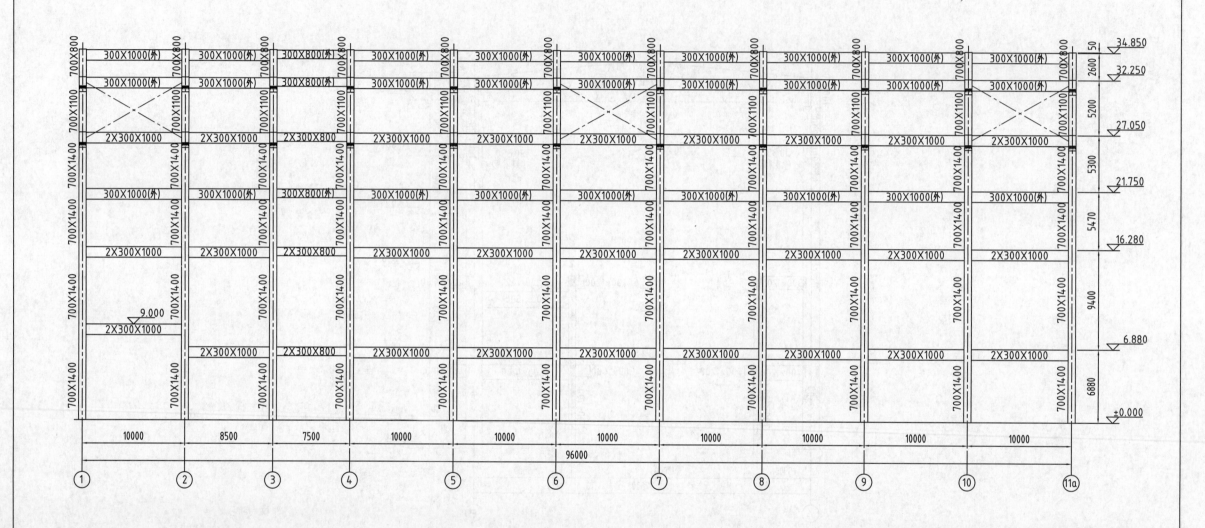

图 名	主厂房A列框架外形图 （工程三）
图 号	1000-12-T-09

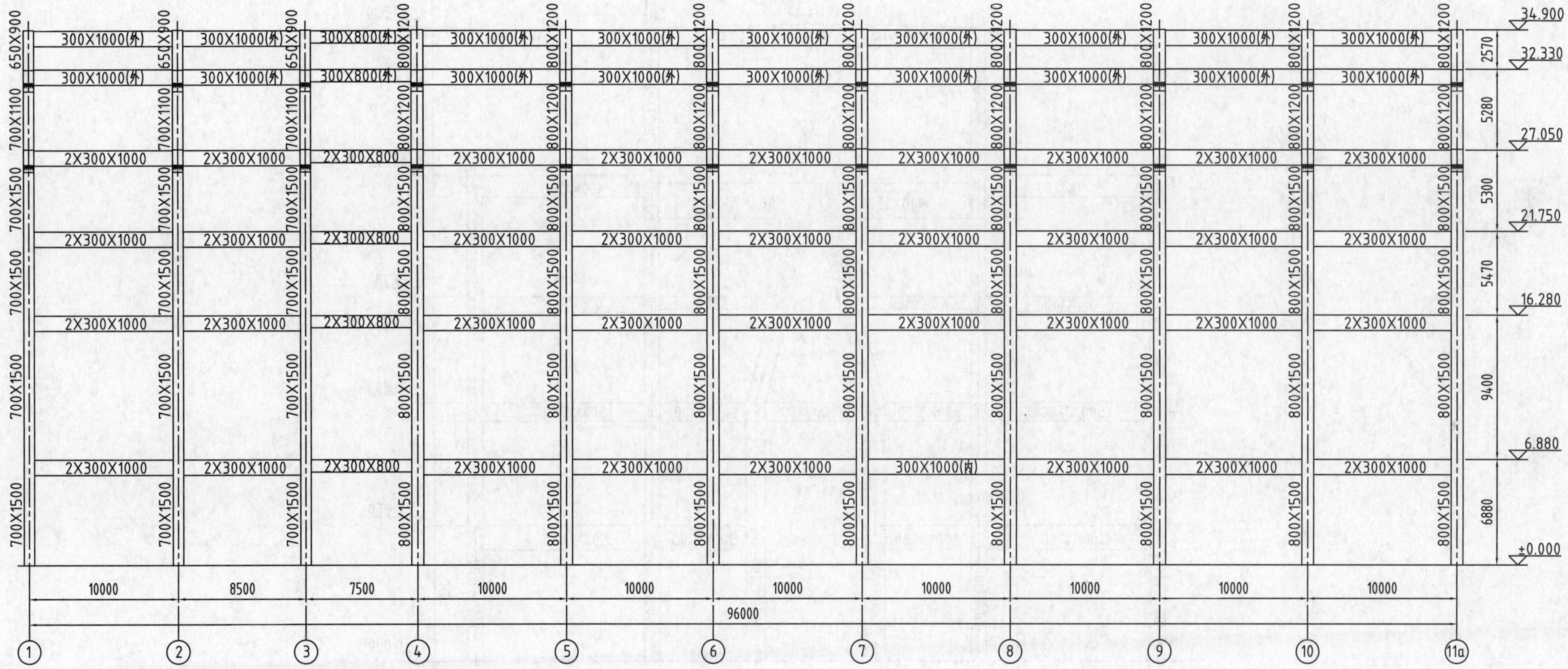

图 名	主厂房B列框架外形图 （工程三）
图 号	1000-12-T-10

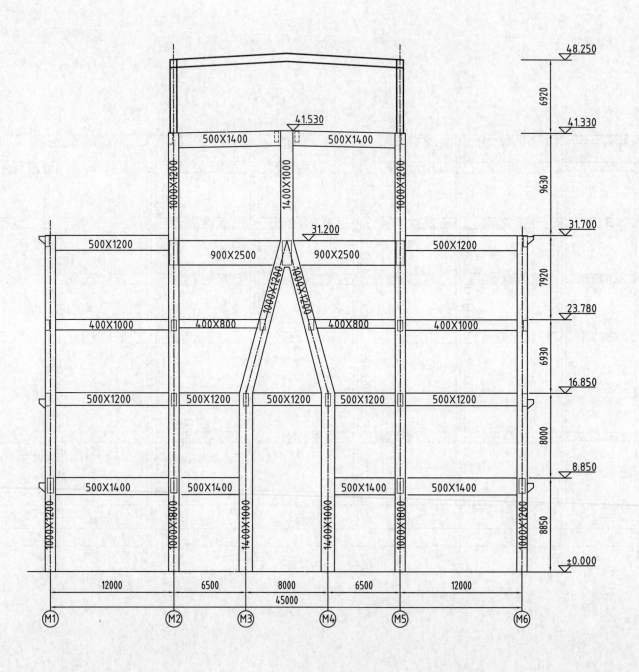

图 名	煤仓间横向框架外形图 （工程三）
图 号	1000-12-T-11

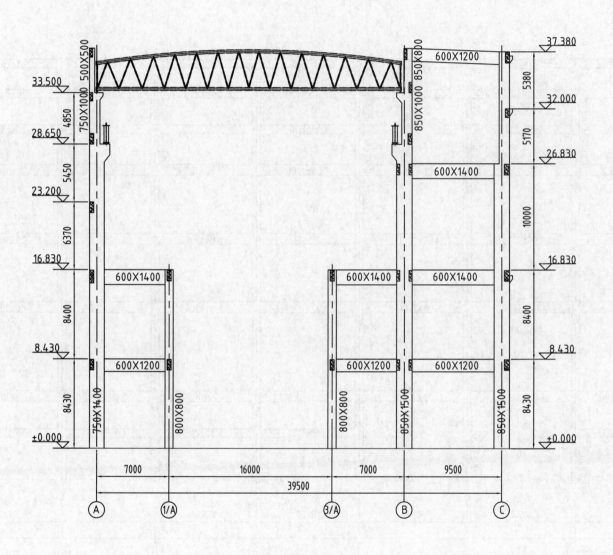

图 名	主厂房横向框架外形图 （工程四）
图 号	1000-12-T-12

主厂房A列框架外形图（工程四）

图 名	主厂房A列框架外形图（工程四）
图 号	1000-12-T-13

图 名	主厂房C列框架外形图 （工程四）
图 号	1000-12-T-14

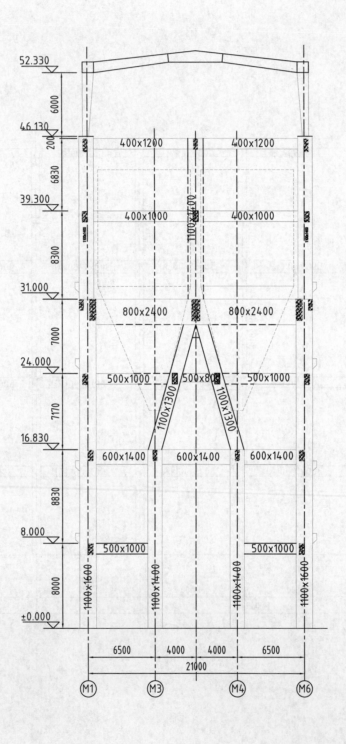

图 名	煤仓间横向框架外形图 （工程四）
图 号	1000-12-T-15

第 13 章 建筑部分设计图

13.1 说明

电厂建筑是展示工业文明、传承地域文化的物质载体，其设计应充分融合企业文化、科技文化、地域文化之特征，通过建筑形象一体化设计，打造与自然共融、与城市共生、与企业共荣的文化美学电站形象。

13.2 建筑形象设计

全厂采用典型模块化布置，按主厂房、生产建筑、辅助及附属建筑、室内空间四大典型模块进行方案展示。厂区建筑设计应遵循全厂建筑形象和谐统一的总体原则，充分融合企业文化、科技文化、地域文化，围绕核心元素提炼建筑母题，并借助艺术化的设计语言应用于全厂建筑之中，实现全厂整体风格与色彩的和谐统一。

13.2.1 主厂房模块

主厂房模块建筑设计方案综合国内电力产业布局，并结合地域气候特征及设备运行条件进行分类，以北部、沿海、中部三大区域类型为例进行展示。

主厂房是厂区的重要建筑，代表着企业的生产力与安全生产管理水平，建筑风格以凸显科技感、现代感为主，充分展现建筑的工艺之美、材质之美。建筑形象要充分展现企业文化、科技文化，并适当借鉴地域文化元素，强调建筑设计的功能性、经济性、安全性，并兼顾美观性。

北部区域主厂房：建筑色彩、形象与稳重内敛的地域气质相契合，如图 13.1 所示。

沿海区域主厂房：建筑元素多以呈现滨海风采为主，建筑风格更具活力，如图 13.2 所示。

中部区域主厂房：建筑风格及色彩充分融合北部和沿海区域，呈现兼容并蓄之貌，如图 13.3 所示。

图 13.1 北部区域主厂房

图 13.2 沿海区域主厂房

图 13.3   中部区域主厂房

13.2.2   生产建筑模块

生产建筑模块包括：综合水泵房、水务中心、网控楼建筑等，是承接厂前区和主厂房的过渡区域。本区域建筑设计既要尊重生产建筑的功能性、经济性，又要在色彩、形象上充分兼容主厂房、厂前区建筑风格，进一步形成和谐、统一的全厂建筑视觉。

以综合水泵房、水务中心、网控楼典型设计为例，如图 13.4 ～图 13.6 所示，一方面，相较于体量巨大，设计简约的主厂房，该区域建筑体块比例相对较小，视觉观赏中心相对集中，因此较前者而言，建筑细节更加丰富；另一方面，相较于更具地域特色的厂前区建筑，本区域建筑设计也适当融入了民用建筑的活力感，从而对全厂建筑形象起到了调和、平衡的作用。

图 13.4   综合水泵房典型设计

图 13.5   水务中心典型设计

图 13.6   网控楼典型设计

13.2.3   辅助及附属建筑模块

辅助及附属建筑模块包括：办公楼、职工活动中心、食堂、值班楼、检修间材料库等。厂前区建筑需充分满足办公、生活需求，因此相较于主厂房及生产建筑模块，该区域建筑形象需进一步展现出企业文化活力与地域文化底蕴，打造更具辨识性、文化性、美观性的视觉印象。与此同时，适当规划景观绿化和生活娱乐设施，提升空间的舒适度，体现企业以人为本的理念。

厂前区典型设计一：立足地域文化气质，通过对称、周正的建筑语言，打造沉稳、大气的企业形象，如图 13.7 所示。

厂前区典型设计二：提炼地域传统建筑色彩、形制及在地滨海元素，充分融入地域环境，如图 13.8 所示。

图 13.8 厂前区典型设计二

检修间及材料库典型设计：充分借鉴地域元素，展现滨海文化特征，如图 13.9 所示。

图 13.9 检修间及材料库典型设计

图 13.7 厂前区典型设计一

13.2.4 室内模块

根据室内空间的职能，可划分为：生产空间、办公空间、生活空间。

生产空间以集控室和汽机房运转层为代表，室内设计需严格遵守操作规范，科学布局，充分满足防火、防水、防潮、降噪、通风、照明及设备布置等安全生产需求。另一方面，遵循以人为本的设计原则，通过风格的确定、尺度的把握、色调的比较、材料的选择等营造方式，将软人因设计植入其中，打造智能化、现代化、人性化的科技空间。

集控室典型设计：充分融入地域文化元素，在兼顾功能性的同时，有效提升了空间的辨识度，如图 13.10 所示。

图 13.11 联络天桥典型设计

汽机房转运层典型设计：创新设计语言，有效优化空间形象，提升视觉感受，如图 13.12 所示。

图 13.10 集控室典型设计

联络天桥典型设计：通过对空间环境色彩和设备色彩的系统设计，在满足安全生产规范的基础上有效提升了视觉效果，如图 13.11 所示。

图 13.12 汽机房转运层典型设计

办公空间由硬环境和软环境两个部分构成。硬环境是由空间尺度、形象特点、各类技术设施等物质手段组成的物理环境。软环境具有动态和软性的特征，主要对使用者生理和心理产生影响。二者具体体现在空间中的颜色、采光、温度、湿度等元素之中。因此在进行办公空间设计时，需要对上述两个层面进行宏观把控，并结合企业文化进行深度设计，展现人本性、艺术性、生态性，并严格遵循业主企业管理制度及相关规范，根据企业管理者办公的空间级别进行定制设计。

办公空间设计：结合各空间功能需求，对硬环境和软环境进行系统设计，满足了空间职能，保证了空间形象的统一性，如图 13.13 所示。

图 13.13（二）　办公空间设计

生活空间涉及食堂、职工活动中心和值班楼。设计重点应聚焦于如何利用有限空间，尽可能满足员工的多元化需求，同时通过色彩及装饰元素的应用，进一步提升环境的活力感，营造轻松、舒适的生活空间氛围。

生活空间设计：通过对色彩、设施的优化设计，营造舒适、温馨的生活氛围，如图 13.14 所示。

图 13.14（一）　生活空间设计

图 13.13（一）　办公空间设计

图 13.14（二） 生活空间设计